Word/Excel/PPT WPS 四合一

商务技能训练 应用大全

　茂◎编著

中国铁道出版社有限公司
CHINA RAILWAY PUBLISHING HOUSE CO., LTD.

内 容 简 介

本书主要针对在商务办公中经常用到的 Office Word/Excel/PowerPoint 以及 WPS 软件的功能和使用技巧进行全面介绍。全书共 19 章，分为 4 个部分。第 1 部分为商务办公必会软件技能，该部分是对三大组件的基础知识和使用方法进行具体讲解；第 2 部分为商务办公实用技巧，该部分则是介绍一些三大组件在商务办公中比较实用的操作技能，以提高用户使用这些办公软件的效率；第 3 部分为综合实战应用，该部分通过具体的综合案例，让读者切实体验 Office 三大组件在商务办公中所具有的重要作用；第 4 部分是 WPS 软件专场，主要针对 WPS 软件中的文字、表格和演示的相关操作进行了讲解，让读者对比学习更多的办公软件技能。

本书以图文搭配的方式对操作进行了细致地讲解，通俗易懂。知识面广、案例丰富、实用性强，能够满足不同层次读者的学习需求。尤其适用于需要快速掌握 Office 或 WPS 办公软件的各类初中级用户、商务办公用户。另外，也可作为各大中专院校及各类办公软件培训机构的教材使用。

图书在版编目（CIP）数据

Word/Excel/PPT/WPS 四合一商务技能训练应用大全 / 戴茂编著.—北京：中国铁道出版社有限公司，2019.6
ISBN 978-7-113-25656-2

Ⅰ.①W… Ⅱ.①戴… Ⅲ.①办公自动化－应用软件
Ⅳ.①TP317.1

中国版本图书馆 CIP 数据核字（2019）第 053082 号

书　　名：Word/Excel/PPT/WPS 四合一商务技能训练应用大全
作　　者：戴　茂

责任编辑：张亚慧	读者热线电话：010-63560056	
责任印制：赵星辰	封面设计：MXK DESIGN STUDIO	

出版发行：中国铁道出版社有限公司（100054，北京市西城区右安门西街 8 号）
印　　刷：中国铁道出版社印刷厂
版　　次：2019 年 6 月第 1 版　　2019 年 6 月第 1 次印刷
开　　本：787mm×1 092mm　1/16　　印张：27.5　　字数：586 千
书　　号：ISBN 978-7-113-25656-2
定　　价：79.00 元

前 言 PREFACE

内容导读

在现代化商务办公领域中，Office 和 WPS 办公软件的使用早已是各阶层商务办公人员不可或缺的技能。尤其是 Word/Excel/PowerPoint 三大组件的使用，更是必须要掌握的技能。因为使用这些办公软件几乎可以完成绝大部分的文档制作、数据处理和演示文稿制作及放映任务等，而这些恰恰是商务办公人员经常要面临的工作。

然而，许多初入职场的人士对于这 3 个办公软件的使用却并不是十分精通，大多数只是停留在会简单使用的水平。为了让更多的职场人士、Office 或 WPS 爱好者能够快速掌握利用相应的软件制作文档、处理表格数据、设计演示文稿，增强职场竞争力，我们编写了本书。

本书共 19 章，主要分为 Office 商务办公必会软件技能、Office 商务办公实用技巧、Office 综合实战应用和 WPS 软件专场 4 个部分，详细而全面地对三大办公组件的知识和操作进行了讲解，各部分的具体内容见下表。

第 1 部分 Office 商务办公必会软件技能	· Office 2016 商务入门基础 · Word 商务办公基础必会 · 制作图文并茂的商务文档 · 文档的版式设置和文档审阅 · 使用 Excel 制作与编辑表格 · 利用公式与函数计算数据 · Excel 数据管理操作全接触 · 利用图表与透视功能分析数据 · 使用 PowerPoint 制作演示文稿 · 让演示文稿更具动感
第 2 部分 Office 商务办公实用技巧	· Word 文档制作与编排技巧 · Excel 数据管理与处理技巧 · PowerPoint 商务演示技巧
第 3 部分 Office 综合实战应用	· 商务实战之 Word 综合应用 · 商务实战之 Excel 综合应用 · 商务实战之 PowerPoint 综合应用
第 4 部分 WPS 软件专场	· WPS 办公文档的录入与编排 · WPS 表格数据的处理与分析 · WPS 演示文稿的设计与制作

主要特色

◉ **内容精选，讲解清晰，学得懂**

本书精选了商务办公中可能会涉及的各种软件功能和技术，通过知识点+案例解析的方式进行讲解，力求让读者全面了解并真正学会 Word/Excel/PowerPoint/WPS 软件的商务应用精髓。

◉ **案例典型，边学边练，学得会**

为了便于读者即学即用，本书在讲解过程中大量列举了真实办公过程中会遇到的问题进行操作介绍，让读者学会知识的同时快速提升解决实战问题的能力。

◉ **图解操作，简化理解，学得快**

在讲解过程中，采用图解教学的形式，一步一图，以图析文，搭配详细的标注，让读者更直观、更清晰地进行学习和掌握，提升学习效果。

◉ **栏目插播，拓展知识，学得深**

通过在正文中大量穿插"提个醒""小技巧"和"知识延伸"栏目，为读者揭秘各办公软件在使用过程中的各种注意事项和技巧，帮助读者解决各种疑难问题，挖掘知识的深度和宽度。

◉ **超值赠送，资源丰富，更划算**

本书随书免费赠送了大量实用的资源，不仅包含了与书中案例对应的素材和效果文件，方便读者随时上机操作。另外还赠送了大量商务领域中的实用 Office 模板，读者简单修改即可应用。此外还赠送有 300 多分钟的 Office 同类案例视频，配合书本学习可以得到更多锻炼，还有 Word/Excel/PowerPoint 快捷键文档以及常用办公设备使用技巧，读者掌握后可以更快、更好地协助商务办公。

适用读者

职场中的 Office/WPS 初中级用户；

经常需要制作文档、处理数据和制作演示文稿的商务办公人员；

各年龄段需要使用 Word/Excel/PowerPoint 或 WPS 软件的工作人员；

对于 Office/WPS 办公软件有浓厚兴趣的人士；

高等院校的师生；

相关培训机构师生。

由于编者经验有限，加之时间仓促，书中若有疏漏和不足之处，恳请专家和读者不吝赐教。

编　者
2019 年 3 月

第 1 章
Office 2016 商务入门基础

1.1 Office 2016 的新增功能 2
  1.1.1 插入墨迹公式 2
  1.1.2 插入三维地图 2
  1.1.3 预测工作表 3
  1.1.4 Power Query 查询功能 4
  1.1.5 屏幕录制功能 4
  1.1.6 墨迹书写功能 5

1.2 Office 2016 三大主要组件介绍 5
  1.2.1 Word 2016 界面及其介绍 5
  1.2.2 Excel 2016 界面及其介绍 7
  1.2.3 PowerPoint 2016 界面及其介绍...7

1.3 三大组件视图模式简介 8
  1.3.1 Word 2016 的视图模式 8
  1.3.2 Excel 2016 的视图模式 10
  1.3.3 PowerPoint 2016 的视图模式.....12

1.4 Office 2016 办公软件的共性操作 ..14
  1.4.1 新建文件 15
  1.4.2 保存文件 16
  1.4.3 打开与关闭文件 17
  1.4.4 保护文件 18
  【分析实例】将订购合同标记为
  最终状态 19
  【分析实例】用密码对应付账款
  统计表进行加密 20
  1.4.5 撤销与恢复操作 21
  1.4.6 自定义快速访问工具栏 22
  1.4.7 自定义功能区 24
  【分析实例】在 Word 2016 组件
  功能区添加选项卡和组 24
  1.4.8 自动保存设置 26
  1.4.9 自定义界面外观 27
  1.4.10 打印文件 27

第 2 章
Word 商务办公基础必会

2.1 在 Word 文档中输入与编辑内容......30
  2.1.1 各类文本的输入 30
  2.1.2 文本的选择方式 33
  2.1.3 复制和移动文本 35
  2.1.4 查找和替换文本 37
  【分析实例】将员工手册中的错别字
  替换正确 37
  2.1.5 删除文本 38

2.2 文档的格式设置 39
  2.2.1 设置字体格式 39
  【分析实例】为"人事档案保管制度"
  文档设置字体格式 39
  2.2.2 设置段落格式 42
  【分析实例】为"人事档案保管制度 1"
  文档设置字体格式 42
  2.2.3 添加边框和底纹 45
  2.2.4 添加项目符号、编号以及
  多级列表 46
  2.2.5 格式刷的使用 48

第 3 章
制作图文并茂的商务文档

3.1 用图片让文档内容更丰富 50
  3.1.1 在文档中插入图片 50
  3.1.2 调整图片的大小 51
  3.1.3 裁剪图片 52
  3.1.4 调整图片位置与设置文字
  环绕方式 53
  3.1.5 设置图片样式 54
  【分析实例】为公司简介中的
  图片设置样式 54
  3.1.6 调整图片颜色 56
  3.1.7 为图片添加艺术效果 56
  3.1.8 删除图片背景 57
  【分析实例】删除"酒店宣传手册"
  文档尾页图片的背景 57

3.2 在 Word 中插入并编辑表格......59
  3.2.1 插入表格的方法 59
  3.2.2 编辑表格 61

3.3 形状的使用 63

　3.3.1 形状的插入 63

　3.3.2 在形状中输入文字 63

　3.3.3 调整形状 64

　3.3.4 设置形状样式 65

　　【分析实例】为公司结构图中的

　　图示设置样式 65

3.4 用 SmartArt 图形制作图示 67

　3.4.1 插入 SmartArt 图形 67

　3.4.2 SmartArt 图形的编辑 68

　3.4.3 SmartArt 图形样式设置 70

3.5 文本框的使用 71

　3.5.1 插入内置文本框 71

　3.5.2 绘制文本框 72

　3.5.3 文本框的编辑 72

3.6 艺术字的使用 73

　3.6.1 插入艺术字 73

　3.6.2 编辑艺术字 74

第 4 章
文档的版式设置和文档审阅

4.1 页面版式的设置 76

　4.1.1 插入与编辑封面 76

　4.1.2 设置页面的基本属性 77

　4.1.3 分页符和分节符的使用 79

　4.1.4 分栏设置 80

　4.1.5 页面颜色设置 81

　　【分析实例】为"市场调查报告"

　　文档添加背景图片 82

　4.1.6 添加页面边框 84

　4.1.7 添加水印 84

4.2 页眉和页脚的使用 86

　4.2.1 插入页眉和页脚 86

　4.2.2 自定义页眉和页脚 87

　　【分析实例】为"聘用合同"

　　文档的页眉添加企业 LOGO 87

　4.2.3 插入与编辑页码 89

4.3 文本样式的使用 90

　4.3.1 套用内置样式 90

　4.3.2 创建样式 91

　　【分析实例】在"创建样式"

　　文档中创建新的文本样式 91

　4.3.3 修改样式 92

　4.3.4 使用样式集 93

4.4 脚注、尾注的使用 94

　4.4.1 插入脚注 94

　4.4.2 插入尾注 94

4.5 为文档制作目录 95

　4.5.1 插入目录 95

　4.5.2 自定义目录 95

　4.5.3 更新目录 96

4.6 文档校对 96

　4.6.1 拼写和语法检查功能的使用 97

　4.6.2 字数统计功能的使用 97

4.7 文档审阅与修订 98

　4.7.1 批注的添加与查看 98

　4.7.2 删除批注 99

　4.7.3 修订文档内容 100

　4.7.4 接受或拒绝修订 101

第 5 章
使用 Excel 制作与编辑表格

5.1 认识工作簿、工作表和单元格 ...104

　5.1.1 工作簿、工作表以及

　　单元格概述 104

　5.1.2 工作簿、工作表和单元格的

　　关系 104

5.2 工作表基础 105

　5.2.1 插入工作表 105

　5.2.2 移动和复制工作表 106

　5.2.3 重命名工作表 107

　5.2.4 隐藏或显示工作表 108

5.3 单元格的基本操作 109

5.3.1 选择单元格或单元格区域 109

5.3.2 单元格的合并与拆分 110

【分析实例】在客户拜访计划表中
合理地合并和拆分单元格 110

5.3.3 插入与删除单元格 112

【分析实例】删除客户拜访计划表 1
中的多余行并插入"职位"列 113

5.3.4 调整行高、列宽 114

5.3.5 冻结工作表窗格 115

5.4 在表格中输入与编辑数据 116

5.4.1 输入数据 116

5.4.2 设置数据验证 117

5.4.3 快速填充数据 119

5.4.4 修改数据 120

5.4.5 移动和复制数据 121

【分析实例】在采购表中移动"请购
数量"列并添加"付款日期"列 121

5.5 美化表格 123

5.5.1 设置边框和底纹 123

【分析实例】为采购表 1 设置边框
并用不同底纹区分奇偶数行 123

5.5.2 套用单元格样式 125

5.5.3 套用表格样式 126

5.5.4 应用主题 127

5.6 工作表的打印 127

5.6.1 设置打印区域 127

5.6.2 重复打印表头 128

第 6 章
利用公式与函数计算数据

6.1 单元格引用的分类 130

6.1.1 相对引用 130

6.1.2 绝对引用 130

6.1.3 混合引用 131

6.2 公式基础与应用 131

6.2.1 公式的基本结构 132

6.2.2 运算符简介 132

6.2.3 熟悉运算符优先级 134

6.2.4 输入公式 134

6.2.5 复制公式 135

6.2.6 隐藏和显示公式 135

【分析实例】隐藏员工工作能力
考评表中的公式 136

6.3 函数的使用 137

6.3.1 函数的基本结构 138

6.3.2 函数的分类 138

6.3.3 在指定位置插入函数 139

6.3.4 嵌套函数的用法 141

6.3.5 常用函数的使用 142

【分析实例】计算销售业绩统计表的
最大销售总量和最小销售总量 142

【分析实例】根据员工能力考评表
总计得分对员工进行排名 144

【分析实例】根据销售总额对各分店中
各产品的销售情况作出评价 146

第 7 章
Excel 数据管理操作全接触

7.1 条件格式的使用 150

7.1.1 突出显示数据 150

7.1.2 使用数据条显示数据 151

7.1.3 条件格式的管理 151

7.1.4 条件格式与函数联合使用 152

【分析实例】将员工档案表中 50 岁
以上员工的数据突出显示 153

7.2 数据的排序 154

7.2.1 快速排序 154

7.2.2 高级排序 155

【分析实例】对绩效考核表中的员工
数据进行排序 156

7.2.3 自定义序列排序 157

【分析实例】为产品类别定义序列
并进行排序 157

7.3 数据的筛选 159

7.3.1 自动筛选 159

7.3.2 自定义筛选 160

7.3.3 高级筛选 160

【分析实例】筛选出 50 岁以上的
客服部和市场部员工数据..................161

7.4 数据分类汇总 162

7.4.1 创建分类汇总..................162

【分析实例】以分店为分类字段、销售
总额为汇总项进行分类汇总..................163

7.4.2 显示和隐藏分类汇总..................164

7.4.3 更改分类汇总..................165

7.4.4 删除分类汇总..................165

第 8 章
利用图表与透视功能分析数据

8.1 图表的基础知识 168

8.1.1 图表的组成 168

8.1.2 图表的类型 169

8.2 图表的基本操作 170

8.2.1 根据数据源创建合适的图表 ..170

【分析实例】使用推荐图表功能
创建车间产量统计图表..................171

8.2.2 调整图表的大小和位置 173

8.2.3 更改当前图表的类型 174

8.2.4 更改图表的布局 175

8.2.5 重新设置数据源 175

8.3 图表的设置与美化 176

8.3.1 设置图表区格式 177

【分析实例】在"车间产量统计表 1"
文件中为图表的图表区设置格式 177

8.3.2 设置坐标轴刻度 178

8.3.3 设置图例位置 179

8.3.4 添加或删除图表元素 180

8.3.5 设置图表样式 181

8.4 使用迷你图展示数据 181

8.4.1 创建迷你图 182

8.4.2 编辑迷你图 183

【分析实例】在"销售业绩统计"文件
中显示迷你图的高点和低点标记..........183

8.5 数据透视表的使用 185

8.5.1 创建数据透视表 185

【分析实例】在"生产车间成本统计"
文件中创建数据透视表 186

8.5.2 编辑数据透视表..................187

8.5.3 使用切片器查看数据..................188

8.5.4 美化数据透视表与切片器..................189

8.6 数据透视图的使用 189

8.6.1 创建数据透视图 189

8.6.2 编辑数据透视图 191

【分析实例】根据需要对数据透视图的
位置、格式和字段等进行编辑 191

第 9 章
使用 PowerPoint 制作演示文稿

9.1 制作幻灯片母版 194

9.1.1 设置幻灯片母版的背景 194

【分析实例】在"幻灯片母版背景"
文件中为幻灯片母版添加背景图片 .. 194

9.1.2 设置幻灯片母版的页眉与页脚.. 195

9.1.3 设置幻灯片母版的占位符格式.. 196

9.1.4 应用幻灯片母版 197

9.1.5 自定义创建幻灯片母版 198

【分析实例】在"商务礼仪培训"
文件中创建幻灯片母版 198

9.2 幻灯片的基本操作 200

9.2.1 移动和复制幻灯片 200

9.2.2 删除幻灯片 201

9.2.3 设置幻灯片大小 202

9.3 制作幻灯片 202

9.3.1 在幻灯片中插入文本 202

9.3.2 插入与编辑幻灯片对象 204

9.3.3 插入与编辑音频文件 204

【分析实例】在"基本商务礼仪"
演示文稿中插入背景音乐 205

9.3.4 插入与编辑视频文件 207

【分析实例】在"凤凰古城风景展示"
演示文稿中插入一段视频 208

9.3.5 在幻灯片中使用超链接 210

【分析实例】在"陶瓷产品介绍"
演示文稿中为对象添加超链接 210

第 10 章
让演示文稿更具动感

10.1 幻灯片切换效果的应用 214

10.1.1 为幻灯片添加切换效果 214

10.1.2 设置切换效果选项 215

10.1.3 设置幻灯片切换效果持续时间..215

10.2 设置幻灯片动画效果 216

10.2.1 为幻灯片对象添加动画效果....216

【分析实例】在"陶瓷产品介绍"
演示文稿中为图片添加动画效果 216

10.2.2 为幻灯片对象添加路径动画....218

10.2.3 自定义路径动画 219

10.2.4 设置动画效果选项 219

10.2.5 动画播放设置 220

【分析实例】在"楼盘推广计划"
演示文稿中设置动画播放顺序 220

10.3 幻灯片放映与输出.................222

10.3.1 设置幻灯片放映类型 222

10.3.2 设置幻灯片放映时间 223

10.3.3 放映幻灯片 224

【分析实例】在"销售人员技能培训"
演示文稿中设置自定义放映方案.........225

10.3.4 在放映幻灯片时使用
墨迹注释 227

10.3.5 将演示文稿转换为视频
文件播放 228

第 11 章
Word 文档制作与编排技巧

11.1 Word 文档的编辑与管理技巧...230

11.1.1 使用快捷键快速为文本设置
样式 230

11.1.2 如何设置奇偶页不同的
页眉/页脚 231

11.1.3 如何将 Word 文档保存为
模板文件 232

11.1.4 快速修复损坏的文档...........234

11.1.5 如何高效合并多个文档........235

11.2 文档中的图形对象编辑技巧 ...236

11.2.1 批量提取文档中的多张图片...236

11.2.2 如何将图片的纯色背景
设为透明 237

11.2.3 如何快速对齐多个图形对象...238

11.3 文档中的表格使用技巧 239

11.3.1 怎么使表格跨页时自动
重复标题行 239

11.3.2 如何将表格快速转换为文本...240

11.3.3 如何为文档中的表格
进行排序 241

第 12 章
Excel 数据管理与处理技巧

12.1 Excel 数据录入与编辑技巧 244

12.1.1 如何输入并完整显示身份证
号码 244

12.1.2 自定义数字格式的巧妙应用...245

12.1.3 怎样在不连续单元格输入
相同数据 246

12.1.4 快速将行与列之间的
数据互换 247

12.2 公式与函数的使用技巧 248

12.2.1 如何引用其他工作表
的单元格 248

12.2.2 如何为公式定义名称 249

12.2.3 如何根据身份证号码自动
识别性别 250

12.3 数据分析与管理技巧 251

12.3.1 隐藏饼图中所占比例
接近于 0 的数据标签...........251

12.3.2 将分类汇总数据进行
自动分页 252

12.3.3 通过组合功能隐藏数据 253

12.3.4 添加辅助列快速将数据
恢复为排序前的顺序 255

第13章
PowerPoint 商务演示技巧

13.1 幻灯片编辑技巧 258

13.1.1 怎样在同一演示文稿中使用
多个主题 258

13.1.2 如何对幻灯片中的文本框
内容进行分栏 259

13.1.3 如何更改视频文件的默认
显示画面 260

13.2 PowerPoint 动画制作技巧 261

13.2.1 如何编辑动作路径的顶点 ...261

13.2.2 用时间轴快速调整动画时间 ...262

13.2.3 使用触发器巧妙控制
动画播放 263

13.3 演示文稿的放映技巧 264

13.3.1 在放映过程中快速跳转到
指定幻灯片 265

13.3.2 如何在放映时隐藏鼠标光标 ...266

13.3.3 不打开文件直接放映
演示文稿 267

13.3.4 将演示文稿转换为
自放映文件 268

第14章
商务实战之 Word 综合应用

14.1 制作一份广告宣传单 270

14.1.1 案例简述和效果展示 270

14.1.2 案例制作过程分析 271

14.1.3 新建"宣传单"空白文档 271

14.1.4 对宣传单页面进行设置 272

14.1.5 设置宣传单背景 273

14.1.6 编辑宣传单主题名称 274

14.1.7 插入与编辑宣传图片 276

14.1.8 完善宣传单内容并设置格式 278

14.2 制作"质量管理制度"文档 ...279

14.2.1 案例简述和效果展示 279

14.2.2 案例制作过程分析 280

14.2.3 新建"质量管理制度"文档
并输入内容 281

14.2.4 设置管理制度文本的格式 282

14.2.5 在页眉和页脚分别添加
公司信息和页码 284

14.2.6 检查内容错误并修改 285

14.2.7 查找并替换内容 286

14.2.8 为管理制度文档插入目录 ...286

14.2.9 制作质量管理制度封面 288

第15章
商务实战之 Excel 综合应用

15.1 员工工资管理 290

15.1.1 案例简述和效果展示 290

15.1.2 案例制作过程分析 291

15.1.3 新建"员工工资管理"文件
并制作基本表格 291

15.1.4 制作员工工资表 292

15.1.5 对员工工资管理的各表格
进行美化 295

15.1.6 按员工的业绩进行排序 297

15.1.7 制作工资条 297

15.2 分析产品年度销售情况表 300

15.2.1 案例简述和效果展示 300

15.2.2 案例制作过程分析 301

15.2.3 制作"2018 年产品年度
销售情况表" 301

15.2.4 创建"产品年度销售
分析图"图表 303

15.2.5 为图表选择数据并添加
数据标签 304

15.2.6 美化"产品年度销售
分析图"图表 305

15.2.7 将图表移动到新工作表中 307

第 16 章
商务实战之 PowerPoint 综合应用

16.1 制作"公司新员工培训"
演示文稿 310

16.1.1 案例简述和效果展示 310

16.1.2 案例制作过程分析 310

16.1.3 以模板新建"公司新员工
培训"演示文稿 311

16.1.4 编辑新员工培训的文本内容 ...312

16.1.5 制作公司组织结构图 314

16.1.6 在幻灯片中使用图片 315

16.1.7 在页脚添加公司信息 316

16.1.8 添加幻灯片切换效果 317

16.2 制作旅游景点宣传演示文稿 ...317

16.2.1 案例简述和效果展示 317

16.2.2 案例制作过程分析 318

16.2.3 新建"橘子洲旅游介绍"
演示文稿并进行页面设置 319

16.2.4 在旅游介绍幻灯片中插入
并编辑图片 320

16.2.5 完善橘子洲旅游介绍的内容 ...322

16.2.6 为旅游介绍幻灯片添加
切换效果 323

16.2.7 为幻灯片中的对象添加
动画效果 324

16.2.8 为橘子洲旅游介绍插入
背景音乐 325

16.2.9 使用排练计时设置放映时间 ...327

16.2.10 将"橘子洲旅游介绍"演示
文稿转换为视频文件 327

第 17 章
WPS 办公文档的录入与编排

17.1 WPS 2019 软件快速入门 330

17.1.1 WPS 2019 软件有哪些改进 ... 330

17.1.2 WPS 软件界面认识 332

17.1.3 WPS 2019 六大功能简介 333

17.1.4 WPS 软件的基本设置 335

17.2 创建办公文档并录入内容 338

17.2.1 新建与保存空白文档 338

17.2.2 使用模板新建文档 340

17.2.3 文档编辑界面介绍 341

17.2.4 在文档中输入文本 342

17.3 文档格式的基本设置
与打印操作 344

17.3.1 文本的选择方式 344

17.3.2 字体格式的设置 345

【分析实例】为"年终奖管理制度"
文档设置字体格式 345

17.3.3 设置段落格式规范文档 347

17.3.4 设置文本边框和底纹 348

17.3.5 页眉页脚的使用 349

17.3.6 为文档添加目录 351

17.3.7 打印预览和打印文档 352

17.4 制作图文混排的办公文档 352

17.4.1 图片的插入与编辑 352

17.4.2 在文档中插入表格 354

17.4.3 形状的绘制 355

17.4.4 在文档中使用艺术字 356

17.4.5 智能图形的使用 357

【分析实例】为"酒店简介"文档
设计添加智能图形 357

第 18 章
WPS 表格数据的处理与分析

18.1 电子表格的基本操作 360

18.1.1 电子表格工作区介绍 360

18.1.2 表格数据的录入 361
【分析实例】在"年度企业业绩表"
工作簿中使用记录单录入数据 362
18.1.3 单元格的合并与取消合并 363
18.1.4 查找与替换功能的使用 364
【分析实例】修订错误的访问者
姓名 364
18.1.5 快速套用表格样式 366
18.2 公式与函数的使用 367
18.2.1 单元格引用 367
18.2.2 公式和函数的简介 368
18.2.3 运算符和运算顺序 369
18.2.4 公式和函数的实际运用 370
【分析实例】在"公司支出汇总表"
工作簿中汇总支出数据 371
18.3 数据处理的方法 373
18.3.1 数据排序 373
【分析实例】按销售额和销售数据
进行多条件排序 375
18.3.2 数据筛选 377
【分析实例】筛选出符合要求的
教授名单 379
18.3.3 条件格式的使用 380
【分析实例】突出显示销售额少于
70万元的销售额数据 380
18.3.4 数据的分类汇总 385
【分析实例】按销售人员进行分类
汇总 385
18.4 使用图表和数据透视表
分析数据 387
18.4.1 图表的组成及特点 387
18.4.2 图表分类与选择 388
18.4.3 创建与编辑图表 389
【分析实例】根据"产品生产量
统计"工作簿数据创建图表 389
18.4.4 美化图表外观 393
【分析实例】美化"公司员工年龄
分布"图表 395

18.4.5 使用数据透视表分析数据 397

第19章
WPS 演示文稿的设计与制作

19.1 WPS 演示文稿基础 400
19.1.1 WPS 演示文稿的界面介绍 400
19.1.2 WPS 演示文稿的视图方式 400
19.1.3 幻灯片的基本操作 402
19.2 幻灯片的制作 404
19.2.1 在幻灯片中添加文本 404
19.2.2 在幻灯片中添加图像对象 406
19.2.3 在幻灯片中使用音频、视频
和超链接 408
【分析实例】在"人力资源工作
流程"演示文稿中嵌入背景音乐 408
【分析实例】在"项目招标公告"
演示文稿中插入超链接 412
19.2.4 幻灯片的切换效果设置 413
19.2.5 为对象添加动画 415
【分析实例】在"企业简报"演示
文稿中为照片添加动画效果 415
19.2.6 设置演示文稿的页面 418
19.3 幻灯片母版的制作 420
19.3.1 编辑和美化母版 420
19.3.2 创建新母版 421
【分析实例】编辑、美化及应用
母版 422
19.4 讲义母版和备注母版 424
19.4.1 讲义母版 424
19.4.2 备注母版 425
19.5 播放与输出幻灯片 425
19.5.1 定义播放方式 425
19.5.2 自定义放映方式 426
19.5.3 排练计时 427
19.5.4 将演示文稿输出为视频 428

第1章
Office 2016 商务入门基础

Office 2016 是由微软公司开发的一系列办公软件的集合，包含多款办公组件，其中最常用的 3 个组件分别是 Word 2016、Excel 2016 以及 PowerPoint 2016。使用这 3 个办公组件可以完成商务办公中绝大部分的文档制作、表格制作、数据管理以及演示文稿的制作。要学会商务办公，就需要先学习 Office 办公软件的入门基础。

|本|章|要|点|
- Office 2016 的新增功能
- Office 2016 三大主要组件介绍
- 三大组件视图模式简介
- Office 2016 办公软件的共性操作

1.1　Office 2016 的新增功能

Office 2016 较之旧版本的 Office 不仅是在版本与外观上进行了升级，也增加了许多新功能，使 Office 办公软件能够满足用户更多的需求。下面对 Office 2016 新增的一些比较实用的功能进行介绍。

1.1.1　插入墨迹公式

墨迹公式就是手写公式，在 Office 2016 中插入公式的方式除了选择内置公式和用键盘输入公式外，还可以通过墨迹公式进行插入。

【注意】由于墨迹公式在书写时便会开始识别，所以在书写公式的过程中，可能会出现识别错误的情况，用户可以忽略并继续完成公式的书写。一般情况下，只要字迹还算工整，公式书写完成后基本能够准确识别。如果公式书写完成后识别错误，可以通过书写面板的"擦除"和"选择和更正"按钮对公式进行修改。

墨迹公式功能是通过单击"插入"选项卡的"符号"组中的"公式"下拉按钮，在下拉列表中选择即可。选择相应选项后即可在书写面板中通过鼠标书写要插入的公式，如图 1-1 所示。

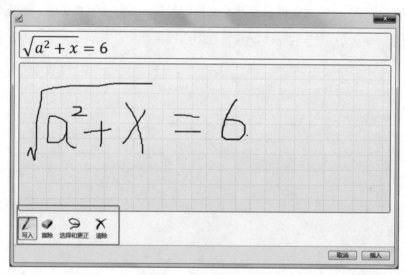

图 1-1　书写墨迹公式

1.1.2　插入三维地图

插入三维地图是 Excel 2016 组件中新增的一项功能，其在 Excel 2016 的"插入"选项卡下的"演示"组中。第一次使用此功能时会打开对话框提示需要下载插件，之后便可以直接使用。三维地图会自动打开一个新的窗口，通过鼠标拖动可以旋转三维地图，滚动鼠标滚轮可以调整地图比例，也可以通过右下方的按钮进行调整，如图1-2所示。

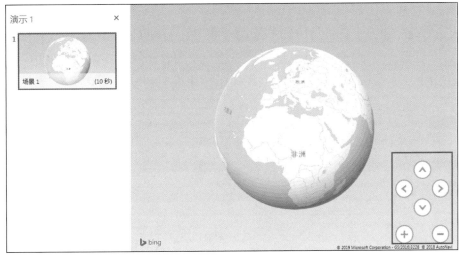

图1-2　三维地图

1.1.3　预测工作表

在 Excel 2016 中还新增了预测工作表功能，即根据一段时间内的数据预测出一组新数据。预测工作表可以创建折线图或柱形图，用户可根据具体情况选择合适的图表。

【注意】在使用预测工作表时，所选择的数据必须是一组具有相同时间间隔的数据，如每个数据之间间隔 7 天、1 个月等。

此功能在 Excel 2016 的"数据"选项卡的"预测"组中，选择合适的数据后单击"预测工作表"按钮即可一键预测数据，如图1-3所示。在对话框中可选择图表类型以及进行其他选项设置。

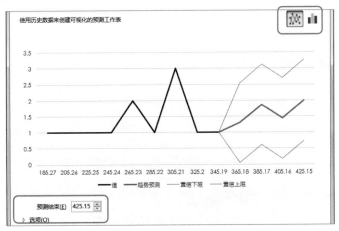

图1-3　预测工作表

1.1.4 Power Query 查询功能

Power Query 也是 Excel 2016 中新增的功能，在之前的版本中需要安装 Power Query 插件才可以使用，而在 Excel 2016 中已经成为一个内置功能。其在 Excel 2016 中的"数据"选项卡下以"获取和转换"组的形式存在，如图 1-4 所示。

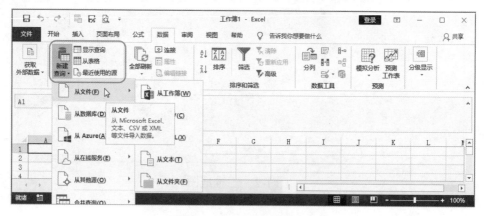

图 1-4　从文件新建查询

【注意】使用 Power Query 可以从数据源提取用户所需要的数据，如图 1-4 所示的"从文件"命令的子菜单中又有多个从不同文件中提取数据的选项。而除了从文件提取数据的方式外，可以看到，还有从数据库提取数据等方式，让用户不再需要重复使用复制、粘贴操作来进行大批量数据的录入。此外，此功能还可以用来对数据进行整合、搜索等。

1.1.5 屏幕录制功能

屏幕录制功能是 PowerPoint 2016 中的功能，可用于录制当前的电脑屏幕以及音频。在 PowerPoint 2016 的"插入"选项卡中的"媒体"组中单击"屏幕录制"按钮即可打开录制功能，如图 1-5 所示。用户可以选择录制区域以及是否录制音频和鼠标光标。

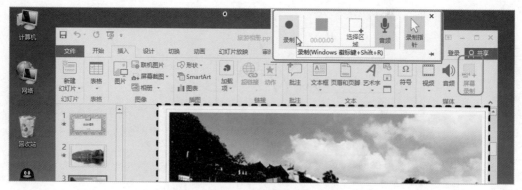

图 1-5　屏幕录制

录制完成后，视频文件会自动插入幻灯片之中。当然，用户也可以将其存为单独的视频文件。

1.1.6　墨迹书写功能

PowerPoint 2016 中新增了墨迹书写功能，其所在位置是"审阅"选项卡中的"墨迹"组中。此功能可以用于在制作完成的演示文稿中添加注释、修改意见等，也可以在制作演示文稿的过程中用来绘制一些特殊的图案或文字等，如图 1-6 所示。

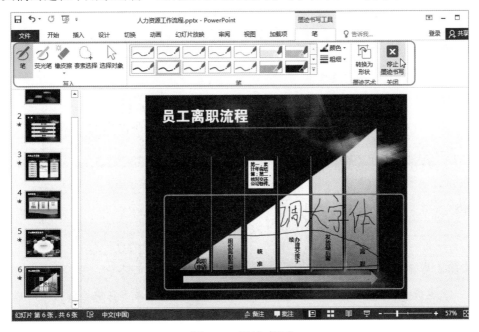

图 1-6　墨迹书写

【注意】在开始墨迹书写后，会激活"墨迹书写工具 笔"选项卡，在其中可以选择多种工具，如笔、荧光笔以及橡皮擦等，另外还可以选择笔的颜色、粗细等。

1.2　Office 2016 三大主要组件介绍

Office 2016 三大组件中，Word 2016 主要用于文档的编辑；Excel 2016 主要用于制作表格与管理数据；PowerPoint 2016 主要用于幻灯片的制作与演示。因各组件功能的不同，其界面虽然相似，但也有着许多区别。

1.2.1 Word 2016 界面及其介绍

Word 2016 是一款功能强大的文字处理软件，可以简单、快速地制作与编排各类文档。其主界面主要由快速访问工具栏、标题栏、"文件"选项卡、功能区、编辑区、状态栏以及视图栏组成，如图 1-7 所示。

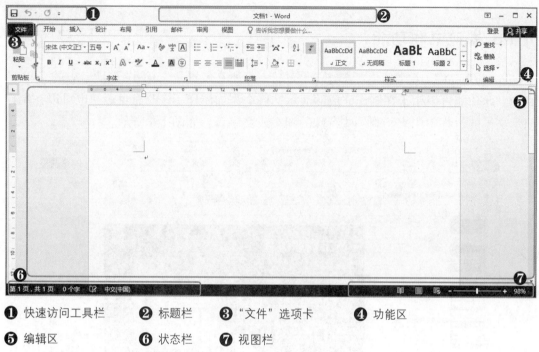

❶ 快速访问工具栏　　❷ 标题栏　　❸ "文件"选项卡　　❹ 功能区

❺ 编辑区　　❻ 状态栏　　❼ 视图栏

图 1-7　Word 2016 主界面组成

以下是 Word 2016 主界面中各组成部分的介绍。

◆ **快速访问工具栏**：可以将一些常用操作以按钮的形式显示在快速访问工具栏，以便于用户使用。在默认情况下，快速访问工具栏只有"保存"、"撤销"以及"恢复"按钮。

◆ **标题栏**：标题栏用于显示文件的名称等信息，标题栏右侧有 3 个控制按钮，分别为"功能区显示选项"按钮、"最小化"按钮、"最大化/还原"按钮以及"关闭"按钮。

◆ **"文件"选项卡**：在"文件"选项卡中包含了常用的菜单项，比如"新建"、"打开"以及"保存"等。

◆ **功能区**：功能区有多个选项卡，各个选项卡内又细分为多个组，软件中具有共性或联系的操作被归纳在这些组中。

◆ **编辑区**：编辑区是用户进行文档编辑的工作区域，是 Word 2016 中最大的区域。用户对文档进行的各种操作，都会在编辑区显示效果。

◆ **状态栏和视图栏**：在 Word 2016 界面底端，左侧为状态栏，用于显示当前文档的页面、字数等信息；右侧为视图栏，用于显示当前文档的视图模式和页面缩放比例等信息。

1.2.2 Excel 2016 界面及其介绍

Excel 2016 是一款电子表格处理软件，可以制作表格和对数据进行保存、计算以及分析等。其主界面的组成与 Word 2016 的界面基本类似，主要区别在于编辑区，如图 1-8 所示为 Excel 2016 的主界面。

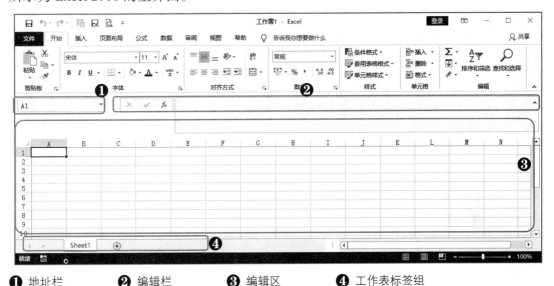

❶ 地址栏　　　　❷ 编辑栏　　　　❸ 编辑区　　　　❹ 工作表标签组

图 1-8　Excel 2016 主界面部分组成

以下是 Excel 2016 主界面中一些重要组成部分的介绍。

◆ **地址栏**：地址栏又称为名称框，主要用于显示用户当前选择的单元格或单元格区域的地址，也可以用于定义单元格或单元格区域的名称。

◆ **编辑栏**：主要用于在当前活动的单元格中输入或编辑数据、公式和函数，也能显示所选单元格的完整数据、公式和函数。

◆ **编辑区**：Excel 2016 的编辑区主要用于显示工作表的行和列，对表格内容进行编辑。

◆ **工作表标签组**：工作表标签组中每一个工作表标签都唯一标识一张工作表，默认情况下，只有一个"Sheet1"标签，即一张工作表。在表标签的左侧有工作表切换按钮，用于切换工作表，当工作表标签组中标签过多时，单击切换按钮即可使工作表标签组中的标签向左或向右滚动。在表标签的右侧则是"插入工作表"按钮，用于插入新工作表。

1.2.3 PowerPoint 2016 界面及其介绍

PowerPoint 2016 是一款演示文稿制作软件，可以用于制作各类演讲、教学以及商务讲演的演示文稿。其主界面的组成同样是在编辑区存在着一定的差异，其余部分则基本与 Word 2016 类似，如图 1-9 所示。

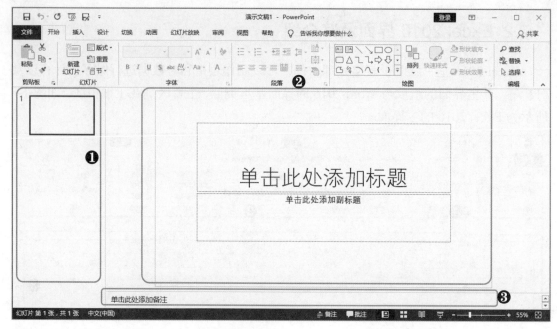

❶ "[幻灯片/大纲]"窗格　　　　　❷ 编辑区　　　　　❸ "备注"窗格

图 1-9　PowerPoint 2016 主界面部分组成

PowerPoint 2016 主界面中 3 个重要组成部分的介绍如下。

◆ "[幻灯片/大纲]"窗格：此窗格位于 PowerPoint 2016 主界面左侧，用于显示幻灯片的缩略图以及编号等。

◆ 编辑区：用于显示和编辑幻灯片以及幻灯片中的文本、图片以及图形等各种幻灯片对象。

◆ "备注"窗格：在此窗格输入当前幻灯片的备注，可以提示演讲者或者其他人群某些重要信息。

1.3　三大组件视图模式简介

视图模式是 Office 为满足用户不同的查看需求而提供的一些不同的展示文件的方式。由于三大常用组件的功能有着比较明显的差异，其视图模式也有所区别。下面分别介绍 Word 2016 组件、Excel 2016 组件以及 PowerPoint 2016 组件的视图模式。

1.3.1　Word 2016 的视图模式

在 Word 2016 的"视图"选项卡中"视图"组中可以看到 5 个按钮，分别对应着阅读视图、页面视图、Web 版式视图、大纲视图以及草稿等 5 种不同的视图模式，如图 1-10 所示。

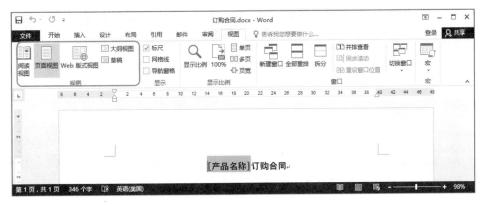

图 1-10　Word 2016 视图模式

视图模式不同，文档的显示效果也有所不同，以下是各视图模式的介绍。

◆ **阅读视图**：使用此视图模式时，文档将在 Word 2016 窗口中全屏显示，且只显示少量必要的工具。用户可以更改页面大小比例、页面显示颜色以及页面布局等，但无法对文档进行编辑，如 1-11 左图所示。

◆ **页面视图**：此视图即是 Word 2016 的默认视图模式，也就是文档的打印外观。可显示快速访问工具栏、功能区等所有主界面组成部分，可进行文档编辑，如 1-11 右图所示。

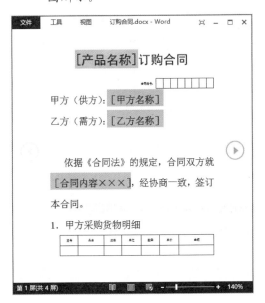
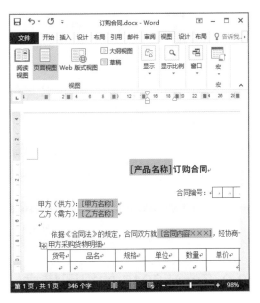

图 1-11　阅读视图和页面视图

◆ **Web 版式视图**：使用此视图模式时，文档将以网页的形式显示。状态栏不会显示页码等信息，如 1-12 左图所示。

◆ **大纲视图**：此视图下，文档以不同级别显示内容，如 1-12 右图所示。主要在设置文档格式、检查文档结构以及移动整段文本等情况时使用，在长文本文档中使用更为广泛。

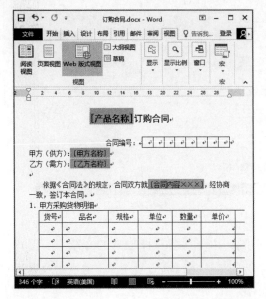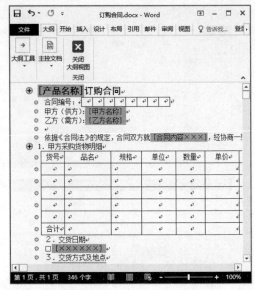

图 1-12　Web 版式视图和大纲视图

◆ **草稿视图**：此视图下文档仅显示文本内容，而页面、页脚、页边距、分栏以及图片等均不显示，让用户能够更加专注于文本的编辑，如图 1-13 所示。

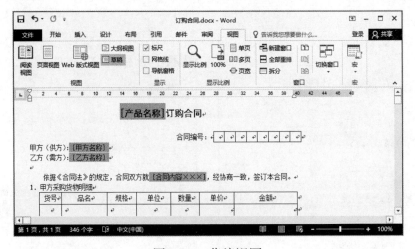

图 1-13　草稿视图

1.3.2　Excel 2016 的视图模式

在 Excel 2016 中，系统提供了 3 种内置的视图模式和一种自定义视图模式。其中自定义视图模式就是将当前的显示设置和打印设置保存为一种视图模式，下次可直接使用。内置的 3 种视图模式分别为普通视图、分页预览视图以及页面布局视图，相应的介绍如下。

◆ **普通视图**：即是 Excel 2016 的默认视图模式，此视图模式下不显示页眉、页脚和页边距等，主要用于对表格进行编辑，如图 1-14 所示。

图 1-14　普通视图

◆ **分页预览视图**：此视图可以查看分页符的位置，以便用户预览在打印表格时的分布情况，防止需要在一页内打印的内容延伸到下一页，如图 1-15 所示。

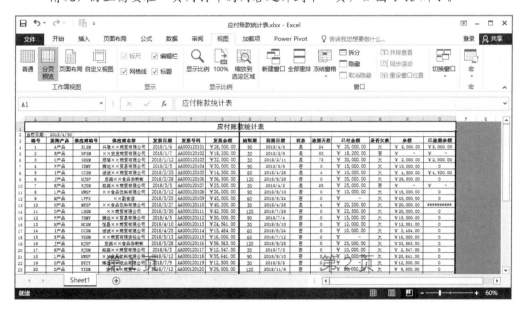

图 1-15　分页预览视图

◆ **页面布局视图**：此视图模式将工作表以页的形式显示给用户，且显示页眉、页脚以及页边距等。用户可以对表格、页眉等进行编辑，方便用户在单页中制作表格，如图 1-16 所示。

DAILY OFFICE APPLICATIONS

Word/Excel/PPT/WPS 四合一商务技能训练应用大全

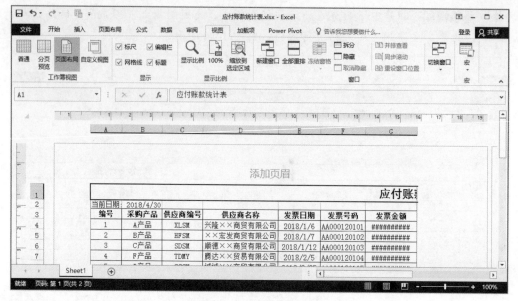

图 1-16 页面布局视图

1.3.3 PowerPoint 2016 的视图模式

在 PowerPoint 2016 的"视图"选项卡的"演示文稿视图"组中也有 5 种不同的视图模式，分别为普通视图、大纲视图、幻灯片浏览视图、备注页视图以及阅读视图，具体介绍如下。

◆ **普通视图**：此视图模式是 PowerPoint 2016 的默认视图，可以对幻灯片进行逐张编辑和查看，如图 1-17 所示。

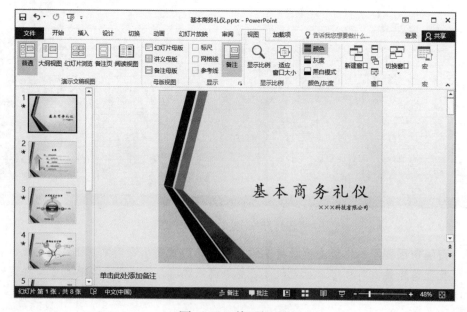

图 1-17 普通视图

◆ **大纲视图**：此视图下同样可以编辑幻灯片，在大纲窗格中只显示幻灯片标题，不显示缩略图，如图 1-18 所示。另外，将大纲从 Word 中粘贴到 PowerPoint 的大纲窗格中可以快速创建整个演示文稿。

图 1-18　大纲视图

◆ **幻灯片浏览视图**：此视图下可以显示所有幻灯片的缩略图，并可以对幻灯片的顺序快速进行调整。也可进行幻灯片的复制和删除操作，但无法对幻灯片内容进行编辑，如图 1-19 所示。

图 1-19　幻灯片浏览视图

◆ **备注页视图**：此视图下可以显示幻灯片以及其备注的内容，可以对备注进行编辑但无法编辑幻灯片内容，如图 1-20 所示。此视图模式多用于查看幻灯片和备注一起打印时的效果。

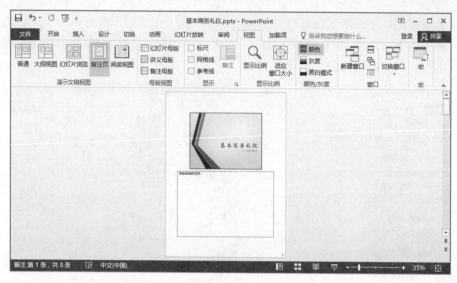

图 1-20　备注页视图

◆ **阅读视图**：此视图模式其实就是放映整个演示文稿，但不是在电脑桌面全屏播放，而是在 PowerPoint 窗口内全屏播放，如图 1-21 所示。多用于查看制作完成的演示文稿的放映效果是否符合要求。

图 1-21　阅读视图

1.4　Office 2016 办公软件的共性操作

Office 2016 系列办公软件中各组件的主界面存在许多相似之处，由此可知，其各组件的许多基础操作是大致相同的，如新建文件、保存文件等。为了避免对同一操作进行重复讲解，这里对 Office 2016 各组件的一些共性操作进行集中讲解。

1.4.1　新建文件

无论是 Word、Excel 还是 PowerPoint 组件，都需要有相应格式的文件才能够使用其功能。而要产生这些相应格式的文件，自然需要新建文件。文件的新建方式可分为新建空白文件和根据模板新建文件两种，下面对这两种方式进行介绍。

（1）新建空白文件

在打开 Office 2016 的三大组件时，并不会打开空白文档，而是会进入首页。以在 Word 2016 组件中新建空白文档为例，用户只需要在首页选择"空白文档"选项即可快速新建空白文档，如图 1-22 所示。

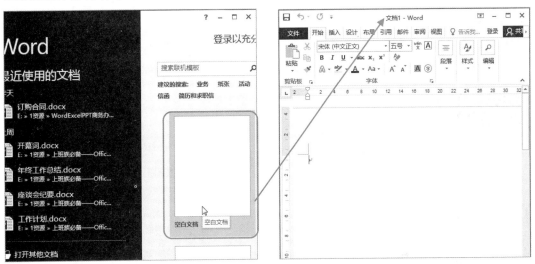

图 1-22　新建空白文档

> **小技巧：通过快捷菜单新建空白文件**
>
> 在不打开相应 Office 2016 组件的情况下，也可以新建空白文件。其方法为：在需要新建文件的存储位置空白处单击鼠标右键（如桌面空白处、某文件夹内空白处等），在弹出的快捷菜单中选择"新建"命令，然后在子菜单中选择相应的选项即可，如图 1-23 所示。

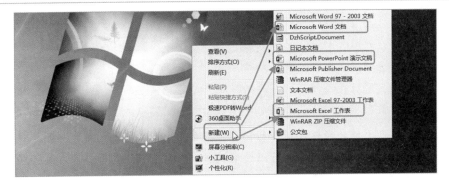

图 1-23　以快捷菜单新建空白文档

（2）根据模板新建文件

除了新建空白文件外，还可以根据 Office 2016 中提供的模板来快速新建具有样式的文件。每个组件都提供了许多类型的模板，与新建空白文件的操作相似。以新建演示文稿为例，用户直接在首页选择需要的模板，在打开的对话框中单击"创建"按钮，待模板下载完成后即可直接新建文件，如图 1-24 所示。

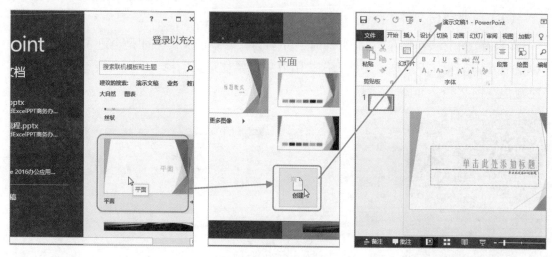

图 1-24　根据模板新建文件

1.4.2 保存文件

在使用 Office 2016 办公软件对文件进行编辑之后，如果不保存文件，在软件中完成的工作在关闭该软件后就会消失。为了下次能够继续使用，在对文件进行编辑后都需要对文件进行保存。另外，为防止突发情况致使文件丢失，最好是每完成一部分操作就保存一次。

【注意】保存文件的方式可分为两种，分别为"保存"和"另存为"。其中，"保存"就是将文件保存至当前的位置，"另存为"是将文件保存到其他存储位置。如果当前文件没有明确的存储位置，则在第一次进行保存时系统默认使用"另存为"的方式。之后再对文件进行保存时，若没有特殊要求，一般情况下使用"保存"方式即可。

◆ **另存为**：以在 Word 2016 中对文档进行"另存为"操作为例，其操作方法为：单击"文件"选项卡，在打开的界面中单击"另存为"选项卡，在其右侧界面单击"浏览"按钮。然后在打开的"另存为"对话框中选择存储位置，并在文本框中输入文件名称，最后单击"保存"按钮即可，如图 1-25 所示。

◆ **保存**：保存文件的操作相对比较简单，只需要在快速访问工具栏中单击"保存"按钮即可。另外，保存操作还可以使用快捷键，即【Ctrl+S】组合键。大多数情况下，使用快捷键保存文件可以使工作效率更高。

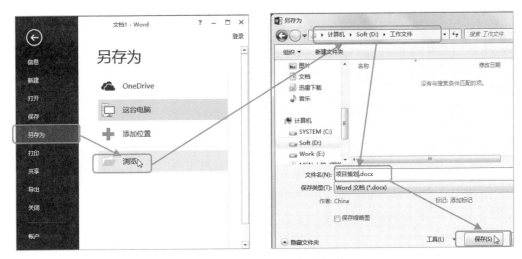

图 1-25　文件的另存为操作

1.4.3 打开与关闭文件

要对已经存在的文件进行编辑，首先需要将文件打开，然后才能使用 Office 2016 的组件进行相关的操作。而编辑完成后，如果暂时不需要使用该文件，则可以将文件关闭，以节约电脑内存。

（1）打开文件

一般情况下，打开文件的顺序是先启动相应的组件，然后在组件中打开文件，这可以防止文件错误关闭后造成数据丢失。

以打开 Word 文档为例，其方法为：打开 Word 组件，在其首页可以看到最近使用的文档，如果这里有需要的文件，则直接选择该文件即可打开。如果最近使用的文档中没有需要的文件，则可以单击"打开其他文档"超链接，在打开的"打开"选项卡中单击"浏览"按钮，然后在打开的"打开"对话框中选择文件所在位置，再选择待打开的文件，最后单击"打开"按钮即可，如图 1-26 所示。

图 1-26　打开文件

> ⚡ **提个醒：直接打开文件**
>
> 　　除了在对应的 Office 组件中打开文件外，还可以直接在文件上将其打开。只需要在待打开的文件上双击，或者在文件上右击并在弹出的快捷菜单中选择"打开"命令，此时系统会根据文件的类型，选择合适的软件打开文件。

（2）关闭文件

　　已经编辑完成并保存后，便可以将文件关闭。在各组件窗口的标题栏右侧都有"关闭"控制按钮，直接单击该按钮即可关闭文件，如 1-27 左图所示。另外，在"文件"选项卡中单击"关闭"按钮也可以关闭文件，如 1-27 右图所示。

图 1-27　关闭文件

　　如果在该文件中执行了编辑操作，并未进行保存，在关闭文件时会打开对话框询问是否进行保存操作。用户可根据情况选择是否进行保存，单击"是"按钮则表示在关闭之前保存文件。

1.4.4　保护文件

　　在商务办公中，许多文件都是非常重要的。Office 为用户提供了保护文件功能，让用户可以对这些重要的文件进行保护。比较常用的保护文件的方式有标记为最终状态和用密码进行加密两种。

（1）标记为最终状态

　　当文件制作完成，并已经确定是最终版本时，为防止以后查看此文件时再对文件进行修改，用户可以将文件标记为最终状态，此状态即是使文档只允许被读取。

[分析实例]——将订购合同标记为最终状态

这里以将"订购合同"文档标记为最终状态为例,来介绍其具体操作步骤。如图 1-28 所示为标记为最终状态的前后对比效果。

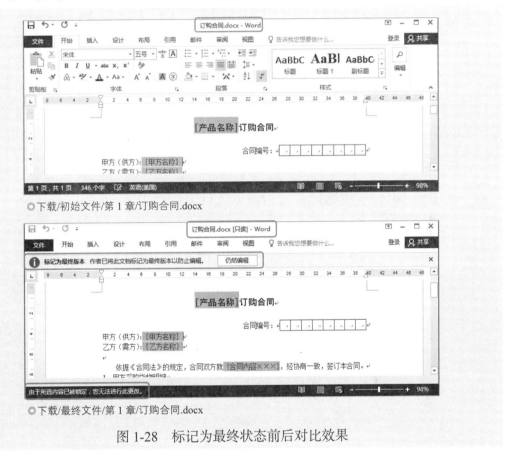

◎下载/初始文件/第 1 章/订购合同.docx

◎下载/最终文件/第 1 章/订购合同.docx

图 1-28 标记为最终状态前后对比效果

其具体操作步骤如下。

Step01 打开素材文件并单击"文件"选项卡,❶在打开的界面的"信息"选项卡中单击"保护文档"下拉按钮,❷在弹出的下拉菜单中选择"标记为最终状态"选项,如图 1-29 所示。

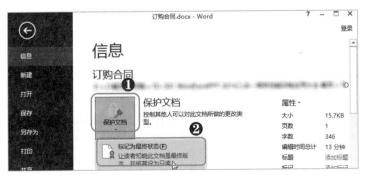

图 1-29 选择"标记为最终状态"选项

Step02 ❶在打开的提示对话框中单击"确定"按钮，❷在再次打开的提示对话框中单击"确定"按钮即可完成标记为最终状态的操作，如图 1-30 所示。

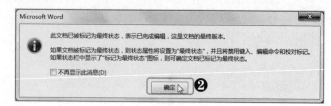

图 1-30　单击"确定"按钮

（2）用密码进行加密

用密码进行加密就是将文件用密码保护起来，防止他人查看该文件。对于存在商业机密、隐私等内容的文件，可以用此方式保护文件。

[分析实例]——用密码对应付账款统计表进行加密

下面以在 Excel 中用密码对"应付账款统计表"工作簿进行加密为例，来讲解此保护文件方式的使用方法。如图 1-31 所示为用密码进行加密的前后对比效果。

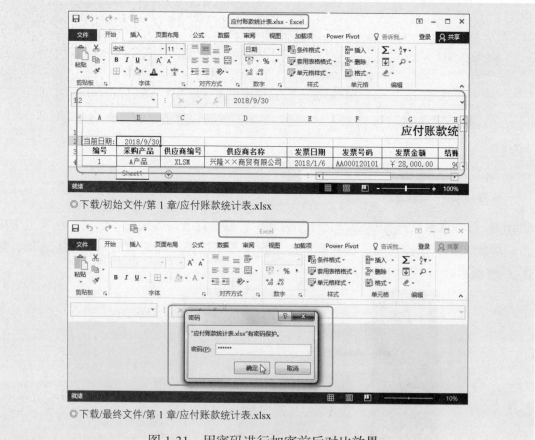

◎下载/初始文件/第 1 章/应付账款统计表.xlsx

◎下载/最终文件/第 1 章/应付账款统计表.xlsx

图 1-31　用密码进行加密前后对比效果

其具体操作步骤如下。

Step01 打开素材文件并单击"文件"选项卡，❶在打开的界面的"信息"选项卡中单击"保护工作簿"下拉按钮，❷在弹出的下拉菜单中选择"用密码进行加密"命令，如图 1-32 所示。

图 1-32 选择"用密码进行加密"命令

Step02 ❶在打开的"加密文档"对话框中输入密码"123456"，❷单击"确定"按钮，❸在打开的"确认密码"对话框中再次输入密码，❹单击"确定"按钮，如图 1-33 所示。

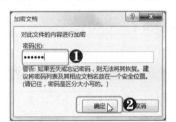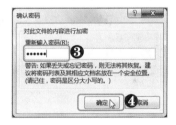

图 1-33 输入密码并确认

1.4.5 撤销与恢复操作

在对文档进行编辑的过程中，难免会出现一些错误或不需要的操作，这时便可以使用撤销功能将最近进行的操作撤销，而与撤销对应的便是恢复操作。

（1）撤销操作

Office 2016 各组件的快速访问工具栏中都会默认显示"撤销"按钮。当用户进行了错误的操作步骤时，如删除了部分需要的内容、移动了不需要移动的内容等，可以通过单击"撤销"按钮将最近执行的一步操作撤销，如图 1-34 所示。

【注意】每单击一次"撤销"按钮可撤销一步操作。另外，通过按【Ctrl+Z】组合键可快速执行撤销操作，同样是每按一次快捷键撤销一步操作。

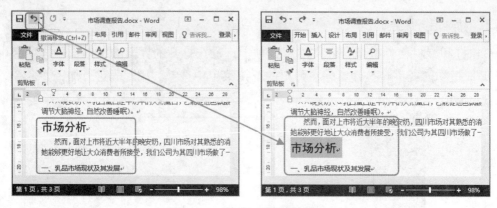

图 1-34　单击"撤销"按钮

如果需要撤销多步操作，则可以单击"撤销"按钮右侧的下拉按钮，然后在弹出的下拉列表中选择需要撤销的操作步骤即可，如图 1-35 所示。

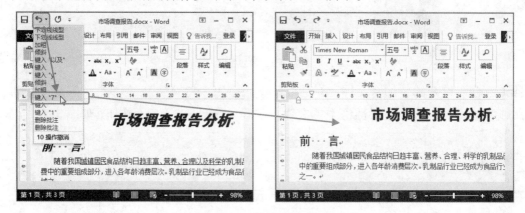

图 1-35　撤销多步操作

（2）恢复操作

恢复操作即是将撤销的操作重新恢复回来。默认情况下，"恢复"按钮是不可使用的，当用户至少执行一次"撤销"操作后，"恢复"按钮才会变为可单击状态。

【注意】与"撤销"按钮一样，"恢复"按钮也是每单击一次恢复一步操作。其快捷键为【Ctrl+Y】组合键，但一般不使用此快捷键，因为此快捷键在某些软件中并不支持恢复操作，且可能造成意料之外的错误。

1.4.6　自定义快速访问工具栏

快速访问工具栏可以由用户自定义，如改变其在窗口中的位置、添加或删除快速访问工具栏中的按钮。

（1）自定义快速访问工具栏位置

快速访问工具栏的位置默认是在窗口的左上方，即功能区的上方。用户可根据自己的使用习惯自定义其显示位置，单击"自定义快速访问工具栏"按钮，在弹出的下拉菜单中选择"在功能区下方显示"选项即可将快速访问工具栏调整为在功能区下方显示，如图 1-36 所示。

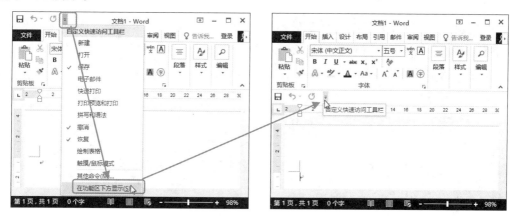

图 1-36　设置快速访问工具栏位置

（2）自定义快速访问工具栏中的按钮

为了方便使用，通常会将一些常用的功能添加到快速访问工具栏中，这样可以有效地提高工作效率。

单击"自定义快速访问工具栏"按钮，在弹出的下拉菜单中选择需要的命令即可。如果要添加的命令不在下拉菜单中，则可以选择"其他命令"命令，在打开的"Word选项"对话框的"快速访问工具栏"选项卡中的"从下列位置选择命令"下拉列表框中选择"常用命令"选项，然后在列表中选择需要的命令，单击"添加"按钮，再单击"确定"按钮即可，如图 1-37 所示。

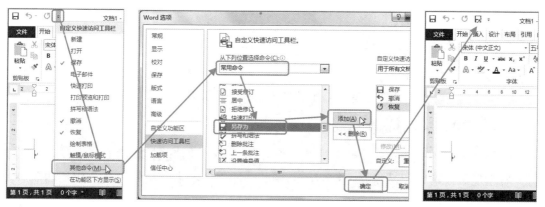

图 1-37　在快速访问工具栏中添加新按钮

1.4.7 自定义功能区

功能区是 Office 各组件主要区域之一，为了让功能区更加符合自己的使用习惯，用户也可以对功能区进行自定义设置，如折叠功能区、添加选项卡和组等。

（1）折叠或展开功能区

功能区在默认设置下是始终展开显示的，用户可以根据实际需要，选择是否将功能区的具体内容折叠起来。将功能区折叠或展开的方法有 4 种，下面分别介绍。

◆ 在功能区任意位置右击，在弹出的快捷菜单中选择"折叠功能区"命令，如 1-38 左图所示。

◆ 单击功能区右侧的"折叠功能区"按钮，如 1-38 右图所示。

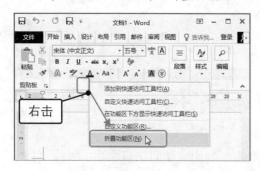

图 1-38　折叠功能区

◆ 通过按【Ctrl+F1】组合键来折叠或展开功能区。

◆ 在功能区的当前选项卡上双击即可折叠或展开功能区，如图 1-39 所示。

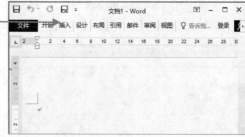

图 1-39　双击选项卡折叠或展开功能区

（2）在功能区添加选项卡和组

功能区中包含了软件的大部分功能，但并不是所有的功能都在功能区中。用户可以将一些功能区没有，但又需要经常使用的一些功能以选项卡和组的形式添加到功能区。

 [分析实例]——在 Word 2016 组件功能区添加选项卡和组

下面以在 Word 2016 的功能区添加选项卡和组为例，来讲解具体的操作方法。如图

1-40 所示为在功能区添加选项卡和组的前后对比效果。

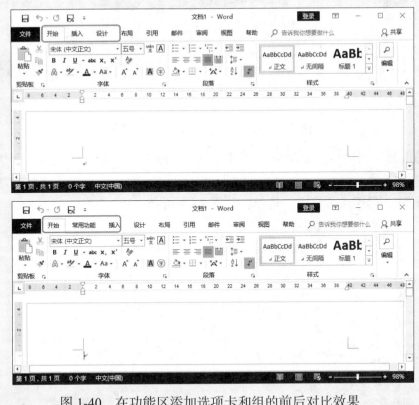

图 1-40 在功能区添加选项卡和组的前后对比效果

其具体操作步骤如下。

Step01 打开 Word 2016 组件，❶在功能区右击，❷在弹出的快捷菜单中选择"自定义功能区"命令，如图 1-41 所示。

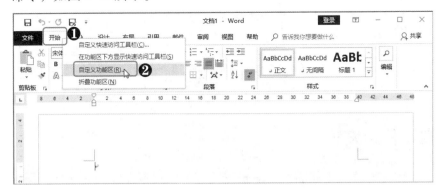

图 1-41 选择"自定义功能区"命令

Step02 ❶在打开的"Word 选项"对话框的"自定义功能区"选项卡中单击"新建选项卡"按钮（在新建的选项卡中默认新建了一个组，单击"新建组"按钮即可继续新建组），❷选择新建的选项卡，❸单击"重命名"按钮，❹在打开的"重命名"对话框中输入名称，❺单击"确定"按钮即可，如图 1-42 所示。以同样的方法给新建的组重命名。

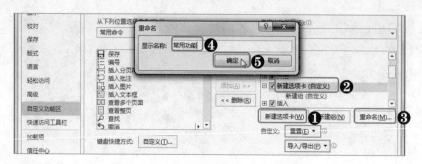

图 1-42　重命名新建的选项卡和组

Step03 ❶选择新建的组，这里选择"常用"组，❷在"从下列位置选择命令"下拉列
表框中选择"不在功能区中的命令"选项，❸在下方的列表中选择需要的选项，❹单击
"添加"按钮，❺单击"确定"按钮，如图 1-43 所示。

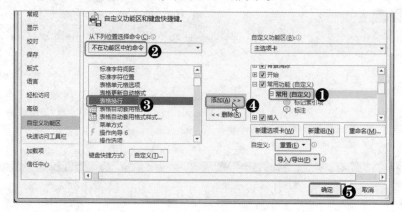

图 1-43　为新建的组添加命令

> **⚡ 提个醒：新建选项卡的位置**
>
> 　　新建的选项卡默认创建在打开"Word 选项"对话框时当前选项卡的右侧，本例中在打开"Word
> 选项"对话框时当前选项卡为"开始"选项卡，所以新建的"常用功能"选项卡的位置在"开始"
> 选项卡的右侧。可以在"Word 选项"对话框中通过拖动选项卡来调整功能区各选项卡的位置，也
> 可以在该对话框单击选项卡列表右侧的"上移"按钮或"下移"按钮来调整所选择的选项卡位置。

1.4.8 自动保存设置

　　为了避免因突发情况（如断电、电脑死机等）导致正在编辑的文件未保存就关闭，
从而造成损失，可以为 Office 的各个组件设置自动保存功能。自动保存的设置方法如下。

　　在"文件"选项卡中单击"选项"按钮，在打开的"Word 选项"对话框中单击"保
存"选项卡，然后在对话框右侧选中"保存自动恢复信息时间间隔"复选框，在右侧数
值框中设置自动保存的时间，这里设置为 5 分钟，最后单击"确定"按钮即可，如图 1-44
所示。

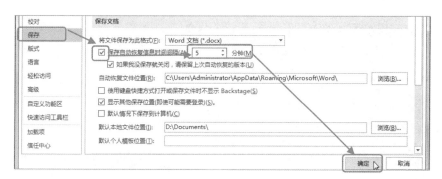

图 1-44　设置自动保存时间

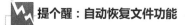　提个醒：自动恢复文件功能

在"Word 选项"对话框的"保存"选项卡中可以看到系统默认选中了"如果我没保存就关闭，请保留上次自动恢复的版本"复选框，且自动恢复文件的保存位置默认设置为"C:\Users\Administrator\AppData\Roaming\Microsoft\Word\"文件夹。当文件不正常关闭后，先不要直接打开文件，而应先启动 Word 2016 程序，一般会出现恢复文件的提示，根据提示即可恢复不正常关闭的文件。另外，也可以手动打开自动恢复文件保持位置的文件夹，在其中找到对应的文件扩展名为"asd"的文件，将其拷贝出来，然后将文件扩展名改为"doc"即可。

1.4.9　自定义界面外观

Office 的各个组件都可以设置其主题颜色，在默认情况下为"彩色"主题，用户可以自己设置喜欢的主题颜色。以设置 Word 组件的主题颜色为例进行介绍，其操作步骤如下。

启动 Word 程序，在"文件"选项卡中单击"选项"按钮，在打开的"Word 选项"对话框的"常规"选项卡中的"Office 主题"下拉列表框中选择喜欢的主题色，这里选择"白色"选项，然后单击"确定"按钮即可，如图 1-45 所示。

图 1-45　设置主题色

1.4.10　打印文件

在商务办公中，制作完成的文档往往需要打印出来，尤其是 Word 文档和电子表格，往往都要打印成纸质文件。

以打印 Word 文档为例，一般情况下其操作为：打开需要打印的文档，在"文件"选项卡中单击"打印"选项卡，在界面右侧可以设置页面的打印格式等，然后选择可以使用的打印机，再单击"打印"按钮即可，如图 1-46 所示。

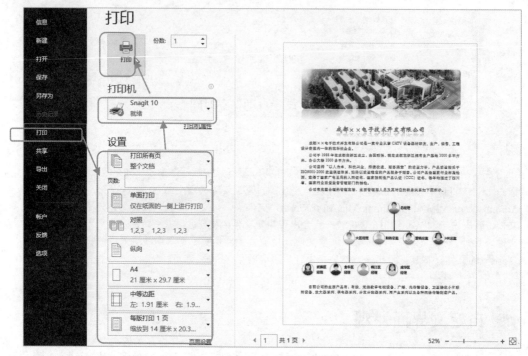

图 1-46　打印文件

从图 1-46 中可以看到，打印界面右侧可以进行打印预览，即进行相关设置后，会在打印预览中显示设置后的效果。另外，在打印界面的"设置"栏有许多下拉列表框，可以通过这些下拉列表框进行打印设置。下面以从上往下的顺序分别对这几个下拉列表框的作用进行介绍。

◆ 第 1 个下拉列表框中可以设置需要打印的范围，可选择打印所有页、当前页、打印奇数或偶数页等。

◆ 第 2 个下拉列表框可以设置单面打印或手动双面打印。

◆ 第 3 个下拉列表框用于在需要将文档打印多份时，设置打印文档的排序方式。

◆ 第 4 个下拉列表框则是设置打印页面的方向，可选择纵向打印或横向打印。

◆ 第 5 个下拉列表框是用于设置打印的纸张大小，如 A4 纸张打印等。

◆ 第 6 个下拉列表框可设置页边距，其中提供了常规、窄、对称、中等和宽等 5 种常用边距设置，另外也可以自定义页边距。

◆ 第 7 个下拉列表框是用于设置在每张纸上打印的文档页数，一般为每版打印 1 页。

如果在打印之前还需要对页面进行更详细的设置，可以在"设置"栏下方单击"页面设置"超链接，然后在打开的"页面设置"对话框中进行更为详细的页面设置。

第2章
Word 商务办公基础必会

Word 是 Office 办公软件中用于文档制作与编辑的组件，大部分文档都可以使用 Word 来完成，在商务办公中有着非常重要的作用。作为一款专业的文字处理软件，文本的输入、编辑和格式设置必然是其最基础的部分。而要使用 Word 进行商务办公，就必须要掌握这些基础知识。

|本|章|要|点|
· 在 Word 文档中输入与编辑内容
· 文档的格式设置

2.1 在 Word 文档中输入与编辑内容

制作文档的操作主要就是对文本进行操作，即在文档中输入内容，然后对输入的文本进行编辑，使文本符合要求。

2.1.1 各类文本的输入

文本的输入是制作文档的前提，更是 Word 的基础。而文本的输入又可分为多个类型，如普通文本的输入、日期的输入等。

（1）普通文本的输入

一般情况下，在使用 Word 输入文本时，大部分都是输入普通文本。使用输入法直接在文档中进行输入即可。

【注意】在打开的文档后，编辑区会有一条不断闪烁的黑色竖线，这就是文本插入点，输入的文本都会显示在文本插入点的位置。随着文本的输入，文本插入点会自动后移。用户可以通过鼠标单击将文本插入点定位到需要输入文本的位置。

普通文本的输入方法为：新建空白文档并将其打开，此时文本插入点定位在文档的起始位置，直接输入文本即可显示在编辑区，如图 2-1 所示。

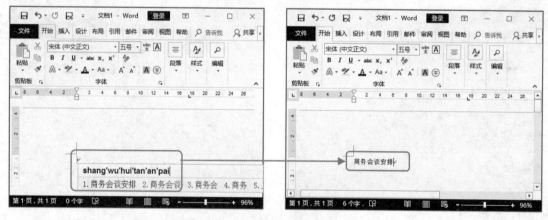

图 2-1　输入普通文本

（2）日期和时间的输入

许多文档在制作完成后，往往需要在末尾处加上日期；有些文档在制作的过程中也可能会涉及日期和时间的输入。但手动输入日期和时间是比较麻烦的事情，不仅效率低，而且有可能会输入错误。

在 Word 中提供了快速插入当前日期和时间的功能，可以帮助用户快速且准确地输入当前日期和时间，同时提供了多种格式供用户选择，其使用方法如下。

将文本插入点定位到需要输入日期或时间的位置，在功能区的"插入"选项卡中的"文本"组中单击"日期和时间"按钮。此时会打开"日期和时间"对话框，在该对话框的"语言"下拉列表框中选择需要的语言，这里选择"中文（中国）"选项，在"可用格式"列表框中选择需要的日期或时间选项，再单击"确定"按钮即可快速插入日期或时间，如图 2-2 所示。

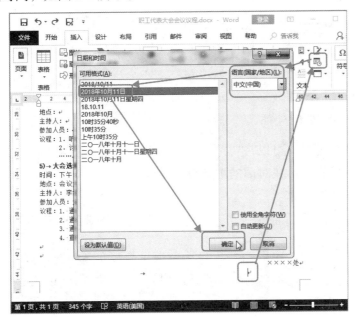

图 2-2　输入日期和时间

（3）符号的输入

在制作文档时，难免会遇到需要输入某些特殊符号的情况，而可以通过键盘输入的符号比较有限。当需要输入键盘上没有的符号时，就可以使用 Word 的符号插入功能来完成，其使用方法如下。

将文本插入点定位到需要输入符号的位置，在"插入"选项卡的"符号"组中单击"符号"下拉按钮，在弹出的下拉菜单中可以选择最近使用的符号，如果没有需要的符号，则选择"其他符号"命令。在打开的"符号"对话框中选择合适的字体，然后在符号列表中选择需要的符号，再单击"插入"按钮即可将符号插入到文档中，如图 2-3 所示，然后将对话框关闭即可。

> **小技巧：利用输入法输入特殊符号**
>
> 大部分中文输入法软件都可以使用输入"V+0~9 数字键"的方式来进行符号的输入。比如使用搜狗输入法时，输入"v1"后在候选框会出现许多符号，如√、◇、★等；输入"v2"则可以在候选框选择输入①、Ⅵ等序号。

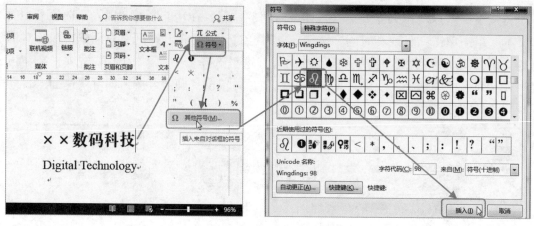

图 2-3　插入特殊符号

　　如果需要在文档中插入多个符号，可以将"符号"对话框移动到一旁，然后将文本插入点定位到需要插入符号的位置，再在对话框中选择符号插入，完成全部的符号插入之后将对话框关闭即可，如图 2-4 所示。

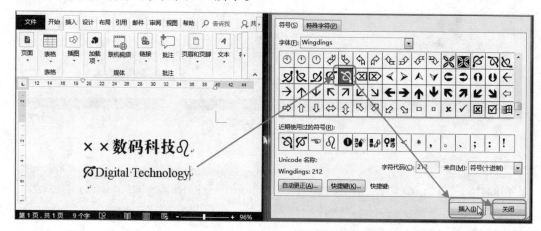

图 2-4　多次在不同位置插入特殊符号

（4）公式的输入

　　在一些特殊的文档中可能会需要用到公式，比较简单的公式可以直接输入，但是有些相对复杂的公式在输入的时候会比较麻烦。而 Word 的插入公式功能可以很好地解决这个问题，其内置了许多常用公式供用户使用，同时还支持墨迹公式功能。

　　当需要输入公式时，只需要将文本插入点定位到合适的位置，然后在"插入"选项卡的"符号"组中单击"公式"下拉按钮，在弹出的下拉菜单中即可选择需要的公式，如果在该菜单中没有需要的公式则可以选择"Office.com 中的其他公式"命令，在其子菜单中选择需要的公式即可，如图 2-5 所示。

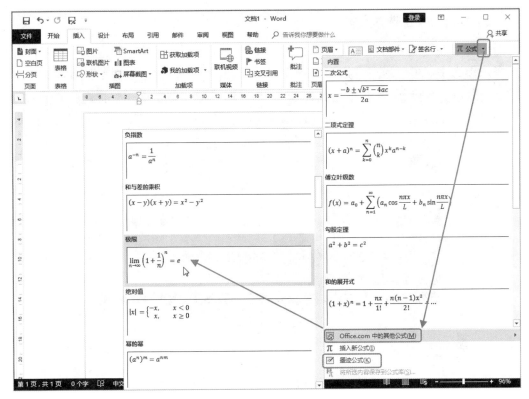

图 2-5　在文档中输入公式

2.1.2　文本的选择方式

文本输入完成后，就可以对其进行一系列的编辑，而要对文本进行编辑就必须先选择待编辑的文本。选择文本的方式有多种，下面分别进行介绍。

（1）选择连续的文本

在对文档进行编辑时，大多数情况下都是选择连续的文本。其操作也非常简单，只需要将鼠标光标移至待选择文本的起始位置并按住鼠标左键，然后将鼠标光标拖动到待选择文本的结束位置并释放鼠标即可，如图 2-6 所示。

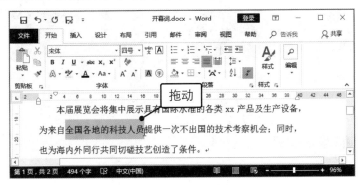

图 2-6　选择连续文本

（2）以行为单位选择文本

当需要对一行或多行文本进行编辑时，没必要以从文本起始位置拖动到结束位置的方式来选择文本。可以通过选定栏选择文本，其操作为：将鼠标光标移至待选择文本左侧的空白区域（选定栏），当鼠标光标变为 形状时，单击鼠标即可快速选择该行文本，如果需要选择多行文本，则可以按住鼠标左键上下拖动选择文本即可，如图 2-7 所示。

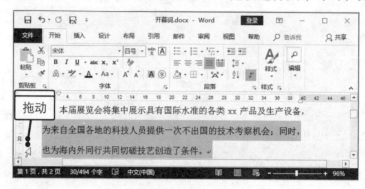

图 2-7　选择多行文本

（3）选择整段文本

选择整段文本同样可以通过上述的方式来完成，但当段落比较长时，效率相对较慢。此时，我们可以通过在选定栏双击来快速选择整段文本，如 2-8 左图所示；也可以在段落的任意位置快速单击 3 次鼠标左键来实现选择整段文本，如 2-8 右图所示。

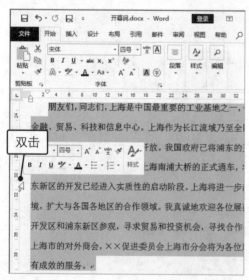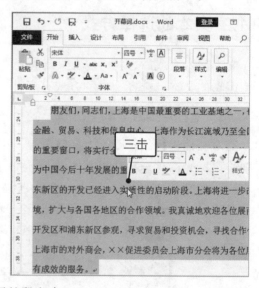

图 2-8　选择整段文本

 小技巧：快速选择整个文档

当需要选择整个文档时，只需要按【Ctrl+A】组合键即可全选文档；也可以将鼠标光标移至选定栏，然后快速单击 3 次鼠标左键完成整个文档的选择；或者按住【Ctrl】键并在选定栏单击。

（4）选择不连续的文本

对于不连续文本的选择，就需要用到【Ctrl】键进行辅助。先选择一部分文本，然后按住【Ctrl】键不放，再通过鼠标继续选择其他文本即可，如图 2-9 所示。

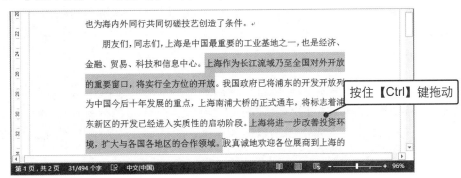

图 2-9　选择不连续的文本

2.1.3　复制和移动文本

复制文本和移动文本是在编辑文档时使用非常频繁的两个基础操作。学会这两个操作可以一定程度上提升文档的编辑效率。

（1）复制文本

在制作文档，尤其是比较长的文档时，往往有许多文本可以重复使用，或只需要稍加修改就可以使用。这时就可以将该文本复制到剪贴板，之后需要使用时将其粘贴到合适的位置即可，其操作如下。

选择需要复制到剪贴板的文本，在"开始"选项卡中的"剪贴板"组中单击"复制"按钮，将文本插入点定位到合适的位置，再单击"剪贴板"组中的"粘贴"按钮即可完成操作，如图 2-10 所示。

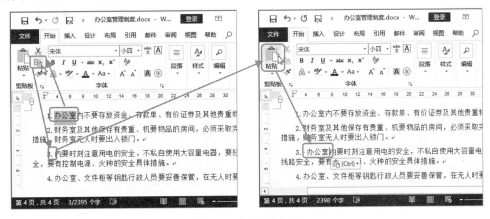

图 2-10　复制文本

【**注意**】在"粘贴"按钮下方有一个下拉按钮，在此下拉按钮中可以选择粘贴方式，如保留源格式、只保留文本等。另外，文本的复制与粘贴都有其对应的快捷键，使用快捷键进行复制与粘贴操作比通过功能区的按钮来实现效率更高。选择需要复制的文本后，按【Ctrl+C】组合键即可将该文本复制到剪贴板；按【Ctrl+V】组合键即可快速将文本粘贴到文本插入点位置。

（2）移动文本

与复制文本不同，移动文本是将选择的文本移动到指定的位置，然后原位置将不保留该文本。当发现文本的位置不合适时，就可以通过移动文本将其移动到合适的位置。其操作也比较简单，只需要选择待移动的文本，然后使用鼠标将其拖动到合适的位置即可，如图 2-11 所示。

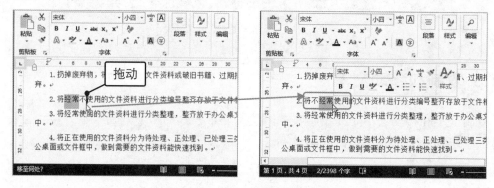

图 2-11　通过鼠标拖动文本

另外，如果文本需要移动到比较远的位置，使用拖动的方式显然不方便。这时可以利用"剪切"操作和"粘贴"操作来实现文本的移动，操作方法如下。

选择需要移动的文本并在其上右击，在弹出的快捷菜单中选择"剪切"命令，然后将文本插入点定位到合适的位置，在"开始"选项卡的"剪贴板"组中单击"粘贴"按钮即可完成文本的移动，如图 2-12 所示。

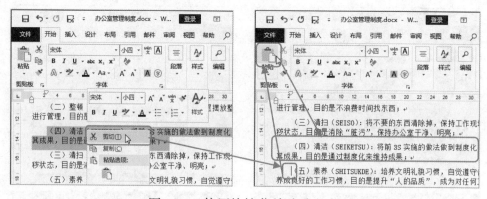

图 2-12　使用快捷菜单移动文本

【**注意**】剪切操作也有对应的快捷键，选择文本后，按【Ctrl+X】组合键即可将该文本剪切到剪贴板。

2.1.4 查找和替换文本

当需要在文档中查找某一关键词相关的文本或需要对文档中的某一个字/词进行更改时，便可以使用查找和替换功能进行批量更改。

 [分析实例]——将员工手册中的错别字替换正确

这里以将"员工手册"文件中的错别字"原工"替换为"员工"为例，讲解查找和替换功能的使用方法。如图 2-13 所示为替换前后对比效果。

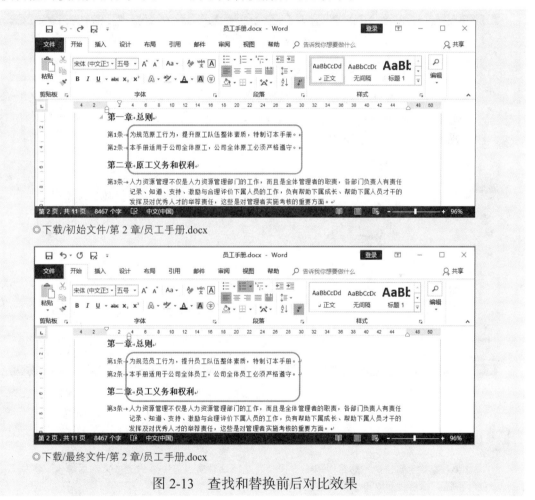

◎下载/初始文件/第 2 章/员工手册.docx

◎下载/最终文件/第 2 章/员工手册.docx

图 2-13　查找和替换前后对比效果

其具体操作步骤如下。

Step01 打开素材文件，❶在"开始"选项卡的"编辑"组中单击"查找"按钮，❷在打开的"导航"窗格中的搜索框输入需要查找的内容，这里输入"原工"，输入完成后便会得到搜索结果，且编辑区所有被查找出的文本都会突出显示，如图 2-14 所示。

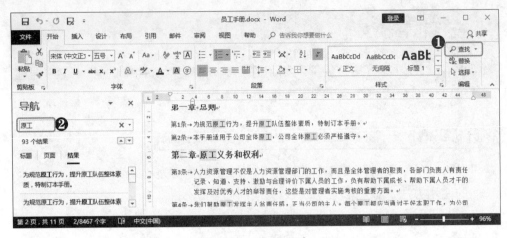

图 2-14　查找文本

Step02 ❶在"开始"选项卡的"编辑"组中单击"替换"按钮，❷在打开的"查找和替换"对话框中的"替换"选项卡的"替换为"文本框中输入要替换的内容，这里输入"员工"，❸单击"全部替换"按钮，如图 2-15 所示。最后在打开的提示对话框中单击"确定"按钮即可将文档中的"原工"全部替换为"员工"。

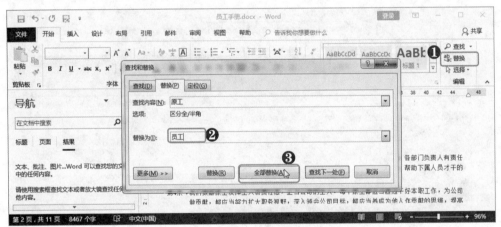

图 2-15　替换文本

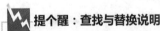
提个醒：查找与替换说明

　　如果不需要全部替换，则可以单击"替换"按钮只替换当前位置的文本，然后单击"查找下一处"按钮，需要替换时再单击"替换"按钮。

2.1.5　删除文本

　　在制作文档的过程中，经常会输入错误或发现有多余的文本，这时便要对这些文本进行删除。在 Word 中删除文本有两种方法，即使用【Backspace】键删除和使用【Delete】键删除。

◆ 使用【Backspace】键删除：将文本插入点定位在需要删除文字的后方，然后按【Backspace】键即可将该文字删除，如图 2-16 所示。每按一次可向前删除一个文字；如果按住【Backspace】键不放会快速向前删除文本，释放按键则停止删除。

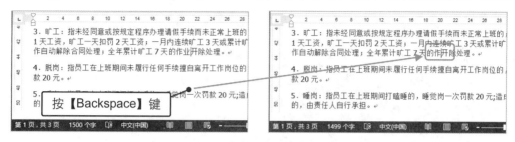

图 2-16 使用【Backspace】键删除文本

◆ 使用【Delete】键删除：与【Backspace】键相反，使用【Delete】键是向后删除，即删除文本插入点后方的文字，如图 2-17 所示。同样的，每按一次向后删除一个文字，按住不放则快速向后删除文本。

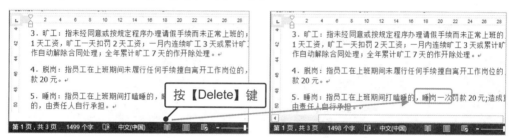

图 2-17 使用【Delete】键删除文本

2.2 文档的格式设置

为了让文档更加规范、美观，结构更加清晰，就需要对文档的格式进行一系列的设置，如字体格式、段落格式等。

2.2.1 设置字体格式

字体的格式主要包括字体、字号、加粗、倾斜、下划线以及颜色等，通过对这些格式的设置，就可以获得想要的字体格式。

[分析实例]——为"人事档案保管制度"文档设置字体格式

一般在制作文档时，文本输入完成后都需要对文本进行格式设置。根据文本的层次划分，不同层次应该有不同的字体格式。下面以给"人事档案保管制度"文档设置字体格式为例,讲解设置字体格式的相关操作,如图 2-18 所示为字体格式设置前后对比效果。

◎下载/初始文件/第 2 章/人事档案保管制度.docx

◎下载/最终文件/第 2 章/人事档案保管制度.docx

图 2-18　设置字体格式前后对比效果

其具体操作步骤如下。

Step01 打开素材文件，❶选择文档的主标题，❷在"开始"选项卡的"字体"组中的"字号"下拉列表框中选择合适的字号大小，这里选择"三号"选项，❸单击"字体"下拉按钮，❹在弹出的下拉列表中选择合适的字体，如图 2-19 所示。

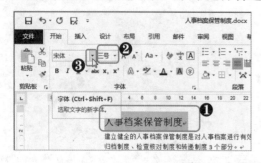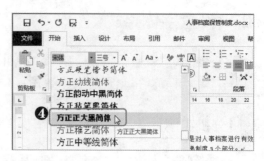

图 2-19　设置标题字体格式

Step02 ❶选择文档第一段正文内容，❷单击"字号"下拉按钮，❸在弹出的下拉列表中选择合适的字号大小，这里选择"小四"选项，❹选择文档的第一个副标题，❺在"字号"下拉列表框中选择"四号"选项，❻单击"加粗"按钮，如图 2-20 所示。

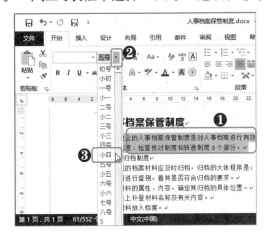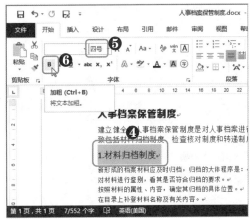

图 2-20　设置正文和副标题字体格式

Step03 将文档第二段正文内容字号设置为"小四"，❶选择正文下方的要点内容，❷单击"字体"下拉按钮，❸在弹出的下拉列表中选择合适的字体，如图 2-21 所示。

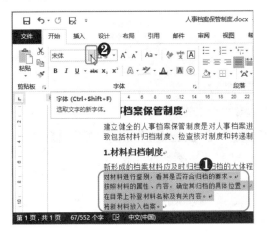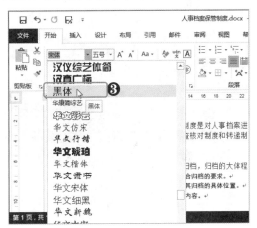

图 2-21　设置要点内容字体格式

【注意】除了在功能区的"字体"组中可以设置字体格式外，还可以通过"字体"对话框进行设置，也可以通过浮动工具栏进行设置。

◆ **通过"字体"对话框进行设置：** 在"开始"选项卡的"字体"组中单击"对话框启动器"按钮 即可打开"字体"对话框，如图 2-22 所示。用户在该对话框中可以对选择的文本进行更为详细的字体格式设置，如在"字体"选项卡中可以对中文字体和西文字体进行设置。在该对话框的"高级"选项卡中还可以设置字体的间距、位置和样式等。

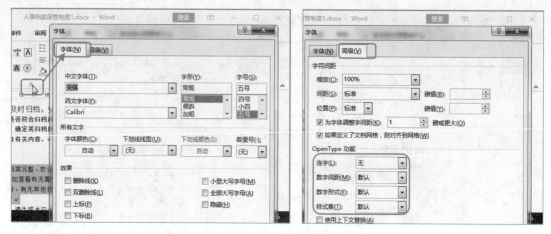

图 2-22　在"字体"对话框中设置格式

◆ **通过浮动工具栏进行设置**：在 Word 中，当用户选择文本后，在文本附近会显示一个浮动工具栏，如图 2-23 所示，在该浮动工具栏中可以进行基本的格式设置。

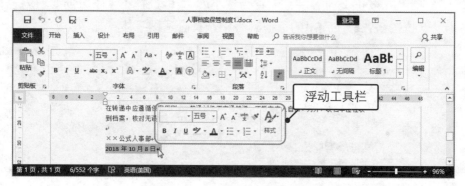

图 2-23　在浮动工具栏中设置格式

2.2.2 设置段落格式

在 Word 中，段落格式主要包括对齐方式、段前和段后间距、行距以及缩进格式等。通过对这些格式的设置，可以让文档拥有清晰的结构，更加层次分明。

【注意】同样的，段落格式的设置也可以通过"段落"对话框、浮动工具栏以及功能区的"段落"组进行设置。一般情况下，如对齐方式这类比较简单的段落设置只需要在"段落"组中单击相应按钮即可快速完成设置。而间距、行距和缩进等格式的设置则在"段落"对话框中进行设置更为精确。

[分析实例]——为"人事档案保管制度 1"文档设置字体格式

下面以为"人事档案保管制度 1"文档设置段落格式为例，讲解其相关的操作，如图 2-24 所示为设置段落格式的前后对比效果。

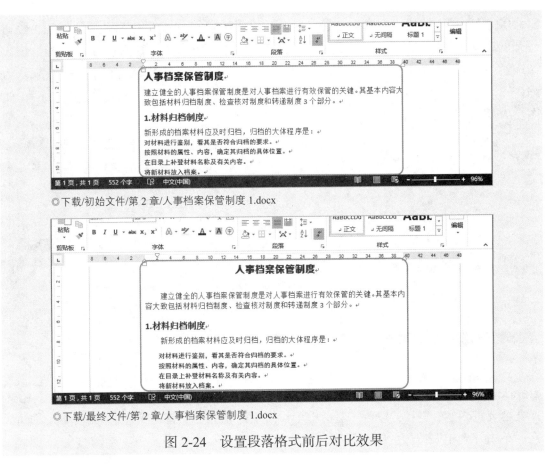

◎下载/初始文件/第 2 章/人事档案保管制度 1.docx

◎下载/最终文件/第 2 章/人事档案保管制度 1.docx

图 2-24　设置段落格式前后对比效果

其具体操作步骤如下。

Step01 打开素材文件，❶选择文档的主标题，❷在"开始"选项卡的"段落"组中单击"对话框启动器"按钮，❸在打开的"段落"对话框中的"缩进和间距"选项卡中设置对齐方式为"居中"，❹在"间距"栏的"段后"数值框中设置段后间距为"1 行"，如图 2-25 所示，然后单击"确定"按钮即可。

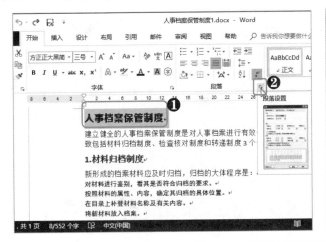
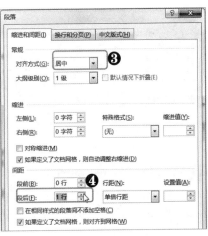

图 2-25　设置标题段落格式

Step02 ❶选择文档的正文内容，❷在 "段落"组中单击"对话框启动器"按钮，❸在打开的"段落"对话框中的"缩进和间距"选项卡中设置对齐方式为"两端对齐"，❹在"缩进"栏的"特殊格式"下拉列表框中选择"首行缩进"选项（首行缩进一般默认为缩进 2 个字符），❺在"间距"栏的"段后"数值框中设置段后间距为"0.5 行"，如图 2-26 所示，然后单击"确定"按钮。

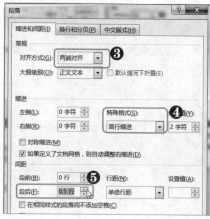

图 2-26　设置正文的段落格式

Step03 ❶选择第一个副标题，❷在"段落"对话框中将行距设置为"1.5 倍行距"，❸选择文档要点内容，❹在"段落"对话框中设置缩进格式为"首行缩进"，如图 2-27 所示，然后单击"确定"按钮关闭对话框。

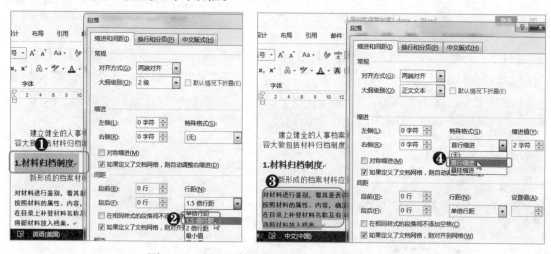

图 2-27　设置副标题和要点内容的段落格式

提个醒 : 段落缩进类型介绍

　　段落有 4 种缩进类型，分别为左缩进、右缩进、首行缩进和悬挂缩进。其中，中文中最常用的为首行缩进，且一般设置为缩进 2 个字符；相对特殊的是悬挂缩进，用于设置除首行以外的其他行的缩进距离；左缩进和右缩进则是整段文本的左、右缩进。

2.2.3 添加边框和底纹

在制作某些文档时，可能需要对一些内容添加边框和底纹，以突出显示这部分内容。同时，合理地使用边框和底纹还可以使文档更具美感。

（1）为文本添加边框

在"开始"选项卡的"段落"组中通过"边框"下拉按钮可以快速为选择的文本添加边框。如果需要更为详细地设置边框的格式，则在选择文本后，单击"边框"下拉按钮，在弹出的下拉菜单中选择"边框和底纹"命令，然后在打开的"边框和底纹"对话框中的"边框"选项卡中进行设置，如图 2-28 所示。

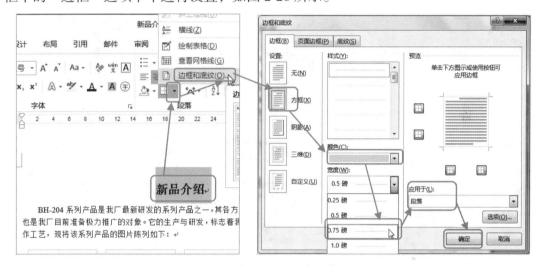

图 2-28　为选择的文本添加边框

（2）为文本添加底纹

如果要为文本添加底纹，可以在如 2-28 右图所示的"边框和底纹"对话框中的"底纹"选项卡中进行设置。但通常情况下，在功能区的"段落"组中通过"底纹"下拉按钮即可满足大部分设置要求。

【注意】在使用功能区中"段落"组的"底纹"下拉按钮为文本添加底纹时，只能将底纹应用于文字。如果要将底纹应用到整个段落（包括段前和段后的空白位置），则只能在"边框和底纹"对话框的"底纹"选项卡中进行设置，即在"应用于"下拉列表框中选择"段落"选项。

如图 2-29 所示，在"底纹"下拉按钮中有许多颜色可供用户选择使用。也可以选择"其他颜色"命令，然后在打开的"颜色"对话框中可选择更多的颜色，还可以在此对话框的"自定义"选项卡中手动设置颜色。

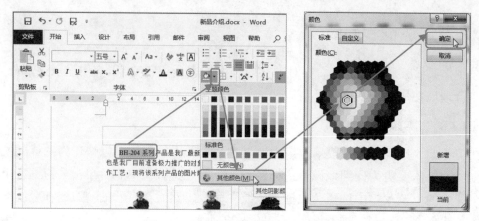

图 2-29 为选择的文本添加底纹

2.2.4 添加项目符号、编号以及多级列表

在制作一些比较长的文档时，可能会需要用到项目符号、编号以及多级列表等，从而让文档条理更加清晰。

◆ **项目符号**：当文档中存在着并列关系的段落时，我们可以为这些段落添加项目符号，使这些段落的并列关系一目了然，如图 2-30 所示。

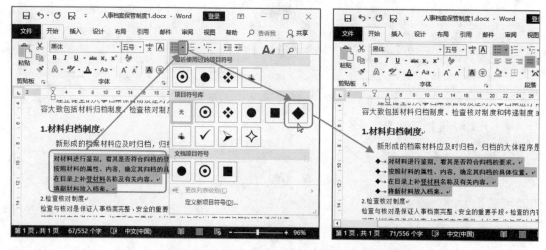

图 2-30 为选择的文本添加项目符号

> **提个醒：项目符号的更多选择**
>
> 在 2-30 左图中可以看到"项目符号库"中的符号种类较少。如果用户不想使用这些符号，可以在该下拉菜单中选择"定义新项目符号"命令，然后在打开的"定义新项目符号"对话框中单击"符号"按钮，再在打开的"符号"对话框中选择需要的符号即可。

◆ **编号**：如果文档中某些段落存在一定的顺序关系或需要标明要点内容数量，则可以为段落添加编号。其操作步骤为：选择需要添加编号的文本，在"段落"组中单击

"编号"下拉按钮，然后在弹出的下拉菜单中选择合适的编号样式即可，如图 2-31 所示。

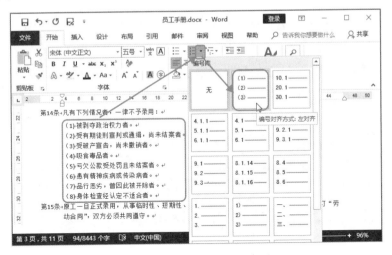

图 2-31　为文本添加编号

◆ **多级列表**：在一些长文档中，文本会有多个级别，如一级标题、二级标题和内容等。除了使用不同的字体和段落格式将其区分外，还可以使用多级列表直观地显示其层级。其使用方法为：选择文本，单击"段落"组中的"多级列表"下拉按钮，在弹出的下拉菜单中选择合适的列表样式即可，如图 2-32 所示。

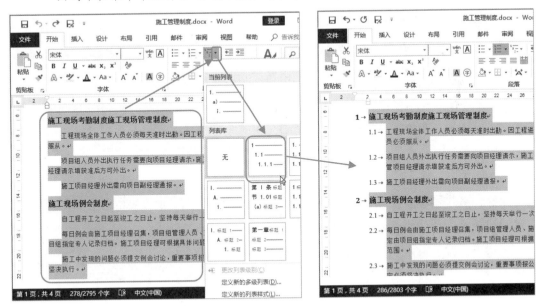

图 2-32　为文档添加多级列表

【注意】与项目符号一样，编号与多级列表并不是只能选择系统内置的样式，用户也可以自定义。在"编号"下拉按钮中选择"定义新编号格式"命令，在打开的"定义新编号格式"对话框即可进行相关的自定义操作；在"多级列表"下拉按钮中选择"定义新的多级列表"命令也可打开对应的自定义对话框。

2.2.5 格式刷的使用

格式刷是 Office 办公软件中的一个用于复制格式的工具，在 Word 中，使用格式刷来编辑文档可以明显提高用户的文档编辑效率。

如果文档中同一个格式需要在多处使用，就可以用格式刷来快速完成格式的设置。其使用方法为：选择已设置格式的文本，在"开始"选项卡的"剪贴板"组中单击"格式刷"按钮，此时鼠标光标会变成 ▲Ｉ 形状，然后按住鼠标左键移动鼠标光标选择待设置格式的文本即可将格式快速设置到该文本，如图 2-33 所示。

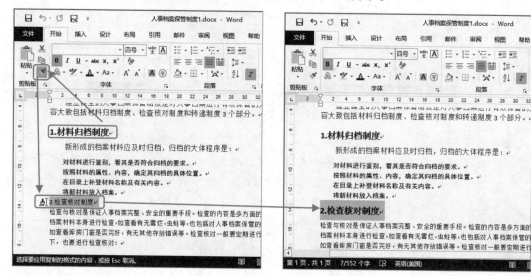

图 2-33　使用格式刷设置格式

【注意】需要注意的是，在选择文本时，需要将段落后的段落分隔符一并选中，否则格式刷只能复制文本的字体格式而无法复制文本的段落格式。另外，单击"格式刷"按钮只能使用一次。如果需要多次使用格式刷，则在选择已设置格式的文本后，双击"格式刷"按钮，使用完毕后按【Esc】键即可退出格式刷。

此外，格式刷也有快捷键，其中复制格式的快捷键为【Ctrl+Shift+C】组合键，粘贴格式的快捷键为【Ctrl+Shift+V】组合键。

第3章
制作图文并茂的商务文档

Word 虽然是一款专注于文字处理的软件，但并不是只能处理文本文档。在许多时候，为了让文档更加美观、内容更加丰富，可以在文档中插入图片、表格和形状等对象。当然，插入对象之后还需要对其进行编辑。本章主要介绍如何插入对象来制作图文并茂的商务文档。

|本|章|要|点|
- 用图片让文档内容更丰富
- 在 Word 中插入并编辑表格
- 形状的使用
- 用 SmartArt 图形制作图示
- 文本框的使用
- 艺术字的使用

3.1 用图片让文档内容更丰富

许多时候，在文档中使用图片不仅可以美化文档，使文档不再单调乏味，而且还能直观地表达文字无法准确描述的事或物。因此，在文档中插入与编辑图片的操作是很有必要掌握的。

3.1.1 在文档中插入图片

在 Word 中，图片的插入方式有两种，一是插入电脑中的本地图片，二是插入联机图片。下面分别对这两种方式进行介绍。

（1）插入本地图片

一般情况下，用户会将文档中需要使用的图片事先准备好，需要用时即可直接使用。在 Word 中插入本地图片的方法如下。

将文本插入点定位到待插入图片的位置，在"插入"选项卡中的"插图"组中单击"图片"按钮，然后在打开的"插入图片"对话框中选择图片所在的位置，选择需要的图片后单击"插入"按钮即可，如图 3-1 所示。

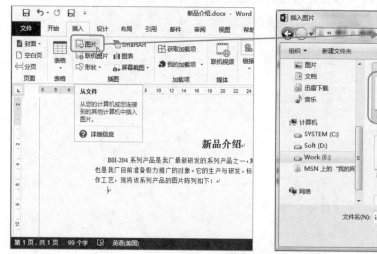
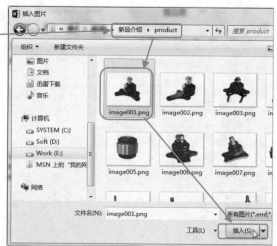

图 3-1　插入本地图片

（2）插入联机图片

在制作文档时，如果想要插入图片，但在电脑中并没有事先准备需要的图片。此时，可使用 Word 的联机图片功能来插入图片。插入联机图片其实就是直接在 Word 中通过网络搜索图片，将图片下载并插入到文档中，其使用方法如下。

将文本插入点定位到待插入图片的位置，在"插入"选项卡中的"插图"组中单击"联机图片"按钮，然后在打开的"插入图片"对话框中选择"必应图像搜索"选项，在打开的"在线图片"对话框中的搜索框中输入需要的图片的关键词，如输入"烟花"，再单击搜索框右侧的搜索按钮 🔍，在搜索出的结果列表中选择需要的图片，单击"插入"按钮即可完成联机图片的插入，如图 3-2 所示。

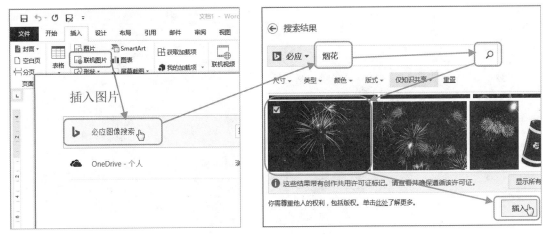

图 3-2　插入联机图片

3.1.2　调整图片的大小

图片在插入文档后，往往需要对其大小进行调整才能符合要求。调整图片大小的方法有 3 种，分别为：通过拖动图片四周的控制点调整、通过"大小"组调整和在对话框中调整。

◆ **拖动控制点调整**：选择待编辑的图片后，图片的四周会出现 8 个控制点。将鼠标光标移至任意控制点，此时鼠标光标变成双箭头形状，按住鼠标左键并拖动鼠标调整图片大小，此时鼠标光标变成十字形状 ✛，调整完成后释放鼠标即可，如 3-3 左图所示。

◆ **通过"大小"组调整**：选择图片后，会激活"图片工具 格式"选项卡，在此选项卡的"大小"组中有"高度"和"宽度"数值框，直接在其中输入数据即可调整图片的大小，如 3-3 右图所示。

图 3-3　调整图片大小

◆ **在对话框中调整**：在"图片工具 格式"选项卡的"大小"组中单击"对话框启动器"按钮，在打开的"布局"对话框的"大小"选项卡中可对图片的大小进行设置，这里通过缩放比例的设置来调整图片大小，如图3-4所示。最后单击"确定"按钮即可完成对图片大小的调整。

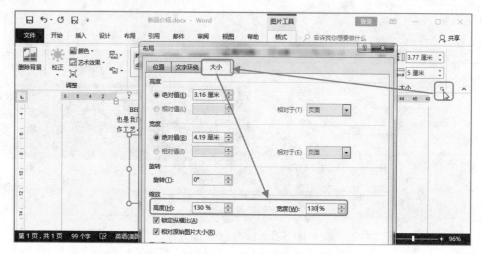

图 3-4　通过对话框调整图片大小

【注意】在调整图片大小时，应保持其纵横比例不变，否则会造成图片变形。所以，使用拖动控制点的方式调整图片大小时，尽量以图片 4 个角的控制点进行调整；在对话框中进行调整时，应选中"锁定纵横比"复选框。

3.1.3　裁剪图片

有些图片在插入到文档后，需要将多余的部分去掉，只留下文档需要的部分，此时就需要对图片进行裁剪。默认情况下，裁剪的形状为矩形，用户可以根据需要选择其他形状进行图片裁剪，其操作方法如下。

选择待裁剪的图片，在"图片工具 格式"选项卡的"大小"组中单击"裁剪"下拉按钮，在弹出的下拉菜单中选择"裁剪为形状"命令，在子菜单中选择需要的形状，如选择"椭圆"，然后单击"裁剪"按钮，此时图片进入裁剪状态，四周出现 8 个裁剪控制柄，拖动任意控制柄即可调整椭圆形裁剪区域的大小，拖动图片即可调整图片的显示区域，如图3-5所示。裁剪完成后，在空白处单击即可退出裁剪状态。

 提个醒：以一定的纵横比裁剪图片

在"裁剪"下拉按钮中有"纵横比"命令，其中包括多种常用比例供用户选择，如方形的1:1、纵向的2:3 比例和横向的3:2 比例等。当用户需要将图片裁剪为一定的比例时，使用"纵横比"裁剪方式更为合适。

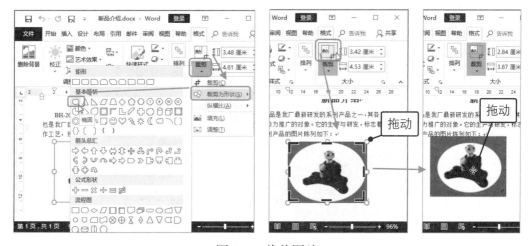

图 3-5　裁剪图片

3.1.4　调整图片位置与设置文字环绕方式

调整图片的位置和设置图片的文字环绕方式能让图片与文档更加契合，使文档中的图片与文字能够更加协调，从而让文档更加美观。

◆　**调整图片位置**：选择待调整位置的图片后，在"图片工具 格式"选项卡的"排列"组中单击"位置"下拉按钮，然后在弹出的下拉菜单中选择一种图片位置即可将图片移动到页面中的相应位置，如 3-6 左图所示。通过这种方法可对图片在整个页面的相对位置进行快速设置，然后使用鼠标拖动图片进行精确地调整即可，如 3-6 右图所示。

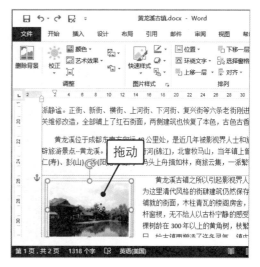

图 3-6　调整图片位置

◆　**设置图片的文字环绕方式**：选择图片后，在"图片工具 格式"选项卡中的"排列"组中单击"环绕文字"下拉按钮，在弹出的下拉菜单中选择合适的文字环绕方式即可，如图 3-7 所示，图片的文字环绕方式有 7 种。

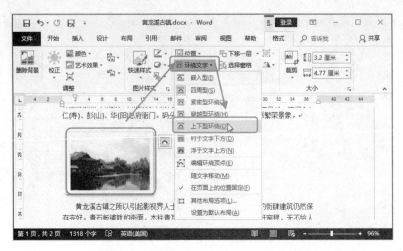

图 3-7　设置图片的文字环绕方式

3.1.5　设置图片样式

为了让图片有更好的显示效果，可以对图片的样式进行设置，如设置图片边框、图片效果等。

[分析实例]——为公司简介中的图片设置样式

下面以在"公司简介"文件中为图片设置样式为例，讲解设置图片样式的具体操作，如图 3-8 所示为设置样式的前后对比效果。

◎下载/初始文件/第 3 章/公司简介.docx

◎下载/最终文件/第 3 章/公司简介.docx

图 3-8　设置图片样式的前后对比效果

其具体操作步骤如下。

Step01 打开素材文件，❶选择需要设置样式的图片，❷在"图片工具 格式"选项卡的"图片样式"组中单击"其他"按钮，❸在样式列表中选择合适的样式，如图 3-9 所示。

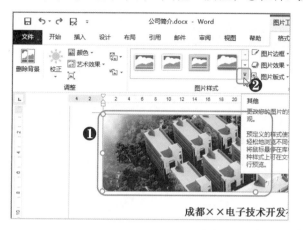
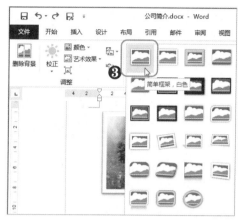

图 3-9　为图片套用样式

Step02 ❶在"图片样式"组中单击"图片边框"下拉按钮，❷在弹出的下拉菜单中选择合适的颜色，❸在"图片边框"下拉按钮中选择"粗细"命令，❹在子菜单中选择合适的选项，如图 3-10 所示。

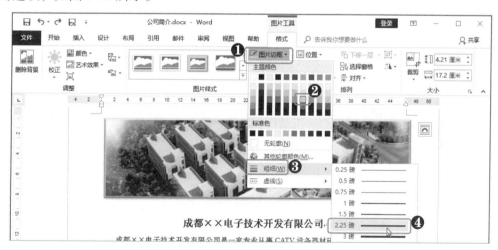

图 3-10　设置图片边框

Step03 ❶在"图片样式"组中单击"图片效果"下拉按钮，❷在弹出的下拉菜单中选择一种效果类型，这里选择"阴影"命令，❸在弹出的子菜单中选择合适的效果，如图 3-11 所示。

> **提个醒：图片可以设置多个效果**
>
> 　　此例中只演示了设置阴影效果的操作，但并不是只能设置一个效果。在为图片设置一个效果后，还可以用同样的步骤设置其他效果。比如，设置阴影效果后，还可以设置映像、发光等效果。

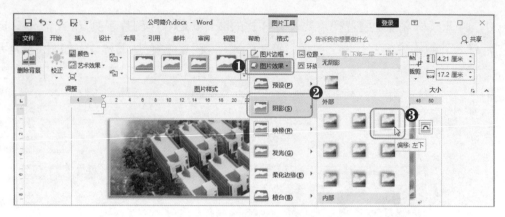

图 3-11　设置图片效果

3.1.6　调整图片颜色

在制作文档时，某些图片的颜色可能不太符合文档的内容，或是与文档主色调不太协调，就需要对图片的颜色进行设置，其设置方法如下。

选择需要设置的图片后，在"图片工具 格式"选项卡的"调整"组中单击"颜色"下拉按钮，在弹出的下拉菜单中可以对图片的饱和度、色调等进行设置，还可以为图片重新着色，只需要选择相应的选项即可，如图 3-12 所示。

图 3-12　调整图片的颜色

3.1.7　为图片添加艺术效果

在 Word 中，可以为图片添加艺术效果，从而让图片别具一格，更具艺术气息，且其操作非常简单。只需要选择图片后，在"图片工具 格式"选项卡的"调整"组中单击"艺术效果"下拉按钮，然后在弹出的下拉菜单中选择合适的艺术效果即可，如图 3-13所示。

图 3-13　为图片添加艺术效果

3.1.8　删除图片背景

当文档只需要图片中的具体内容，不需要图片的背景时，可将图片的背景删除，从而得到图片中的某一个事物。

[分析实例]——删除"酒店宣传手册"文档尾页图片的背景

下面以在"酒店宣传手册"文件中将图片的背景删除为例，讲解删除图片背景的具体操作，如图 3-14 所示为删除图片背景的前后对比效果。

◎下载/初始文件/第 3 章/酒店宣传手册.docx

◎下载/最终文件/第 3 章/酒店宣传手册.docx

图 3-14　删除图片背景的前后对比效果

其具体操作步骤如下。

Step01 打开素材文件，❶选择需要删除背景的图片，❷在"图片工具 格式"选项卡的"调整"组中单击"删除背景"按钮，❸在激活的"背景消除"选项卡中单击"标记要删除的区域"按钮，如图 3-15 所示。

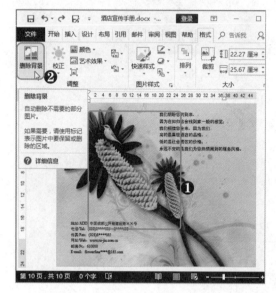

图 3-15 单击"标记要删除的区域"按钮

Step02 ❶通过鼠标单击在图片中标记要删除的区域，❷在"背景消除"选项卡中单击"标记要保留的区域"按钮，❸通过鼠标单击在图片中标记要保留的区域，❹单击"保留更改"按钮即可完成背景的删除，如图 3-16 所示。

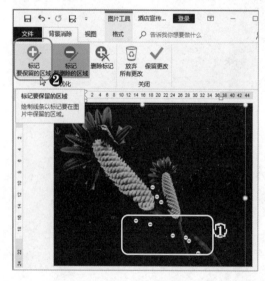

图 3-16 标记要删除和保留的区域

 **提个醒：删除背景的原理**

　　Word 的删除背景功能可以自动识别大部分需要删除的背景，但有一小部分背景无法识别，需要用户手动标记。这是因为实现此功能需要依靠图片中背景与主要内容之间存在的色差，而大部分背景与主要内容之间的色差较大，很容易识别；但是有些区域色差非常小，识别困难。

3.2　在 Word 中插入并编辑表格

　　在商务办公中，许多文档都会需要使用表格。表格可以直观地展示数据，能够更简单、清楚地表达或说明文字很难描述明确的内容。

3.2.1　插入表格的方法

　　在 Word 中，表格的插入方法有多种。根据所需表格的实际情况，选择合适的表格插入方法能更加快速地在文档中创建并插入表格。

（1）拖动鼠标选择行列数插入表格

　　如果要插入行列数比较少且规则的表格，则只需要在"插入"选项卡的"表格"组中单击"表格"下拉按钮，在弹出的下拉菜单中的虚拟表格中拖动鼠标选择需要的行数和列数即可，如图 3-17 所示。

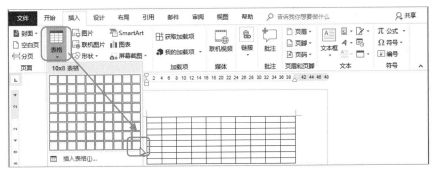

图 3-17　拖动鼠标选择行列数插入表格

　　【注意】此方式只能插入规则的表格，且最大只能插入 10 列、8 行的表格。如果需要插入的表格在 10 列、8 行范围内，且是规则的表格，则可以使用此方法进行表格的插入。

（2）在对话框中设置行列数插入表格

　　当需要插入的表格行和列比较多，且行列都很规则，则可以通过对话框进行表格的插入，其操作方法如下。

在"插入"选项卡的"表格"组中单击"表格"下拉按钮，在弹出的下拉菜单中选择"插入表格"命令，然后在打开的"插入表格"对话框中设置列数和行数，如 5 列 10 行，再单击"确定"按钮即可插入表格，如图 3-18 所示。

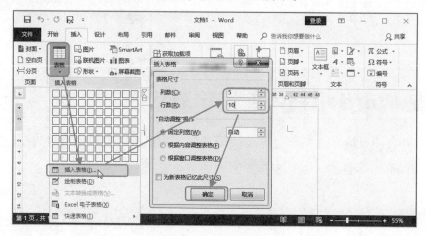

图 3-18　在对话框中设置行列数插入表格

（3）手动绘制表格

如果文档中需要的表格不规则，且比较复杂，就需要用户手动绘制表格，即通过绘图工具将表格的行和列边框绘制出来，其操作方法如下。

在"插入"选项卡的"表格"组中单击"表格"下拉按钮，在弹出的下拉菜单中选择"绘制表格"选项，此时进入绘制表格状态，鼠标光标变为 ∂ 形状，然后在编辑区进行表格绘制，绘制完成后在空白处单击即可退出，如图 3-19 所示。

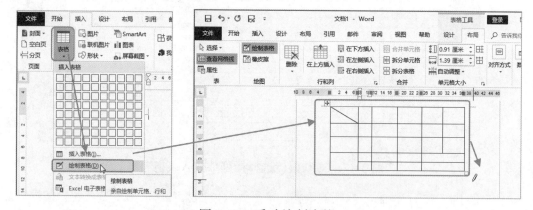

图 3-19　手动绘制表格

（4）插入 Excel 电子表格

如果文档中需要插入比较大型的、可以进行计算的表格，就可以在文档中插入 Excel 电子表格，其功能与 Excel 工作表基本一致，其操作方法如下。

在"插入"选项卡的"表格"组中单击"表格"下拉按钮，在弹出的下拉菜单中选择"Excel 电子表格"选项即可将 Excel 电子表格插入到文档中，且此时 Word 界面有所变化，如功能区变为 Excel 的功能区。拖动表格四周的控制点可以调整表格显示的列数和行数，如图 3-20 所示。当表格编辑完成后，只需要在空白位置单击即可退出 Excel 电子表格编辑状态，界面会重新变为 Word 界面。

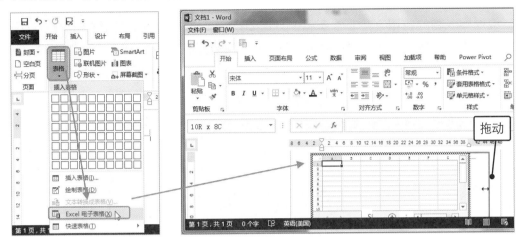

图 3-20　在文档中插入 Excel 电子表格

3.2.2　编辑表格

将表格插入到文档中后，便可以对表格进行编辑。由于本书在讲解 Excel 的章节中会具体介绍表格的各类操作，所以此处只对 Word 中特有的一些表格操作进行讲解。

在 Word 中，可以对表格的大小进行调整。另外，如果文档中插入的是除 Excel 电子表格以外的其他表格，在对表格进行编辑时都会激活"表格工具　布局"选项卡。在该选项卡中，就包含着一些 Word 特有的表格编辑工具。

（1）调整表格大小

在文档中插入表格后，可以通过拖动表格右下角□形状的控制柄来调整表格的大小，其操作为：将鼠标光标移至□形状的控制柄上，当鼠标光标变为双箭头形状时，按住鼠标左键拖动即可调整表格大小（此时鼠标光标变为十字形状），如图 3-21 所示。调整完成后，释放鼠标即可。

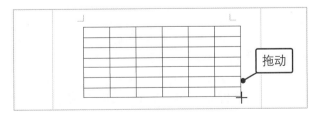

图 3-21　调整文档中的表格大小

（2）使用橡皮擦擦除表格边框线

橡皮擦工具可以用于擦除表格的边框线，从而达到合并单元格的效果。在插入表格后，可以使用橡皮擦对表格进行一些修改。

橡皮擦工具的使用方法非常简单，只需要在"表格工具 布局"选项卡的"绘图"组中单击"橡皮擦"按钮，然后通过鼠标选择需要擦除的边框线即可，如图 3-22 所示。

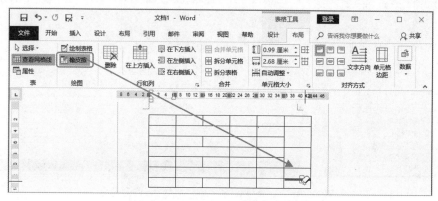

图 3-22　使用橡皮擦修改表格

（3）将单元格拆分为多个单元格

在 Word 中，表格的单元格可以被拆分为多个单元格，这在制作表格时非常的实用。其操作步骤为：选择需要拆分的单元格或单元格区域，在"表格工具 布局"选项卡的"合并"组中单击"拆分单元格"按钮，在打开的"拆分单元格"对话框中设置拆分的列数和行数，然后单击"确定"按钮即可，如图 3-23 所示。

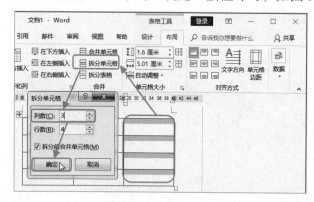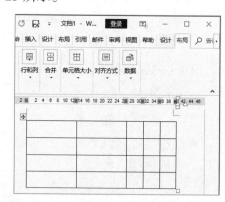

图 3-23　拆分单元格

（4）拆分表格

拆分表格就是将当前的表格拆分为两个表格，但只能将表格上下拆分，不能左右拆分，其操作方法如下。

将文本插入点定位到要作为拆分后新表格第一行的行中任意单元格内，在"表格工具 布局"选项卡的"合并"组中单击"拆分表格"按钮即可拆分表格，如图 3-24 所示。

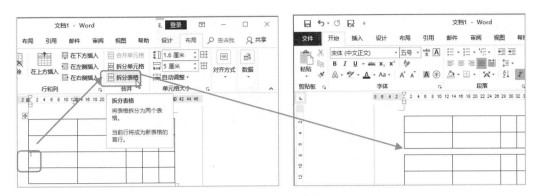

图 3-24　拆分表格

3.3　形状的使用

形状在文档中多用于制作图示。由多个形状和文字组成的图示，可以更加直观地展现所要表达的内容。

3.3.1　形状的插入

与图片的插入不同，形状的插入要先选择需要的形状，然后进行手动绘制。在 Word 中提供了非常多的形状类型，用户根据需要选择并绘制出来即可，其操作步骤如下。

在"插入"选项卡的"插图"组中单击"形状"下拉按钮，在弹出的下拉菜单中选择需要的形状，如选择"矩形"栏中的"矩形：圆顶角"选项，然后在编辑区绘制出合适大小的形状即可，如图 3-25 所示。

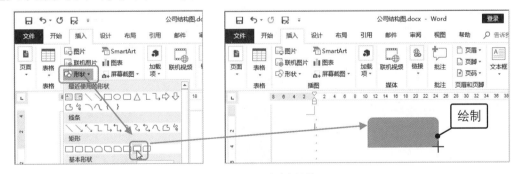

图 3-25　绘制形状

3.3.2　在形状中输入文字

形状绘制完成后，便可以在形状中添加相应的文字信息，用来表明该形状所代表的是什么。以下为在形状中添加文字的操作步骤。

在需要添加文字的形状上右击，在弹出的快捷菜单中选择"添加文字"命令，然后在形状中输入文字即可，如图 3-26 所示。

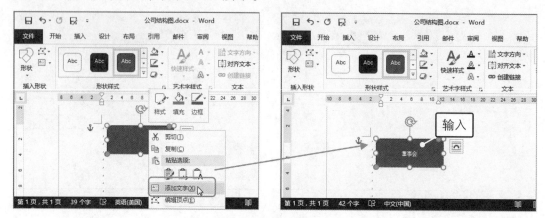

图 3-26　在形状中输入文字

3.3.3 调整形状

形状绘制完成后，用户依旧可以对其进行调整，如更换为其他形状、调整形状的顶点等。

◆ **更改形状**：如果形状绘制完成后又觉得不合适，就可以将该形状更改为其他形状。其操作为：选择需要更改的形状，单击"绘图工具 格式"选项卡，然后在"插入形状"组中单击"编辑形状"下拉按钮，在弹出的下拉菜单中选择"更改形状"命令，在其子菜单中选择需要的形状即可，如图 3-27 所示。

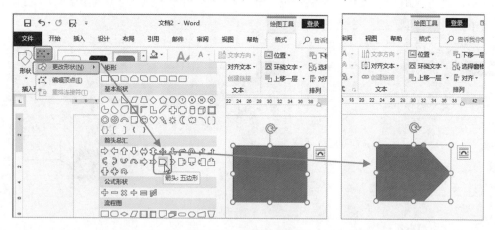

图 3-27　更改形状

◆ **编辑顶点**：每个形状都有顶点，用户可以通过编辑顶点来调整形状，其操作为：选择需要更改的形状，单击"绘图工具 格式"选项卡，然后在"插入形状"组中单击"编辑形状"下拉按钮，在弹出的下拉菜单中选择"编辑顶点"选项，此时形状的顶点会显示出来，拖动这些顶点即可调整形状，如 3-28 右图所示。

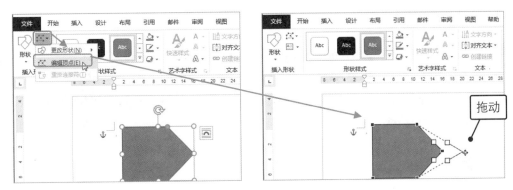

图 3-28　编辑形状顶点

3.3.4　设置形状样式

为了让形状更加美观，还需要对形状的样式进行设置。样式的设置包括形状填充、形状轮廓、形状效果以及文字效果等，下面通过案例对其操作进行介绍。

[分析实例]——为公司结构图中的图示设置样式

下面以在"公司结构图"文件中为形状设置样式为例，讲解其相关的具体操作，如图 3-29 所示为设置形状样式的前后对比效果。

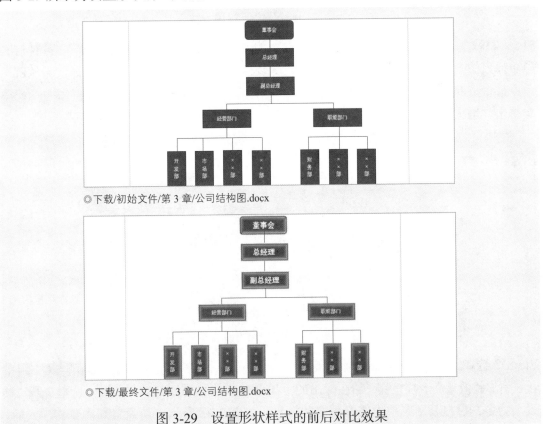

◎下载/初始文件/第 3 章/公司结构图.docx

◎下载/最终文件/第 3 章/公司结构图.docx

图 3-29　设置形状样式的前后对比效果

其具体操作步骤如下。

Step01 打开素材文件，❶选择需要设置样式的形状，❷在"绘图工具 格式"选项卡的"形状样式"组中单击"形状填充"下拉按钮，❸在弹出的下拉菜单中选择合适的填充颜色，❹在"形状填充"下拉按钮中选择"渐变"命令，❺在其子菜单中选择需要的渐变选项，如图 3-30 所示。

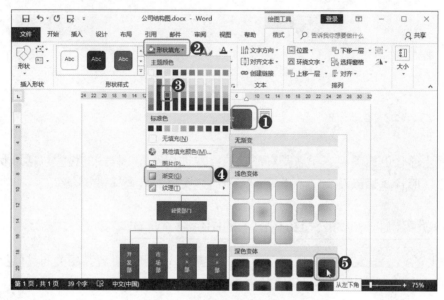

图 3-30　设置形状填充

Step02 ❶在"绘图工具 格式"选项卡的"形状样式"组中单击"形状轮廓"下拉按钮，❷在弹出的下拉菜单中可以设置形状的轮廓颜色、粗细和样式等，这里选择"无轮廓"命令取消形状的轮廓，❸选择形状中的文本，❹在浮动工具栏中单击"加粗"按钮，❺多次单击"增大字号"按钮调整字体大小，如图 3-31 所示。

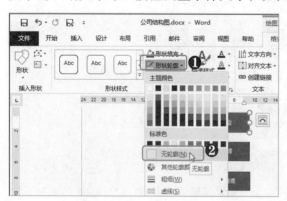
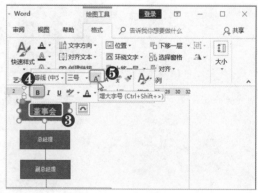

图 3-31　取消形状轮廓和设置文字格式

Step03 选择需要设置样式的形状，❶在"绘图工具 格式"选项卡的"形状样式"组中单击"形状效果"下拉按钮，❷在弹出的下拉菜单中选择需要的效果类型，这里选择"预设"命令，❸在其子菜单中选择需要的效果，如图 3-32 所示。当设置好需要的样式后，可以使用格式刷快速为图示的其他形状设置同样的样式，然后同样以格式刷快速为形状中的文本设置格式。

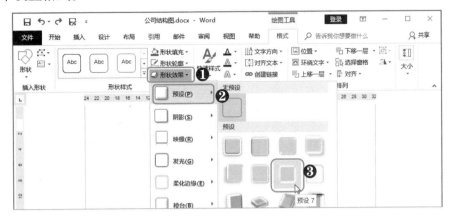

图 3-32　设置形状效果

在"绘图工具 格式"选项卡的"形状样式"组中提供了许多内置样式，如果用户不想手动设置形状的样式，则可以在选择形状后，单击"形状样式"组中的"其他"按钮，然后在弹出的下拉列表中选择需要的样式即可快速套用，如图 3-33 所示。

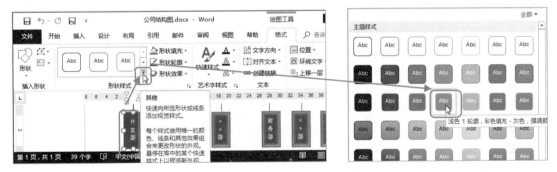

图 3-33　快速套用形状样式

3.4　用 SmartArt 图形制作图示

SmartArt 图形是一种将文字信息图形化的工具，它可以帮助用户快速制作层次分明、结构清晰且外形美观的各类图示。

3.4.1　插入 SmartArt 图形

在 Word 中提供了列表、流程和循环等 8 种 SmartArt 图形，用户可根据需要选择合适的类型插入文档中。

SmartArt 图形的插入方法为：在"插入"选项卡中的"插图"组单击"SmartArt"按钮打开"选择 SmartArt 图形"对话框，在此对话框中单击所需类型对应的选项卡，如单击"层次结构"选项卡，然后在右侧选择合适的 SmartArt 图形，再单击"确定"按钮即可，如图 3-34 所示。

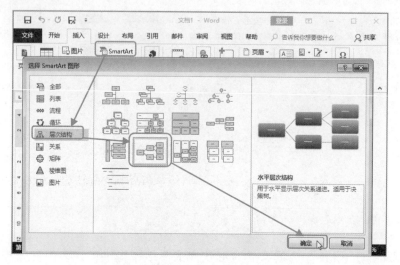

图 3-34　插入 SmartArt 图形

3.4.2　SmartArt 图形的编辑

将 SmartArt 图形插入到文档后，便可以对 SmartArt 图形进行编辑了。其编辑包括在图形中输入文字、添加和删除形状以及调整 SmartArt 图形大小和位置等。

（1）在 SmartArt 图形中输入文字

一般情况下，插入 SmartArt 图形后，其左侧会显示"在此处键入文字"任务窗格，用户可以在该任务窗格对应的位置输入文字，也可以直接在图形中输入文字，其操作方法如下。

单击 SmartArt 图形中需要输入文字的图形（或单击"在此处键入文字"任务窗格相应的文本框），即可在其中输入文字，如图 3-35 所示。

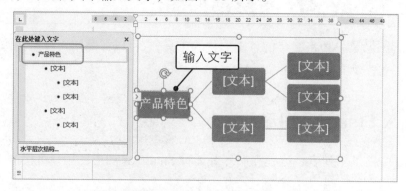

图 3-35　在 SmartArt 图形中输入文字

（2）添加和删除形状

在文档中插入的 SmartArt 图形往往不能完全符合要求，有时需要用户添加形状或者删除形状。

◆ **添加形状**：当 SmartArt 图形的形状数量不够时，便需要进行添加。在需要添加形状的位置附近的形状上右击，在弹出的快捷菜单中选择"添加形状"命令，然后根据情况在其子菜单中选择相应的选项，如选择"在前面添加形状"选项即可添加与其相同的形状，如图 3-36 所示。

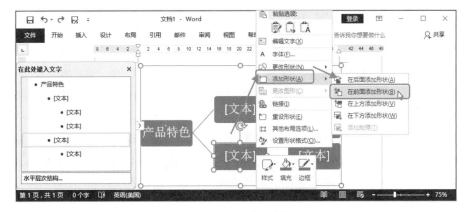

图 3-36　添加形状

◆ **删除形状**：当 SmartArt 图形的形状数量过多时，便需要删除多余的形状。选择待删除的形状，然后按【Delete】键即可删除多余形状，如图 3-37 所示。

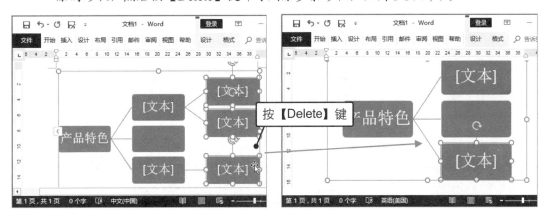

图 3-37　删除形状

（3）调整 SmartArt 图形的大小和位置

一般情况下，SmartArt 图形插入到文档中时，其大小和位置都不太合适。用户可以通过鼠标拖动的方式来调整其大小和位置。

如 3-38 左图所示，只需要拖动 SmartArt 图形四周的控制点即可调整其大小；将鼠标光标移至 SmartArt 图形的边框上，待鼠标光标变为⁺⁺⁺形状时，按下并拖动鼠标即可移动 SmartArt 图形的位置，如 3-38 右图所示。

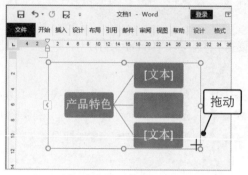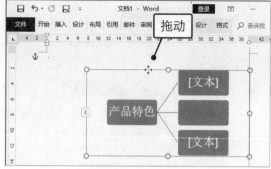

图 3-38　调整 SmartArt 图形的大小和位置

3.4.3　SmartArt 图形样式设置

为 SmartArt 图形设置样式可以使其更加美观，也使文档显得更加专业。对 SmartArt 图形进行样式设置包括对其形状样式的设置以及对整个图形的设置。

选择 SmartArt 图形中的形状后，便可在"SmartArt 工具 格式"选项卡中对形状的样式等进行设置，而形状的样式设置在前文已经介绍完毕，此处不再介绍。

选择 SmartArt 图形后，会激活"SmartArt 工具 设计"选项卡，在其中可以更改图形颜色和样式等，从而使 SmartArt 图形得到美化。

◆ **更改颜色**：选择 SmartArt 图形，在"SmartArt 工具 设计"选项卡的"SmartArt 样式"组中单击"更改颜色"下拉按钮，然后在弹出的下拉菜单中选择需要的颜色即可，如图 3-39 所示。

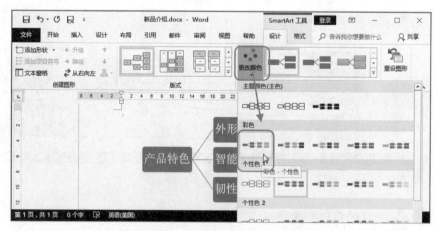

图 3-39　更改 SmartArt 图形的颜色

◆ **更改样式**：选择 SmartArt 图形，在"SmartArt 工具 设计"选项卡的"SmartArt 样式"组中单击"其他"按钮，然后在弹出的下拉列表中选择需要的样式即可，如图 3-40 所示。

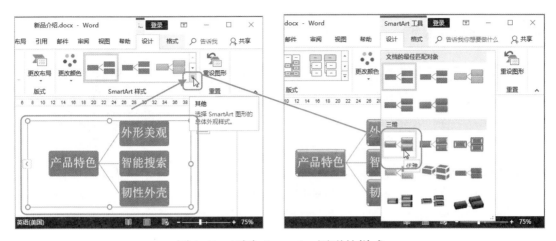

图 3-40　更改 SmartArt 图形的样式

3.5　文本框的使用

文本框是 Word 中一种特殊的文本对象，也可以将其看成是一种特殊的形状。因为其既可以被当作文本进行各种编辑，也可以被当成形状进行如更改样式、编辑顶点等设置。灵活使用文本框，可以让文档的排版更加多样化。

3.5.1　插入内置文本框

在 Word 中内置了许多文本框样式，用户可以使用这些内置样式快速插入样式精美的文本框，其操作方法如下。

单击"插入"选项卡，在"文本"组中单击"文本框"下拉按钮，然后在弹出的下拉菜单中选择需要的内置文本框即可，如图 3-41 所示。

图 3-41　插入内置文本框

3.5.2 绘制文本框

如果内置的文本框无法满足需要，用户也可以自己绘制文本框。根据文字的方向，绘制文本框又可分为绘制横排文本框和绘制竖排文本框，用户可根据需要选择相应的方式进行绘制，其操作方法如下。

在"插入"选项卡的"文本"组中单击"文本框"下拉按钮，然后在弹出的下拉菜单中选择相应的命令，如选择"绘制竖排文本框"命令，然后在编辑区绘制出合适大小的文本框，在其中输入文字即会竖向排列，如图 3-42 所示。

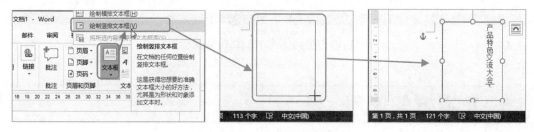

图 3-42　绘制竖排文本框

3.5.3 文本框的编辑

在文档中插入或绘制文本框后，便可以对文本框进行编辑。文本框的编辑包括对文本框中的文字进行编辑和对文本框的形状进行编辑。

【注意】文本框其实就是由文字和形状组成的。对文本框中的文字进行编辑，其操作与文档中的文字编辑操作基本一致；对文本框的形状进行编辑也与形状的编辑完全一致。

◆ **编辑文本框的文字**：选择文本框中的文本后，便可用常规的文本编辑操作对其进行编辑，如在浮动工具栏中单击"加粗"按钮即可将文本框中的文字加粗，如图 3-43 所示。

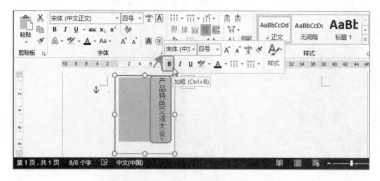

图 3-43　加粗文本框中的文字

◆ **编辑文本框的形状**：在"绘图工具 格式"选项卡中便可将文本框当成形状进行编辑，如在"插入形状"组中单击"更改形状"下拉按钮，然后在弹出的下拉菜单中选择"泪滴形"选项，如图 3-44 所示。

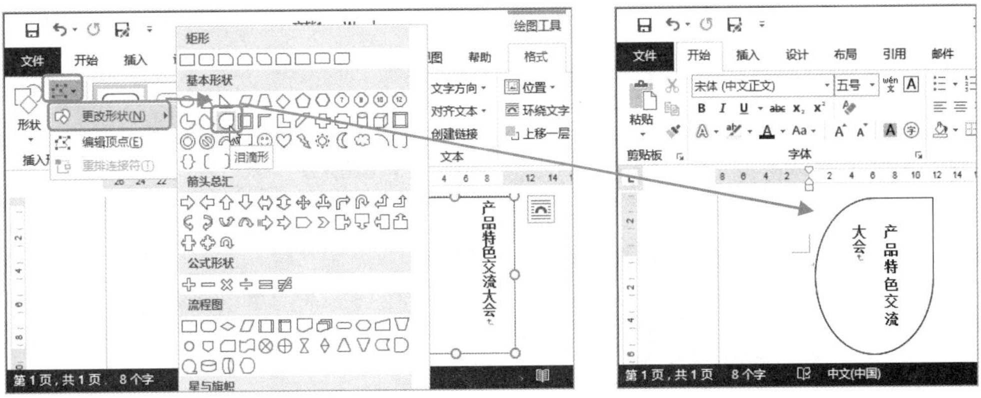

图 3-44　更改文本框的形状

3.6　艺术字的使用

Word 为用户提供了多种艺术字样式，使用艺术字可以使文档更加美观、内容更加多样化。

3.6.1　插入艺术字

艺术字是一种具有特殊效果的文字，由于其美观且比较醒目，常用于制作文档的标题、重要内容等，其插入方法如下。

将文本插入点定位到需要插入艺术字的位置，在"插入"选项卡的"文本"组中单击"艺术字"下拉按钮，然后在弹出的下拉列表中选择需要的样式即可，这里选择"填充：白色；边框：蓝色，主题色 1"选项，如图 3-45 所示。

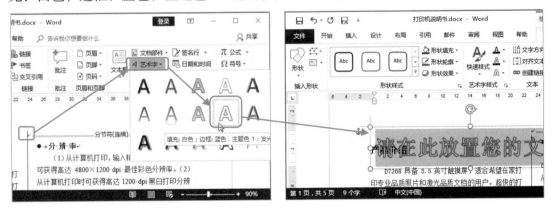

图 3-45　插入艺术字

3.6.2 编辑艺术字

在文档中插入艺术字，其实也是插入一个文本框，只是这个文本框中的文字是艺术字。编辑艺术字不仅是要在艺术字文本框输入文本，还需要调整文本框的位置。

◆ **在艺术字文本框中输入文字**：插入艺术字后，只需要选择文本框中的文字（或者删除其中的文字），然后输入需要的文字即可，如图 3-46 所示。

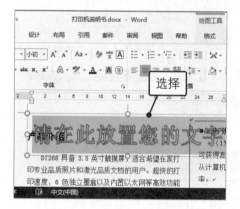
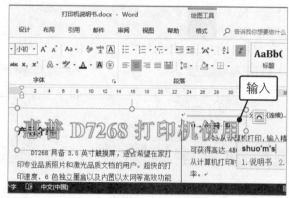

图 3-46　在艺术字文本框中输入文本

◆ **调整艺术字的位置**：插入艺术字后，其位置可能不太符合要求。用户可以用调整图片位置的方法对艺术字位置进行调整。即单击"布局选项"按钮，在弹出的子菜单中选择合适的布局类型，然后通过拖动调整位置。此处只需要选择"嵌入型"选项即可，如图 3-47 所示。

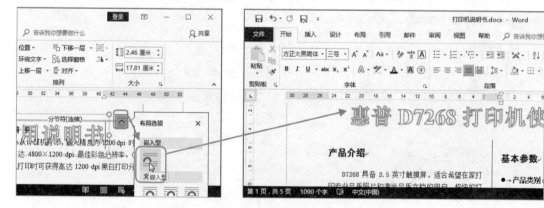

图 3-47　将艺术字设置为"嵌入型"布局

另外，如果需要修改艺术字的样式，则可以如形状的编辑一样，在"绘图工具 格式"选项卡中对其进行各种编辑。

第4章
文档的版式设置和文档审阅

好的文档不仅仅是内容丰富、美观，其版式的合理性也非常重要，不同类型的文档，其对页面的要求也有所区别。对于某些文档而言，页眉和页脚非常重要；而许多长文档还有制作目录的需求；文档在制作完成后，还需要对其内容进行校对、审阅等。在商务办公中，这些都是需要掌握的技能，而本章将对这些操作进行具体讲解。

|本|章|要|点|
· 页面版式的设置
· 页眉和页脚的使用
· 文本样式的使用
· 脚注、尾注的使用
· 为文档制作目录
· 文档校对
· 文档审阅与修订

4.1 页面版式的设置

制作文档除了对文档的内容进行编辑外，还需要对文档的页面版式进行设置，使文档更加规范、正式，同时也让文档更加美观。

4.1.1 插入与编辑封面

对于长文档而言，封面是整个文档的首页，既可提升文档整体的规范程度，又可以起到引导阅读的作用。

（1）为长文档插入封面

在 Word 中内置了许多封面样式，用户可以使用这些封面样式在文档中快速插入比较精美的封面，其操作方法如下。

在"插入"选项卡的"页面"组中单击"封面"下拉按钮，然后在弹出的下拉菜单中选择合适的封面样式即可，如选择"丝状"样式，如图 4-1 所示。

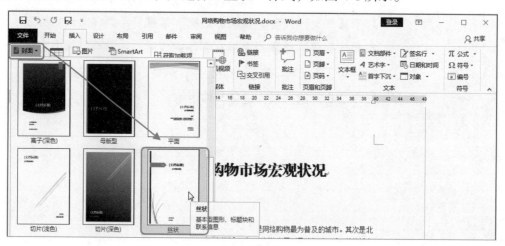

图 4-1　为文档插入封面

【注意】封面不一定要使用上述方法进行插入，如果用户不想使用内置的封面，可以插入空白页，然后在其中插入文本、对象等自行制作封面。自制的封面可以保存到封面样式集中，操作方法为：选择自制封面中的内容，在"插入"选项卡中单击"封面"下拉按钮，然后在弹出的下拉菜单中选择"将所选内容保存到封面库"命令，在打开的对话框中进行保存即可。

（2）编辑封面

插入封面后，就要对封面进行编辑。封面中相应的位置有文本占位符，用户只需要在对应的占位符中输入所需的内容，即可完成封面的编辑，其操作如下。

单击"文档标题"占位符，在其中输入该文档的标题，这里输入"网购市场宏观状况"，然后在空白处单击鼠标即可，如图 4-2 所示。

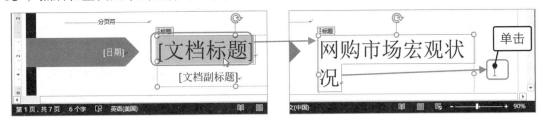

图 4-2　在封面输入文字

> **提个醒：有图片的封面可以替换图片**
>
> 　　如果封面中存在图片，且不符合当前文档，用户可以将其替换，其操作为：选择需要替换的图片，在"图片工具 格式"选项卡的"调整"组中单击"更改图片"下拉按钮，然后在弹出的下拉菜单中选择"来自文件"命令，在打开的"插入图片"对话框中选择需要的图片，最后单击"插入"按钮即可用选择的图片替换封面中的图片。

4.1.2　设置页面的基本属性

　　页面的基本属性是指页面的文字方向、页边距、纸张方向和纸张大小。根据文档的用途、类型等不同，其对页面的要求也各不一样，这就需要用户对页面的基本属性进行设置。

（1）设置文字方向

　　文字方向即是文档中文字的排列方向，默认情况下为水平方向。如果需要修改文字方向，只需要在"布局"选项卡的"页面设置"组中单击"文字方向"下拉按钮，然后在弹出的下拉菜单中选择合适的文字方向即可；也可选择"文字方向选项"命令，在打开的"文字方向"对话框中选择合适的文字方向（在对话框中选择文字方向可以进行预览），然后单击"确定"按钮，如图 4-3 所示。

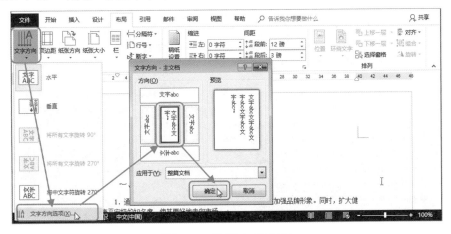

图 4-3　设置文字方向

（2）设置页边距

页边距是指页面上、下、左、右 4 个方向留出的空白距离，在 Word 中预设了常规、窄、中等、宽和对称 5 种页边距设置，一般情况下选择其一使用即可。

页边距的设置方法为：在"布局"选项卡的"页面设置"组中单击"页边距"下拉按钮，在弹出的下拉菜单中选择需要的页边距选项即可，如果下拉菜单中的 5 种预设方案不符合需求，则可以在该下拉菜单中选择"自定义页边距"命令，然后在打开的"页面设置"对话框的"页边距"选项卡中进行精确的设置，再单击"确定"按钮即可，如图 4-4 所示。

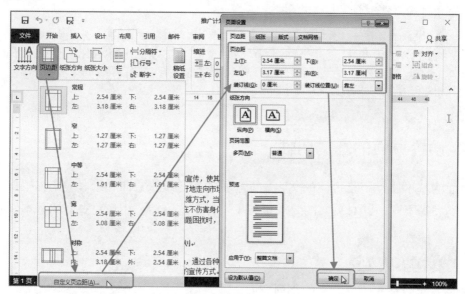

图 4-4　设置页边距

（3）设置纸张方向和大小

纸张的方向可分为纵向和横向，在默认情况下，纸张都是纵向的。而根据文档用途的不同，Word 系统中预设了多种纸张大小样式，如信纸、A4 和信封 DL 等。

◆ **更改纸张方向**：如果需要更改纸张方向，只需要在"布局"选项卡的"页面设置"组中单击"纸张方向"下拉按钮，然后在弹出的下拉列表中选择相应的选项即可，如选择"横向"选项，如图 4-5 所示。

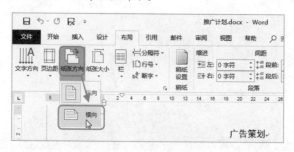

图 4-5　设置纸张方向

◆ **更改纸张大小**：在"布局"选项卡的"页面设置"组中单击"纸张大小"下拉按钮，然后在弹出的下拉菜单中选择合适的纸张大小，也可选择"其他纸张大小"命令，然后在打开的"页面设置"对话框的"纸张"选项卡中进行设置，再单击"确定"按钮即可，如图 4-6 所示。

图 4-6　设置纸张大小

4.1.3　分页符和分节符的使用

在对文档进行排版时，经常需要使用分页符和分节符。如需要将一部分内容移动至下一页，大部分用户可能会多次按【Enter】键换行来达到这个效果，但这样做效率很低，而使用分页符则可以快速达到目的；当需要将文档的某一部分内容设置成与其他内容不同的页面格式时，就可以使用分节符将该部分内容分为一节再进行设置。

◆ **分页符**：分页符的作用就是以当前文本插入点位置为分割点，将文本插入点之后的内容放到下一页显示。首先定位文本插入点，在"布局"选项卡的"页面设置"组中单击"分隔符"下拉按钮，在弹出的下拉列表中选择"分页符"选项即可，如图 4-7 所示。

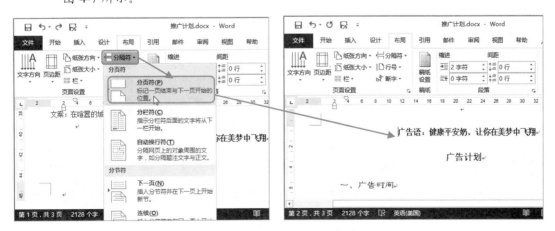

图 4-7　使用分页符为文本分页

◆ **分节符**：分节符则是以当前文本插入点位置为分割点，将文档的内容分为不同的节。与分页符不同，分节符分隔的文本可以在同一页中，也可以在不同页，用户可以根据需要选择分隔方式。其操作方法为：定位文本插入点，在"布局"选项卡的"页面设置"组中单击"分隔符"下拉按钮，在弹出的下拉列表中的"分节符"栏中选择合适的分节方式即可，如选择"连续"选项，则两节内容依旧显示在同一页，如图 4-8 所示。

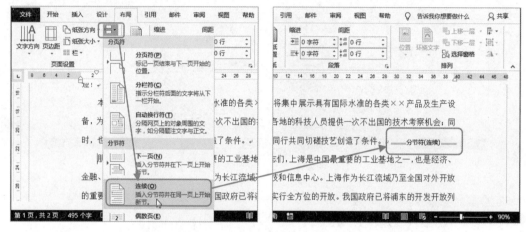

图 4-8　使用分节符分隔文档

4.1.4 分栏设置

分栏即是将页面在垂直方向上分为一栏或多栏。在默认情况下，页面的分栏设置为一栏，也是使用最多的一种分栏方式。比较常用的分栏方式还有双栏，即页面分为左右两栏。某些特殊的文档可能会用到多栏的分栏方式。

在 Word 中预设了 5 种分栏方式，分别为一栏、双栏、三栏、偏左和偏右，用户只需要选择相应的选项即可。另外，用户还可以自定义分栏方式，其操作方法如下。

在"布局"选项卡的"页面设置"组中单击"栏"下拉按钮，在弹出的下拉菜单中选择"更多栏"命令，在打开的"栏"对话框的"栏数"数值框中输入需要的栏数，如输入"4"，如果希望这 4 栏的宽度不相等，则可以取消选中"栏宽相等"复选框，然后在"宽度和间距"栏中对各栏的宽度和间距进行设置，最后单击"确定"按钮即可，如图 4-9 所示。

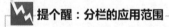　**提个醒：分栏的应用范围**

分栏方式默认情况下会应用于整篇文档，如果只需要将分栏应用于某一部分文档，则需要在"栏"对话框中的"应用于"下拉列表框中选择"插入点之后"选项。另外，选择"插入点之后"选项后，如果选中"开始新栏"复选框，则文本插入点后的内容会移动至下一页并分栏。

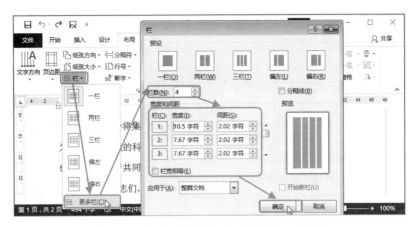

图 4-9　在"栏"对话框中自定义分栏

4.1.5　页面颜色设置

在 Word 的"页面颜色"功能中，可以为页面添加主题颜色、填充效果等。其中，主题颜色即是页面的背景颜色；填充效果则是可以将渐变颜色、纹理、图案以及图片等设置为页面的背景。

（1）设置背景颜色

为页面设置背景颜色，可以快速提升文档整体的视觉效果，让文档拥有自己的主题风格，其操作步骤如下。

在"设计"选项卡的"页面背景"组中单击"页面颜色"下拉按钮，在弹出的下拉菜单中选择需要的颜色即可；如果没有需要的颜色，也可以选择"其他颜色"命令，在打开的"颜色"对话框的"自定义"选项卡中设置需要的颜色，然后单击"确定"按钮，如图 4-10 所示。

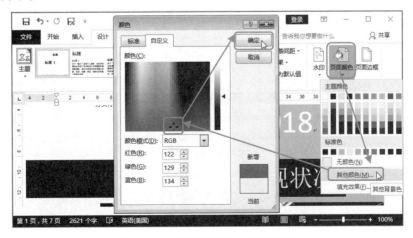

图 4-10　为页面添加背景颜色

（2）添加背景图片

为页面添加背景图片可以提升文档整体的美感，另外，背景图片也可以辅助文档内容传达信息。

[分析实例]——为"市场调查报告"文档添加背景图片

由于"市场调查报告"文档的内容主要是关于乳制品的相关调查报告，因此可以为其添加一张关联的背景图片，提升文档的整体品质。以此例讲解背景图片的添加操作，如图 4-11 所示为添加背景图片的前后对比效果。

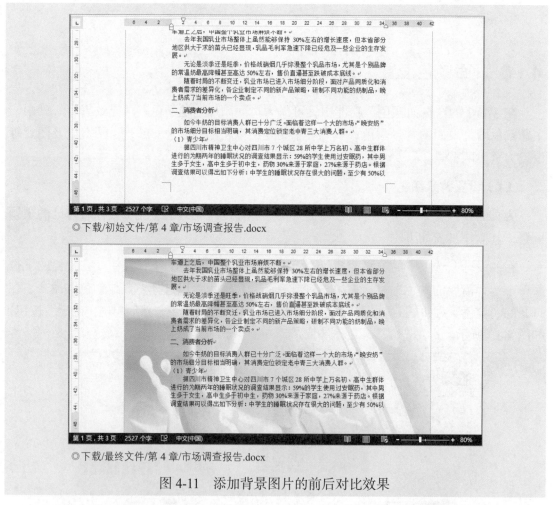

◎下载/初始文件/第 4 章/市场调查报告.docx

◎下载/最终文件/第 4 章/市场调查报告.docx

图 4-11　添加背景图片的前后对比效果

其具体操作步骤如下。

Step01 打开素材文件，❶在"设计"选项卡的"页面背景"组中单击"页面颜色"下拉按钮，❷在弹出的下拉菜单中选择"填充效果"命令，如图 4-12 所示。

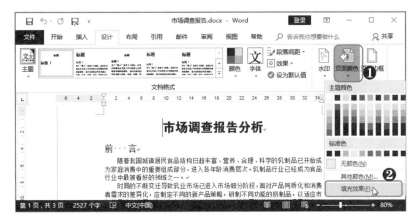

图 4-12　选择"填充效果"命令

Step02 ❶在打开的"填充效果"对话框中单击"图片"选项卡，❷在其中单击"选择图片"按钮，❸在打开的"插入图片"对话框中的"搜索必应"搜索框中输入要搜索的图片类型，如输入"牛奶"，❹单击搜索框右侧的"搜索"按钮，如图 4-13 所示。

 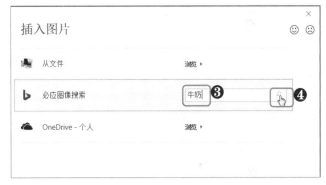

图 4-13　使用必应搜索图片

Step03 ❶在打开的"在线图片"对话框中选择需要的图片，❷单击"插入"按钮，❸在返回的"填充效果"对话框中单击"确定"按钮即可完成操作，如图 4-14 所示。

图 4-14　选择并插入图片

4.1.6 添加页面边框

通过为页面添加合理的边框，可以使文档更加规范、工整，也可以添加比较个性的边框使文档更具特色，其操作如下。

在"设计"选项卡的"页面背景"组中单击"页面边框"按钮，在打开的"边框和底纹"对话框的"页面边框"选项卡中的"设置"栏中选择"方框"选项，在"艺术型"下拉列表框中选择需要的边框样式，然后在"宽度"数值框中设置合适的宽度，再单击"确定"按钮即可，如图 4-15 所示。

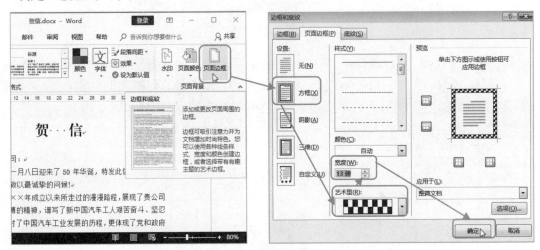

图 4-15　为页面添加艺术型边框

> **提个醒：自定义边框**
>
> 在"边框和底纹"对话框的"页面边框"选项卡中选择"自定义"选项，可以为页面的 4 个边框设置不同的样式，但是不能使用"艺术型"样式。

4.1.7 添加水印

在商务办公中，许多文档都非常重要，这时可以为这些文档添加水印，以此提醒使用者此文档属于重要文档、机密文档。

在 Word 中内置了多种类型的文字水印样式，如机密、紧急和免责声明等。其使用方式也很简单，执行如下操作即可。

在"设计"选项卡的"页面背景"组中单击"水印"下拉按钮，在弹出的下拉菜单中选择需要的文字水印样式即可，如果在该菜单中没有合适的样式，则可以选择"自定义水印"命令，然后在打开的"水印"对话框中选中"文字水印"单选按钮，在"文字"文本框中输入需要的文字内容，如输入"禁止复印"，再单击"确定"按钮即可，如图

4-16 所示。

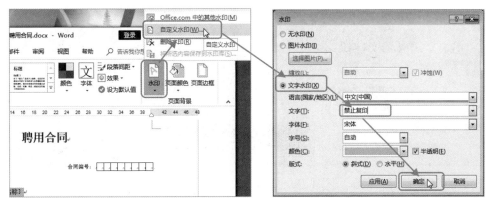

图 4-16　为页面添加文字水印

知识延伸　**为页面添加图片水印**

除了文字水印外，还可以为页面添加图片水印。一般情况下，图片水印主要用于在文档中添加企业 LOGO 等以标明版权所有。

下面以在"聘用合同"文档中添加企业 LOGO 图片水印为例，具体讲解添加图片水印相关的操作方法。

Step01 在"页面背景"组中的"水印"下拉按钮中选择"自定义水印"命令，❶在打开的"水印"对话框中选中"图片水印"单选按钮，❷单击"选择图片"按钮，❸在打开的"插入图片"对话框中选择"从文件"选项，如图 4-17 所示。

图 4-17　选择"从文件"选项

Step02 ❶在打开的"插入图片"对话框中选择图片所在的位置，❷选择需要作为水印的图片，❸单击"插入"按钮，❹在返回的"水印"对话框中的"缩放"下拉列表框中选择合适的缩放比例，这里选择"200%"选项，❺单击"确定"按钮即可完成图片水印的添加，如图 4-18 所示。

图 4-18　为文档添加图片水印

4.2　页眉和页脚的使用

页眉和页脚分别位于页面的顶部和底部，主要用于显示文档的附属信息，如书名、章名、企业名称、日期以及页码等。

4.2.1　插入页眉和页脚

Word 为用户提供了多种页眉和页脚样式，可基本满足日常使用。且其插入的方法也非常简单，只需要执行如下操作即可。

在"插入"选项卡的"页眉和页脚"组中单击"页眉"下拉按钮，在弹出的下拉菜单中选择需要的页眉样式即可插入页眉，如 4-19 左图所示。单击"页脚"下拉按钮，在弹出的下拉菜单中选择需要的页脚样式即可插入页脚，如 4-19 右图所示。

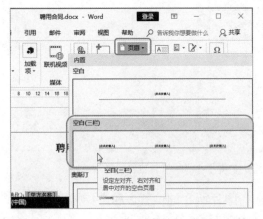

图 4-19　使用内置样式快速插入页眉和页脚

【注意】插入页眉和页脚后，会进入页眉和页脚编辑状态，此时只需要在页眉和页脚相应的文本占位符中输入需要的文本内容即可。另外，在激活的"页眉和页脚工具 设计"

选项卡中还可以对页眉和页脚进行各种编辑。当编辑完成后，在"页眉和页脚工具 设计"选项卡中单击"关闭页眉和页脚"按钮即可退出页眉和页脚编辑状态（也可以在文档非页眉和页脚区域双击退出编辑状态）。

4.2.2 自定义页眉和页脚

如果 Word 中提供的页眉和页脚样式不适合当前的文档，用户也可以自定义页眉和页脚。

[分析实例]——为"聘用合同"文档的页眉添加企业 LOGO

由于"聘用合同"文档需要在页面中添加企业 LOGO，内置页眉样式显然不太符合要求。因为自定义页脚的操作与自定义页眉基本相同，这里就以为"聘用合同"文档自定义页眉为例，讲解自定义页眉和页脚的相关操作，如图 4-20 所示为文档添加自定义页眉的前后对比效果。

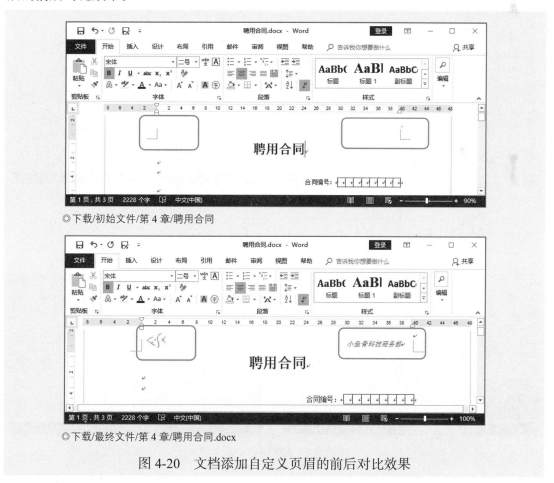

◎下载/初始文件/第 4 章/聘用合同

◎下载/最终文件/第 4 章/聘用合同.docx

图 4-20　文档添加自定义页眉的前后对比效果

其具体操作步骤如下。

Step01 打开素材文件，❶在文档任意页面的顶部双击，❷在激活的"页眉和页脚工具 设计"选项卡的"插入"组中单击"图片"按钮，如图 4-21 所示。

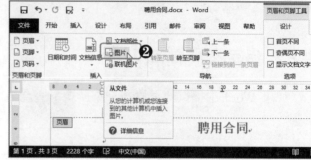

图 4-21 单击"图片"按钮

Step02 ❶在打开的"插入图片"对话框中打开图片所在位置，❷选择需要的图片，❸单击"插入"按钮，❹调整图片的大小，如图 4-22 所示。

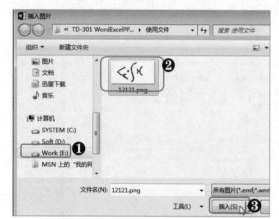
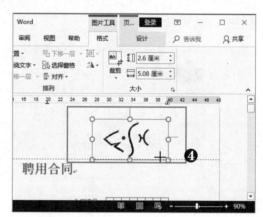

图 4-22 插入图片并调整大小

Step03 ❶在图片右侧单击"布局选项"按钮，❷在弹出的下拉菜单中的"文字环绕"栏中选择"浮于文字上方"选项，❸调整图片的位置，如图 4-23 所示。

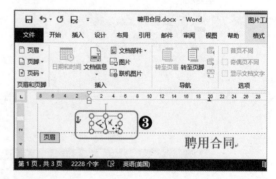

图 4-23 调整图片的位置

Step04 ❶通过鼠标双击将文本插入点定位到页眉中需要输入企业名称的位置，❷输入企业名称，如输入文本"小鱼骨科技商务部"，❸调整字体格式，如图 4-24 所示。

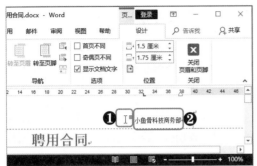

图 4-24　输入文本并调整字体格式

4.2.3 插入与编辑页码

许多文档由于其页数较多，为了便于查阅，都会设置页码。而为文档设置页码就需要插入页码，并且对页码进行编辑。

（1）插入页码

页眉和页脚一样，Word 中也有许多内置页码样式供用户使用，且其插入操作也基本类似，具体如下。

在"插入"选项卡的"页眉和页脚"组中单击"页码"下拉按钮，在弹出的下拉菜单中可以选择页码的插入位置，如选择"页边距"命令，然后在其子菜单中选择合适的样式即可，如图 4-25 所示。

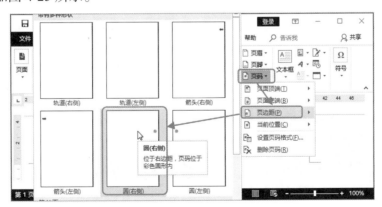

图 4-25　为文档插入页码

【注意】从图 4-25 可以看到，页码的插入位置可以是页面顶端（页眉）、页面底端（页脚）、页边距以及当前位置（当前位置即使文本插入点位置）。需要注意的是，直接输入数字作为页码是不可行的，这种情况系统无法将其识别为页码，因此会造成每一页都将是一样的页码。

（2）编辑页码

页码插入文档中后，就需要对其进行编辑，如设置页码的编号格式、起始页码等，其具体操作如下。

在"插入"选项卡（或者"页眉和页脚工具 设计"选项卡）中的"页眉和页脚"组中单击"页码"下拉按钮，在弹出的下拉菜单中选择"设置页码格式"命令，然后在打开的"页码格式"对话框中的"编号格式"下拉列表框中选择合适的编号格式，选中"起始页码"单选按钮，在数字框中输入起始页码，如输入数字"1"，再单击"确定"按钮即可，如图 4-26 所示。

图 4-26　编辑页码

4.3　文本样式的使用

文本样式是一种文本格式的集合，其中包括字体格式、段落格式等。使用样式可以快速完成文档的格式设置，省去了对字体、段落等一一设置格式的时间。

4.3.1　套用内置样式

在 Word 中预设了许多的文本样式，如标题 1、标题 2、正文和引用等。其使用方法如下。

选择需要套用样式的文本，在"开始"选项卡的"样式"组中单击"其他"按钮，在弹出的下拉菜单中选择需要的文本样式即可，如图 4-27 所示。

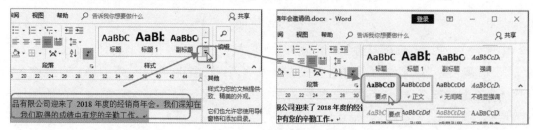

图 4-27　套用内置文本样式

【注意】如果在单击"其他"按钮弹出的下拉菜单中没有合适的文本样式，还可以单击"样式"组中的"对话框启动器"按钮，在打开的"样式"对话框中有更多的文本样式可供用户选择，如图 4-28 所示。

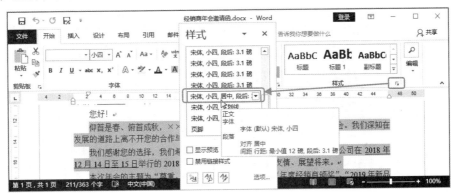

图 4-28　在"样式"对话框中选择文本样式

4.3.2　创建样式

如果需要制作比较长的文档，而内置样式又不能满足需要时，用户可以自己创建样式，以方便在文档制作过程中对文本进行格式设置。

[分析实例]——在"创建样式"文档中创建新的文本样式

一般在制作长文档之前，都会将文档中需要重复使用的文本格式创建为样式保存在"样式库"中方便使用。这里以在"创建样式"文档中创建"自制-正文"样式为例，讲解创建样式的相关操作。如图 4-29 所示为创建样式后，在"样式库"中出现新建样式的效果。

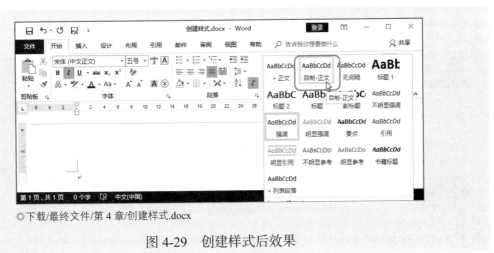

◎下载/最终文件/第 4 章/创建样式.docx

图 4-29　创建样式后效果

其具体操作步骤如下。

Step01 打开"创建样式"文件，❶在"样式"组中单击"其他"按钮并在弹出的下拉菜单中选择"创建样式"命令，❷在打开的"根据格式化创建新样式"对话框的"名称"文本框中输入样式名称，如输入"自制-正文"，❸单击"修改"按钮，如图4-30所示。

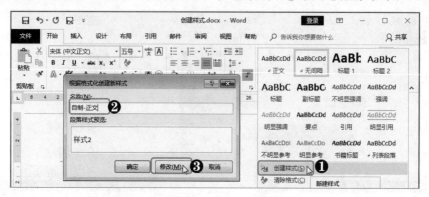

图 4-30　单击"修改"按钮

Step02 ❶在打开的"根据格式化创建新样式"对话框的"格式"栏中设置字体格式，如设置为"宋体，小四"，❷单击对话框下方的"格式"下拉按钮，❸在弹出的下拉菜单中选择"段落"命令，❹在打开的"段落"对话框的"缩进和间距"选项卡中设置段落格式，如设置缩进方式"首行缩进"、行距为"单倍行距"，然后依次单击"确定"按钮即可，如图4-31所示。

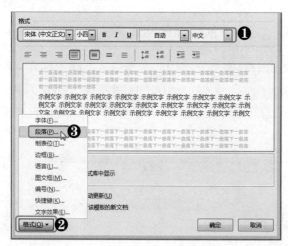

图 4-31　设置字体和段落格式

【注意】在创建样式时，不仅可以对字体和段落的格式进行设置，从图4-31可以看到，还可以对制表位、边框、语言和图文框等进行设置，用户根据实际需求在"格式"下拉菜单中选择相应的命令即可进行设置。

4.3.3 修改样式

如果文档中一部分内容套用了样式库中某一样式，在制作文档的过程中突然觉得该样式不合适，就需要对该样式进行修改。且修改样式后，文档中套用该样式的所有内容也会随之改变。

修改样式的操作与创建样式类似，具体方法为：在"开始"选项卡的"样式"组中需要修改的样式上右击，选择"修改"命令，然后在打开的"修改样式"对话框中的"格式"栏中进行设置，再单击"格式"下拉按钮，选择相应的命令，如选择"段落"命令，然后在打开的对应的对话框中进行修改即可，如图4-32所示。

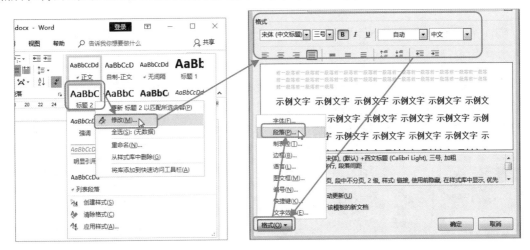

图4-32　修改样式

4.3.4　使用样式集

样式是各种文本格式的集合，而样式集则是各种样式的集合。样式集是作用于整个文档，可以快速为文档各个层次的文本套用不同样式，其使用方法如下。

在"设计"选项卡的"文档格式"组中单击"其他"按钮，然后在弹出的下拉菜单中选择合适的样式集即可，如图4-33所示。

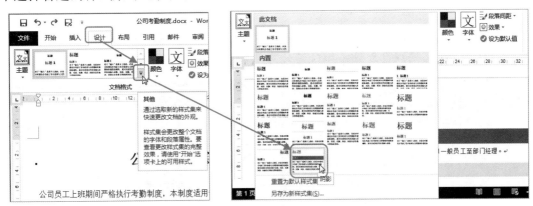

图4-33　为文档套用样式集

4.4 脚注、尾注的使用

脚注和尾注通常用于对文档中的某些内容进行注释，让阅读者能够正确理解其含义，在长文档中使用较为广泛。

4.4.1 插入脚注

脚注是添加在需要进行注释的内容所在页面底部的一种注解，方便阅读者查阅，其插入方法如下。

将文本插入点定位到需要进行注释的位置，在"引用"选项卡的"脚注"组中单击"插入脚注"按钮，此时在页面底部和文本插入点位置都会出现脚注序号，第一个脚注序号则为"1"，然后在页面底部的脚注序号后面输入文字内容即可，如图 4-34 所示。

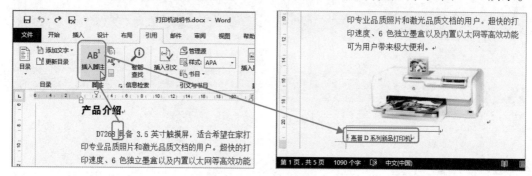

图 4-34　插入脚注

4.4.2 插入尾注

尾注是添加在文档最后一页的一种注解，尾注的序号是罗马数字，第一条尾注的序号为"i"。其插入方法与脚注基本相同，具体如下。

将文本插入点定位到需要添加尾注的位置，在"引用"选项卡的"脚注"组中单击"插入尾注"按钮，然后在文档末尾的尾注序号后面输入文字内容即可，如图 4-35 所示。

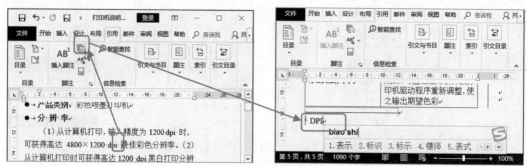

图 4-35　插入尾注

4.5 为文档制作目录

目录能够方便用户快速了解文档的大致结构，还可以快速定位到文档相应的位置。对于页数较多的文档，为其制作目录是很有必要的。

4.5.1 插入目录

在 Word 中为用户提供了多种目录样式，只需要选择其中一种样式，即可自动生成相应样式的目录，其操作方法如下。

将文本插入点定位至需要插入目录的位置，然后在"引用"选项卡的"目录"组中单击"目录"下拉按钮，在弹出的下拉菜单中选择合适的目录样式即可，如图 4-36 所示。

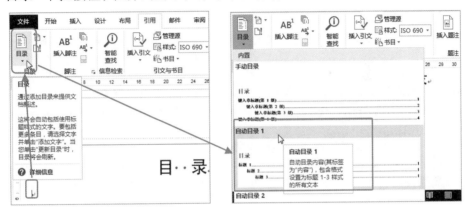

图 4-36　插入目录

【注意】自动生成目录的前提是文档中不同层级的内容设置了不同的段落级别，如标题、一级标题和二级标题等需要在段落格式中设置不同的大纲级别，系统才可自动生成文档的目录。段落级别的设置可在"段落"对话框的"缩进和间距"选项卡中的"常规"栏中进行设置，如将"标题 1"样式的大纲级别设置为"1"。因此，在制作文档时，最好先将各样式的大纲级别修改正确。

4.5.2 自定义目录

如果系统内置的目录样式不满足要求，用户也可以自定义目录。自定义目录即是用户手动设置目录中需要显示的内容，也可以设置目录的样式，其操作方法如下。

在"引用"选项卡的"目录"组中单击"目录"下拉按钮，在弹出的下拉菜单中选择"自定义目录"命令，然后在打开的"目录"对话框中单击"选项"按钮，在打开的"目录选项"对话框中的"目录级别"数值框中输入要提取的目录级别，依次单击"确定"按钮即可，如图 4-37 所示。

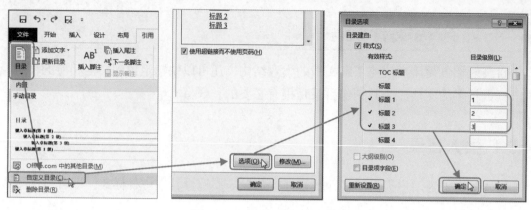

图 4-37　插入自定义目录

4.5.3　更新目录

如果对已经制作好目录的文档的内容进行了修改，则文档的目录可能也需要相应的进行更新，以免出现目录和内容不匹配的情况。

更新目录的操作也比较简单，只需要在"引用"选项卡的"目录"组中单击"更新目录"按钮，然后在打开的"更新目录"对话框中选中"更新整个目录"单选按钮，再单击"确定"按钮即可，如图 4-38 所示。

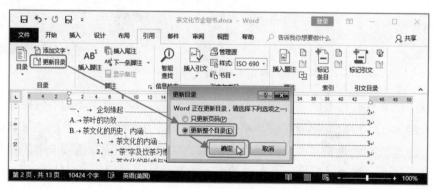

图 4-38　更新目录

 小技巧：通过目录快速跳转到内容所在页面

在 Word 中，目录是其相应内容的超链接，按住【Ctrl】键后，单击目录中的标题可以快速跳转到与其对应的页面。

4.6　文档校对

文档制作完成后，往往需要对文档进行校对，如排查文档中的错别字、错误语法等，以提升文档的质量，也可能会对文档的字数进行统计等。

4.6.1 拼写和语法检查功能的使用

拼写和语法检查功能是 Word 中一项对文档进行全面检查的功能，可以检查出文档中存在的错别字、语法错误等。出现错误的文本下方会自动添加波浪线，便于用户发现并处理。

拼写和语法检查功能启动后，在制作文档的过程中就会开始检查。用户在输入文本的过程中如果发现文字下方出现波浪线，应及时排查错误并处理。如果文档制作完成之后，文档中还存在着波浪线，则可以根据以下方法进行处理。

在"审阅"选项卡的"校对"组中单击"拼写和语法"按钮，此时文档会自动跳转至第一处存在波浪线的位置，并且会打开"语法"窗格，检查波浪线标记的文本是否存在错误，如果无错误则在"语法"窗格中单击"忽略"按钮；此时文档跳转至下一处波浪线标记的位置，检查是否存在错误，若存在则将文本修改正确，然后在"语法"窗格中单击"继续"按钮，如图 4-39 所示。重复上述操作，直至完成全部检查后，在打开的检查完成对话框中单击"确定"按钮即可。

图 4-39　使用拼写和语法检查功能检查文档

拼写和语法检查是根据常规的词语、语法来识别错误，一些特殊的用法也会被识别为错误，需要用户自行判断其是否错误并进行处理。

4.6.2 字数统计功能的使用

许多文档对于字数也会有一定的要求，如至少需要多少字数等。这种情况下，在制作文档时就需要随时掌握当前字数情况，以控制文档的字数。

"字数统计"功能可以帮助用户很好地掌握文档字数情况，其使用方法为：在"审阅"选项卡的"校对"组中单击"字数统计"按钮，在打开的"字数统计"对话框中即可查看文档当前具体的字数情况，查看完成后单击"关闭"按钮即可，如图 4-40 所示。

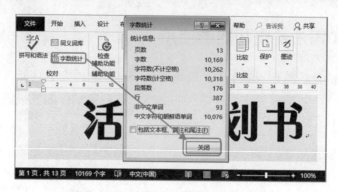

图 4-40　查看文档字数统计信息

另外，在 Word 界面的状态栏中也可以查看文档的字数，只是没有"字数统计"对话框中显示的字数信息详细。

4.7　文档审阅与修订

在商务办公中，审阅文档是管理者经常需要做的事情。如在文档中使用批注给出建议、对文档进行修订等。

4.7.1　批注的添加与查看

批注可以标记文档中某部分内容，并在文档的页面外对文档中的内容给出建议和观点等，且不会对文档中的内容造成影响。

（1）添加批注

在审阅文档时，如果对文档中的某部分内容有必要给出的建议或需要与文档制作者进行交流，则可以在该部分内容上添加批注，其操作方法如下。

选择需要添加标注的内容，在"审阅"选项卡的"批注"组中单击"新建批注"按钮，此时在页面的右侧会出现一个批注框，在其中输入文本即可，如图 4-41 所示。

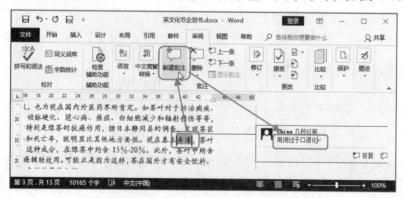

图 4-41　在文档中添加批注

【注意】从图 4-41 可以看到，添加的批注框中会显示添加该条批注的用户名。为了方便文档制作者知道批注的来源，可以将用户名修改为自己的称呼或职位等。在"文件"选项卡中单击"选项"选项，在打开的"Word 选项"对话框的"常规"选项卡中的"用户名"文本框中输入自己的称呼即可。

（2）查看批注

当需要查看文档中添加的批注时，从文档开始位置一页页翻阅显然效率太低。我们完全可以只查看批注，跳过未添加批注的内容，其操作方法如下。

在"审阅"选项卡的"批注"组中单击"下一条"按钮即可将文档直接跳转到下一条批注所在的位置，如图 4-42 所示。相应的，单击"上一条"按钮即可跳转至上一条批注的位置。

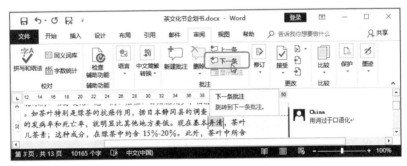

图 4-42　在文档中快速查看批注

4.7.2　删除批注

批注已经查看完毕，且已根据批注对文档进行了修改后，批注就失去作用了。此时就可以将批注删除，其操作如下。

将文本插入点定位到待删除的批注，在"审阅"选项卡的"批注"组中单击"删除"按钮即可将该条批注删除，如图 4-43 所示。另外，在待删除的批注上右击，然后在弹出的快捷菜单中选择"删除批注"命令也可以删除批注。

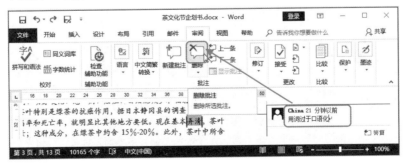

图 4-43　删除所选批注

如果需要将文档中所有批注删除，则可以在"审阅"选项卡的"批注"组中单击"删除"下拉按钮，然后在弹出的下拉列表中选择"删除文档中的所有批注"选项即可，如图 4-44 所示。

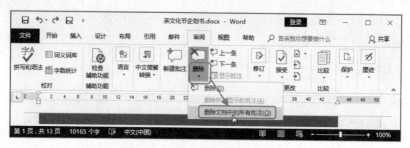

图 4-44　删除文档中所有批注

4.7.3　修订文档内容

与批注不同，修订文档是直接在文档中对内容进行修改。但是修订内容之前需要先进入修订状态，否则被修改的内容不会被标记出来。

修订内容的具体方法为：在"审阅"选项卡的"修订"组中单击"修订"按钮进入修订状态，然后在文档中对内容进行修改，如"建立的人事档案"改为"建立健全的人事档案"，"具体程序"改为"大致程序"，如图 4-45 所示，修订状态下被删除的内容会标红并用删除线贯穿，增加的内容则显示为红色且用下划线标记。

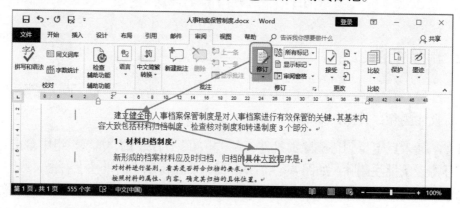

图 4-45　修订文档内容

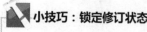

小技巧：锁定修订状态

在 Word 中，为用户提供了锁定修订的功能，就是用密码锁定修订状态。在没有密码的情况下，该文档无法退出修订状态，可以很好地防止他人或自己无意中关闭修订状态。其操作方法为：在"审阅"选项卡的"修订"组中单击"修订"下拉按钮，在弹出的下拉列表中选择"锁定修订"命令，然后在打开的"锁定修订"对话框中输入密码以及确认密码，再单击"确定"按钮即可用密码锁定修订状态。

知识延伸 *设置修订选项*

从上述内容可知，默认情况下，修订的内容是以删除线、下划线等标明。当多个用户对同一文档进行修订时，如果都使用默认的标记方式，就会产生混淆，无法辨别哪处修订是哪个用户完成的。这时就需要对修订的标记方式进行修改，其操作方法如下。

Step01 ❶在"审阅"选项卡的"修订"组中单击"对话框启动器"按钮，❷在打开的"修订选项"对话框中单击"高级选项"按钮，如图 4-46 所示。

图 4-46 单击"高级选项"按钮

Step02 ❶在打开的"高级修订选项"对话框中的"标记"栏设置插入内容和删除内容的标记方式，❷设置标记颜色，如图 4-47 所示，然后依次单击"确定"按钮。

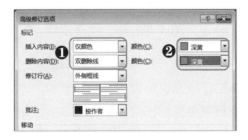

图 4-47 设置修订的标记方式和颜色

4.7.4 接受或拒绝修订

当文档被修订后，用户根据修订的内容是否合适，可以选择接受或者拒绝这些修订。接受修订后，文档保存修改后的内容，且修订标记会被删除；拒绝修订后，文档保存修改前的内容，并删除修订标记。

（1）接受修订

如果用户查看一处修订后，觉得修订的内容合理，则可以选择接受该修订，其操作方法如下。

将文本插入点定位到需要接受的修订位置之前，在"审阅"选项卡的"更改"组中单击"接受"按钮即可接受该修订，并跳转到下一处修订位置，如图 4-48 所示。

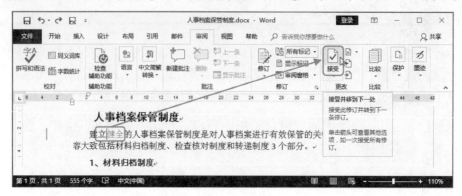

图 4-48　接受修订

如果需要接受全部修订，则可以单击"更改"组中的"接受"下拉按钮，在弹出的下拉列表中选择"接受所有修订"选项，如图 4-49 所示。

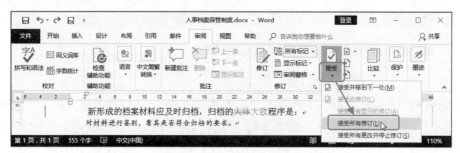

图 4-49　接受所有修订

（2）拒绝修订

如果觉得修订的内容不合理，也可以选择拒绝修订，其操作方法与接受修订类似，只需要将文本插入点定位到要拒绝的修订位置之前，在"更改"组中单击"拒绝"按钮即可；如果需要拒绝全部修订，则可以单击"拒绝"下拉按钮，然后在弹出的下拉列表中选择"拒绝所有修订"选项即可，如图 4-50 所示。

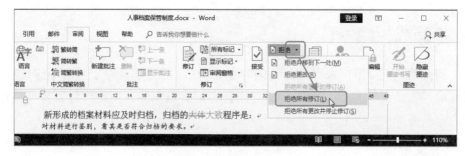

图 4-50　拒绝所有修订

第5章
使用 Excel 制作与编辑表格

Excel 是一款电子表格制作与数据处理软件。在商务办公中，经常需要制作各种表格，而使用 Excel 可以快速完成表格制作，且制作的表格更加专业、规范。要想制作出一张专业的表格，还需要对 Excel 的各种操作进行学习，如工作表基础、单元格的基本操作等。

|本|章|要|点|
- 认识工作簿、工作表和单元格
- 工作表基础
- 单元格的基本操作
- 在表格中输入与编辑数据
- 美化表格
- 工作表的打印

5.1 认识工作簿、工作表和单元格

工作簿、工作表和单元格是 Excel 的三大基本元素，在学习 Excel 之前，用户需要先对其三大基本元素进行充分了解。

5.1.1 工作簿、工作表以及单元格概述

工作簿、工作表和单元格是 Excel 的骨架，三者缺一不可。如图 5-1 所示为三大基本元素在 Excel 主界面中的具体表现。

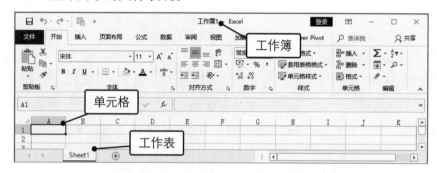

图 5-1　Excel 三大基本元素

◆ **工作簿**：工作簿就是 Excel 文件，它主要用于存储和处理工作数据，是工作表的集合体。每个工作簿至少包含一张工作表，最多有 255 张工作表。

◆ **工作表**：工作表是显示在工作簿窗口中的表格，是工作簿的基本组成单位。一张工作表最多可以由 1 048 576 行和 16 384 列构成，在工作表中行号用数字表示，列标用字母表示。

◆ **单元格**：单元格是 Excel 中的最小单位，以行号和列标为坐标来表示单元格的位置。如 D 列 3 行的单元格表示为 D3 单元格；单元格 A1 到 D3 之间的所有单元格则表示为 A1:D3 单元格区域。

5.1.2 工作簿、工作表和单元格的关系

从图 5-1 中即可看出，工作簿、工作表和单元格之间是一种包含关系。即工作簿包含工作表，而工作表又包含单元格，如图 5-2 所示。

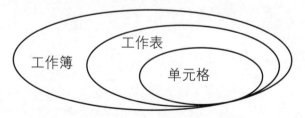

图 5-2　Excel 三大基本元素的关系

如果将工作簿比作是一间图书室的话,工作表就是图书室里的一个个书架,而单元格就是书架上一个个存书的窗格。

5.2 工作表基础

在使用 Excel 的过程中,经常需要使用多张工作表,自然就需要对工作表进行操作,如插入工作表、移动和复制工作表等。

5.2.1 插入工作表

在 Excel 中创建工作簿之后,默认只有一张工作表。如果需要更多的工作表,则要在工作簿中插入工作表。工作表有两种常用的插入方法,如下所示。

◆ **单击按钮插入**:单击工作表标签组右侧的"新工作表"按钮,即可在工作表标签组的末尾插入一张空白工作表,如图 5-3 所示。

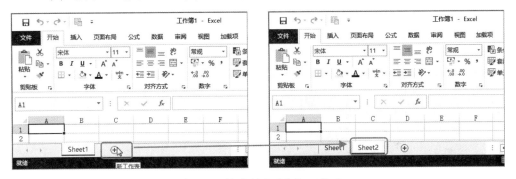

图 5-3 单击按钮插入工作表

◆ **通过菜单命令插入**:在"开始"选项卡的"单元格"组中单击"插入"下拉按钮,在弹出的下拉菜单中选择"插入工作表"命令即可在当前工作表之后插入一张空白工作表,如图 5-4 所示。

图 5-4 通过菜单命令插入工作表

另外,通过按【Ctrl+F11】组合键也可以插入工作表,与上述两种方法不同的是,使用此组合键插入的工作表默认以"宏"加数字命名，如"宏1"。而上述两种方法插入的工作表则默认以"Sheet"加数字命名，如"Sheet2"。

5.2.2 移动和复制工作表

Excel 中的工作表可以移动和复制，在管理表格数据的时候，可以通过移动工作表来合理安排工作表的位置；而在制作结构相似的表格时，复制工作表可以让用户更加快速地完成表格制作。

（1）移动工作表

移动工作表的方法有两种，一种是在工作表标签组直接拖动标签到相应位置，此方法只能用于同一个工作簿之中的工作表移动；另一种则是在对话框中移动工作表，此方法可以用于不同工作簿之间的工作表移动。

◆ **在工作表标签组中移动**：将鼠标光标放在待移动的工作表上，按住鼠标左键将其拖动到合适的位置即可，如图 5-5 所示。

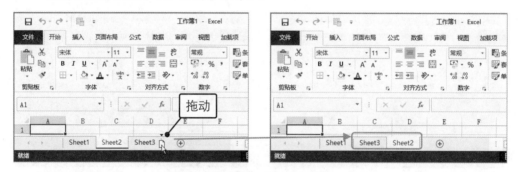

图 5-5　拖动工作表进行移动

◆ **在对话框中移动**：在工作表标签组中待移动的工作表上右击，然后在弹出的快捷菜单中选择"移动或复制"命令，再在打开的"移动或复制工作表"对话框中设置移动的目标位置，最后单击"确定"按钮完成移动，如图 5-6 所示。

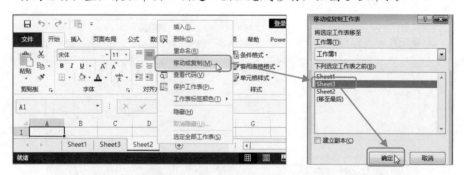

图 5-6　在对话框移动工作表

（2）复制工作表

复制工作表的方法与移动工作表非常相似，在工作表标签组中可以进行工作表的复制，在对话框中也可以进行工作表的复制。

◆ **在工作表标签组中复制**：按住【Ctrl】键，将鼠标光标放在待移动的工作表上，按住鼠标左键将其拖动到合适的位置即可，如图 5-7 所示。

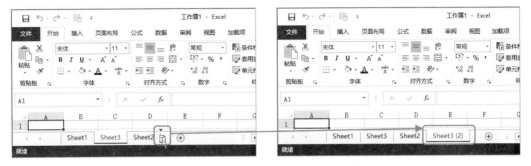

图 5-7　在工作表标签组中复制工作表

◆ **在对话框中复制**：在"开始"选项卡的"单元格"组中单击"格式"下拉按钮，在弹出的下拉菜单中选择"移动或复制工作表"命令，然后在"移动或复制工作表"对话框中选择复制工作表的位置，再选中"建立副本"复选框，最后单击"确定"按钮即可完成复制操作，如图 5-8 所示。

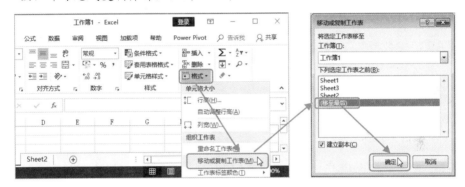

图 5-8　在对话框中复制工作表

5.2.3　重命名工作表

当一个工作簿中的工作表数量较多时，如果工作表依然是默认的名称，容易造成难以分辨的情况。对工作表进行重命名可以更方便用户辨认各工作表的用途，其操作步骤如下。

在工作表标签组中双击需要重命名的工作表，也可以在该工作表上右击，然后在弹出的快捷菜单中选择"重命名"命令，再输入新的工作表名称即可，如图 5-9 所示。

> **提个醒：在功能区通过菜单命令重命名工作表**
>
> 在"开始"选项卡中的"单元格"组中单击"格式"下拉按钮，然后选择"重命名工作表"选项，在工作表标签输入名称即可。

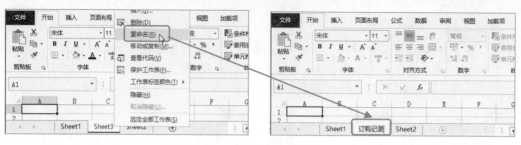

图 5-9　重命名工作表

5.2.4　隐藏或显示工作表

如果某些工作表的内容比较重要，不希望其他用户看到，则可以将这些工作表隐藏，在需要使用时再将其显示出来。

◆ **隐藏工作表**：选择需要隐藏的工作表后，在"开始"选项卡的"单元格"组中单击"格式"下拉按钮，然后选择"隐藏和取消隐藏"命令，在弹出的子菜单中选择"隐藏工作表"选项，如图 5-10 所示。

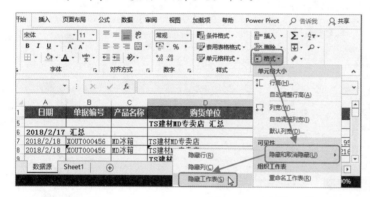

图 5-10　隐藏工作表

◆ **显示工作表**：在"单元格"组中单击"格式"下拉按钮，然后选择"隐藏和取消隐藏"命令，在弹出的子菜单中选择"取消隐藏工作表"命令，在打开的对话框中单击"确定"按钮，如图 5-11 所示。

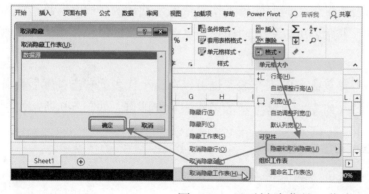

图 5-11　显示被隐藏的工作表

5.3 单元格的基本操作

单元格是 Excel 中最基本的元素，所有数据都存储在单元格之中。在使用 Excel 的过程中，也需要频繁地对单元格进行操作，其重要程度显而易见。掌握单元格的基本操作是使用 Excel 的前提条件。

5.3.1 选择单元格或单元格区域

要对单元格进行操作就必然需要选择单元格，因此，选择单元格是一切与单元格有关操作的前提。选择单元格可分为以下 6 种情况。

◆ **选择单个单元格**：当鼠标光标移动到工作表的单元格区域时，鼠标光标会变成✚形状，在目标单元格上单击即可选择该单元格。单元格被选择之后会有对应的补充色，并且该单元格对应的行号和列标也会突出显示，如 5-12 左图所示。

◆ **选择连续单元格区域**：在待选择的单元格区域起始位置拖动鼠标至结束位置，即可选择该单元格区域。也可以在选择起始位置单元格后，按住【Shift】键不放，再选择末尾位置的单元格即可，如 5-12 右图所示。

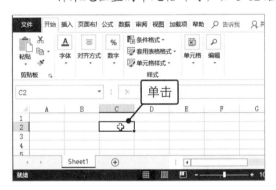

图 5-12　选择单个单元格和连续单元格区域

◆ **选择整行单元格**：将鼠标光标移动到需要选择的单元格的行号，此时鼠标光标变成➡形状，然后单击即可选择整行单元格，如 5-13 左图所示。

◆ **选择整列单元格**：将鼠标光标移动到需要选择的单元格的列标上，此时鼠标光标变成⬇形状，然后单击即可选择整列单元格，如 5-13 右图所示。

图 5-13　选择整行或整列单元格

◆ 选择不连续的单元格：选择单元格之后，按住【Ctrl】键不放，再继续选择其他单元格即可选择不连续的单元格，如 5-14 左图所示。

◆ 选择所有单元格：单击行号和列标交汇处的全选标记即可选择工作表的全部单元格，如 5-14 右图所示，或者按【Ctrl+A】组合键也可全选单元格。

图 5-14　选择不连续的单元格和全选单元格

5.3.2　单元格的合并与拆分

在使用 Excel 制作表格时，经常需要将多个单元格合并成为一个单元格，以制作出符合要求的表格。而如果有多余被合并的单元格，用户也可以将其拆分开来。

[分析实例]——在客户拜访计划表中合理地合并和拆分单元格

下面以"客户拜访计划表"文件为例，在其中演示单元格的合并与拆分操作，如图 5-15 所示为合并与拆分单元格后的前后对比效果。

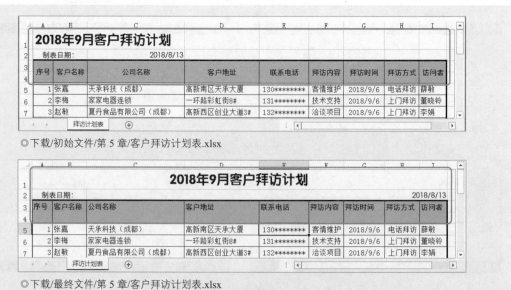

◎下载/初始文件/第 5 章/客户拜访计划表.xlsx

◎下载/最终文件/第 5 章/客户拜访计划表.xlsx

图 5-15　合并与拆分单元格后的前后对比效果

其具体操作步骤如下。

Step01 打开素材文件，❶选择表标题所在行的需要合并的单元格，❷在"开始"选项卡的"对齐方式"组中单击"合并后居中"按钮即可合并单元格并将内容居中对齐，如图 5-16 所示。

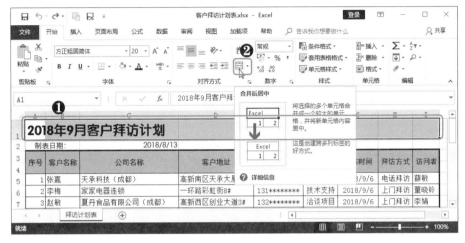

图 5-16　表标题合并后居中对齐

Step02 ❶选择第 2 行需要合并的单元格，❷在　"对齐方式"组中单击"合并后居中"下拉按钮，❸在弹出的下拉列表中选择"合并单元格"选项即可合并单元格，但内容不会居中对齐，如图 5-17 所示。

图 5-17　普通的合并单元格

Step03 ❶选择需要拆分的单元格，❷在　"对齐方式"组中单击"合并后居中"下拉按钮，❸在弹出的下拉列表中选择"取消单元格合并"选项即可将被合并的单元格拆分开来，如图 5-18 所示。

图 5-18　拆分被合并单元格

5.3.3 插入与删除单元格

在表格制作完成后，如发现缺少内容或有多余内容，则可以通过在表格中插入或删除单元格来实现内容增加或删除操作。

（1）插入或删除一个单元格

插入一个单元格可分为两种情况，分别是活动单元格下移和活动单元格右移。其中，活动单元格下移表示在所选单元格的上方插入单元格；活动单元格右移则表示在所选单元格的左侧插入单元格。同样的，删除一个单元格也分为两种情况，即删除所选单元格后右侧单元格左移和删除所选单元格后下方单元格上移。

◆ **插入一个单元格：** 选择待插入单元格的位置，在"开始"选项卡的"单元格"组中单击"插入"下拉按钮，在弹出的下拉菜单中选择"插入单元格"命令，然后在打开的"插入"对话框中选中"活动单元格下移"单选按钮（根据实际情况选择），再单击"确定"按钮，如 5-19 左图所示。

◆ **删除一个单元格：** 选择需要删除的单元格后，单击"删除"下拉按钮，选择"删除单元格"命令，然后在打开的"删除"对话框中选中"下方单元格上移"单选按钮（根据实际情况选择），再单击"确定"按钮即可，如 5-19 右图所示。

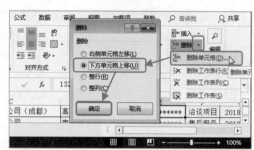

图 5-19　插入或删除单元格

（2）插入或删除行或列

插入行时，新增的行会插入到所选行的上方；而插入列时，新增列会插入在所选列的左侧。

 [分析实例]——删除客户拜访计划表 1 中的多余行并插入"职位"列

下面以在"客户拜访计划表 1"文件中删除表格中多余的空白行并在"公司名称"列之前插入"职位"列为例，讲解插入和删除行或列的具体操作。如图 5-20 所示为插入和删除行或列的前后对比效果。

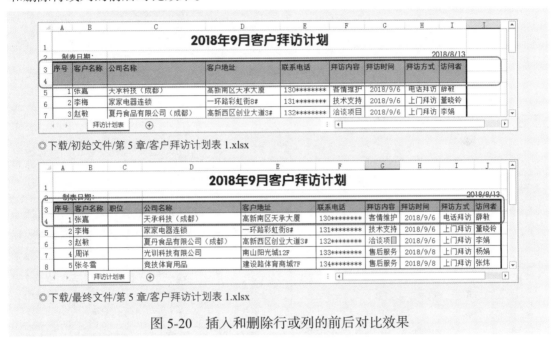

◎下载/初始文件/第 5 章/客户拜访计划表 1.xlsx

◎下载/最终文件/第 5 章/客户拜访计划表 1.xlsx

图 5-20　插入和删除行或列的前后对比效果

其具体操作步骤如下。

Step01 打开素材文件，❶选择表格中多余的空白行所在的任意单元格，❷在"单元格"组中单击"删除"下拉按钮，❸在弹出的下拉菜单中选择"删除工作表行"命令，如图 5-21 所示。

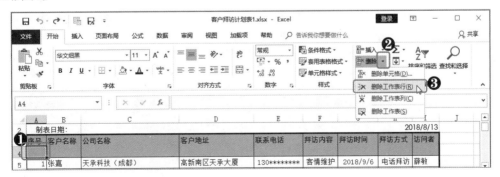

图 5-21　删除表格中的空白行

Step02 ❶选择需要在其左侧插入新列的列中任意单元格，❷在"单元格"组中单击"插入"下拉按钮，❸在弹出的下拉菜单中选择"插入工作表列"命令，如图 5-22 所示。然后在新插入的列的表头输入"职位"，再补充相应的数据即可。

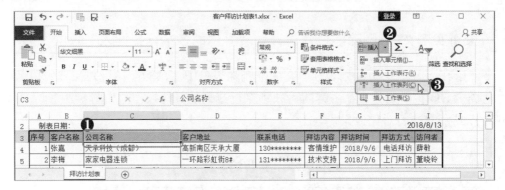

图 5-22 插入"职位"列

5.3.4 调整行高、列宽

在单元格中输入的数据较长时，单元格中的数据就无法显示完整。用户可以通过对行高、列宽进行调整来让单元格显示完整数据。

◆ **拖动调整**：行高和列宽都可以通过拖动的方式进行调整，即将鼠标光标移动到行号或列标之间的分隔线上，当鼠标光标变为 ↥ 或 ╪ 形状时，按住鼠标左键并拖动鼠标即可调整行高或列宽，如图 5-23 所示。

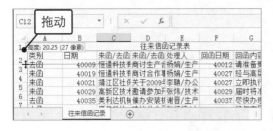

图 5-23 拖动调整行高和列宽

◆ **自动调整**：选择需要进行调整的单元格区域，在"单元格"组中单击"格式"下拉按钮，然后在弹出的下拉菜单中选择"自动调整列宽"选项即可调整列宽（调整行高则选择"自动调整行高"选项），如图 5-24 所示。

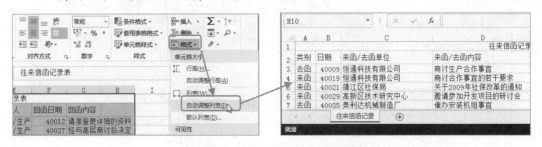

图 5-24 自动调整行高和列宽

◆ **精确调整**：对于需要精确设置行高和列宽的表格，可以选择需要调整的单元格区域，在"单元格"组中单击"格式"下拉按钮，在弹出的下拉菜单中选择"行高"或"列宽"命令，在打开的相应对话框中设置具体的值，然后单击"确定"按钮即可，如图 5-25 所示。

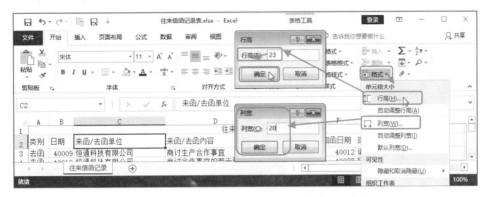

图 5-25　在对话框中精确调整行高和列宽

5.3.5　冻结工作表窗格

在 Excel 中查阅内容较多的表格时，是否遇到过这样的困扰？当工作表滚动到下半部分后表头无法显示，就很容易分不清楚列或行的数据分别对应的是哪一个表头。而冻结工作表窗格可以很好地解决这个问题。

冻结工作表窗格就是将工作表中选择的某一部分单元格冻结，使其始终显示，无论工作表滚动到什么位置，其操作如下。

选择一个基准单元格（以此单元格作为冻结工作表的基准位置，表示其左侧的列和上方的行为需要冻结的单元格区域），在"视图"选项卡的"窗口"组中单击"冻结窗格"下拉按钮，然后在弹出的下拉列表中选择"冻结窗格"选项即可，如图 5-26 所示。

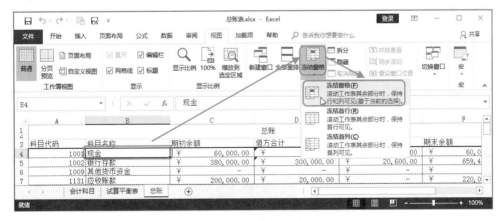

图 5-26　冻结窗格

冻结工作表窗格之后，当工作表滚动到下半部分时，基准单元格上方被冻结的行会始终显示在编辑区，而当工作表滚动到右半部分时，基准单元格左侧被冻结的列也会始终显示在编辑区，如图 5-27 所示。

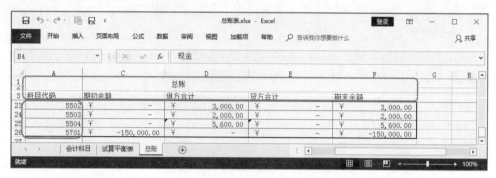

图 5-27　冻结窗格后的效果图

5.4　在表格中输入与编辑数据

　　Excel 的主要功能就是制作表格和处理数据，在表格中输入数据自然是必不可少的，而输入数据后，还需要根据情况对数据进行编辑，使表格符合要求。

5.4.1　输入数据

　　在 Excel 中输入数据就是将数据输入到某个单元格中，只需要选择待输入数据的单元格，然后直接输入相应的数据即可，如图 5-28 所示。

图 5-28　输入数据

5.4.2 设置数据验证

为了使表格中的数据更加规范或防止输入错误，可以设置数据验证，对单元格中的数据进行约束。

在数据验证的验证条件中，可以选择整数、小数、日期、时间、文本长度、序列以及自定义等选项。而这些选项可以分为 3 类，分别是范围约束、序列约束以及自定义约束，下面分别进行介绍。

（1）范围约束

范围约束是指该单元格区域只允许输入值在特定区间或者文本长度在特定范围内的数据。当输入的数据不符合要求时，系统会打开错误提示对话框，并且数据不会被单元格接收。

例如，数据库中的一张用户账户信息表中，要求密码长度为 8～18 位，那么设置数据验证的操作如下。

选择需要输入密码的列，在"数据"选项卡的"数据工具"组中单击"数据验证"按钮，在打开的"数据验证"对话框的"设置"选项卡中的"允许"下拉列表框中选择"文本长度"选项，在"数据"下拉列表框中选择"介于"选项，然后分别在"最小值"文本框和"最大值"文本框中输入"8"和"18"，再单击"确定"按钮即可，如图 5-29 所示。

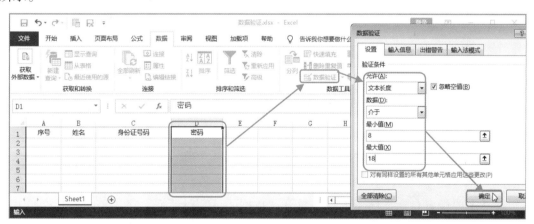

图 5-29　设置数据验证

执行上述操作后，当在"密码"列输入的数据长度不在 8～18 这个范围时，系统会打开一个对话框提示用户输入的值与数据验证条件不匹配，如图 5-30 所示。此时，可单击"重试"按钮重新输入数据。

图 5-30　错误提示

在数据验证条件中，属于范围约束的选项有整数、小数、日期、时间和文本长度。

另外，除了使用"介于"关系外，还可以设置未介于、等于、不等于、大于、小于、大于或等于以及小于或等于等数据关系。

（2）序列约束

如果单元格中允许输入的数据是有限的几项特定的值，则可以为该单元格提供下拉列表框，让用户在其中选择需要输入的数据。使用序列约束即可实现在单元格中提供下拉列表框的功能，其操作如下。

选择需要设置序列约束的列并打开"数据验证"对话框，在"允许"下拉列表框中选择"序列"选项，在"来源"文本框中输入单元格中允许输入的值（需要注意的是，序列之间各值必须以英文输入状态下的逗号","分隔），如输入"财务部,技术部,销售部,生产部,质检部"，然后单击"确定"按钮即可，如图 5-31 所示。

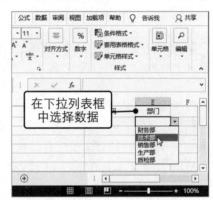

图 5-31　设置序列约束

（3）自定义约束

自定义约束是指通过返回值为逻辑值的公式来判断单元格中的数据是否符合条件，当公式的计算结果为 TRUE 时，数据可以输入到单元格中，为 FALSE 则表示数据不符合条件。

例如，身份证号码是唯一的，可以在表格中设置一个自定义约束，当在身份证号码的列输入重复数据时，则不允许输入，其操作如下。

选择需要设置自定义约束的列并打开"数据验证"对话框，在"允许"下拉列表框中选择"自定义"选项，在"公式"文本框中输入"=COUNTIF($C$2:$C$50,C2)=1"，然后单击"确定"按钮即可，如图 5-32 所示。

提个醒：检测唯一性所用公式说明

函数 COUNTIF() 的作用是统计满足给定条件的单元格个数。本例中的公式表示，在 C2:C50 单元格中与 C2 单元格数据相等的单元格个数等于 1，即当前在 C2 输入的数据是唯一的。若计算结果为 TRUE，则允许在该单元格输入此数据；若计算结果为 FALSE，则表示当前输入的数据在 C2:C50 单元格区域中已经存在，单元格不接收该数据。

图 5-32　设置自定义约束

小技巧：设置输入提醒信息和出错警告

　　为了让填写数据的用户清楚该单元格中应该输入什么数据或在输入错误时知道是什么原因，在设置数据验证时，还可以设置输入信息和出错警告，其操作如下。

　　设置完数据验证条件之后，在"数据验证"对话框单击"输入信息"选项卡，在"输入信息"文本框中输入提示信息，如 5-33 左图所示；然后单击"出错警告"选项卡，在"错误信息"文本框中输入错误提示信息，如 5-33 右图所示，最后单击"确定"按钮关闭对话框即可。

图 5-33　设置输入信息和出错警告

5.4.3　快速填充数据

　　如果需要在表格中输入比较多的有规律的数据或者重复的数据，就可以使用快速填充功能来实现数据地快速输入。

（1）快速填充重复数据

　　填充重复数据时，只需要手动输入一个数据，然后选择该单元格，并将鼠标光标移至单元格右下方，待鼠标光标变为 **十** 形状后，按住鼠标左键拖动鼠标至需要填充数据的单元格即可，如图 5-34 所示。

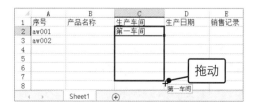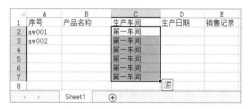

图 5-34　快速填充重复数据

（2）快速填充有序数据

对于有序数据的输入，可以先手动输入几个数据，让系统可以识别到这组数据中存在的规律，然后选择这些数据所在的单元格，再将鼠标光标移至单元格右下角，待鼠标光标变为**十**形状后，按住鼠标左键拖动鼠标至需要填充数据的单元格即可，如图 5-35 所示。

图 5-35　快速填充有序数据

> **提个醒：快速填充序列的其他方法**
>
> 如果序列为等差序列，且相邻数据只相差 1，则可以按上述填充有序数据的方法拖动至需要填充的单元格区域，然后单击"自动填充选项"下拉按钮，再选中"填充序列"单选按钮即可。
>
> 如果待填充的序列为等比序列，则可以先输入第一个数据，然后选择需要填充数据的单元格区域，再在"编辑"组中单击"填充"下拉按钮，然后选择"序列"命令，在打开的"序列"对话框中选中"列"单选按钮和"等比序列"单选按钮，设置步长值，如输入 2，最后单击"确定"按钮即可，如图 5-36 所示。

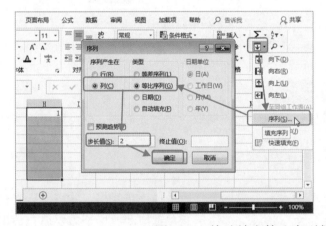

图 5-36　快速填充等比序列数据

5.4.4　修改数据

当表格中某些单元格的数据发生错误时，就需要对这些数据进行修改。对数据进行修改有两种方式，一是原本的数据完全不需要时，直接输入数据将其覆盖；另一种是在原本的数据基础上进行修改。

◆ **覆盖原数据**：选择需要修改的单元格，然后直接输入新的正确数据即可将原数据覆盖，完成修改，如图 5-37 所示。

图 5-37　直接输入新数据覆盖原数据

◆ **在原数据上修改**：双击需要修改数据的单元格，此时文本插入点会定位到单元格中，然后对数据进行修改即可，如 5-38 左图所示。另外，也可以选择该单元格，然后在编辑栏中对数据进行修改，如 5-38 右图所示。

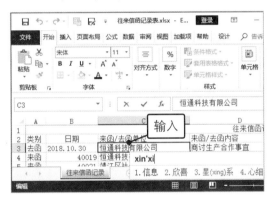

图 5-38　在单元格或编辑栏中修改数据

5.4.5　移动和复制数据

在制作表格时，可能需要将某些单元格中的数据移动到另外的位置，或者许多单元格中的数据是重复的，这时就可以使用 Excel 中单元格的数据移动和复制功能，其操作方法与本书第 2 章所讲述的文本的移动和复制类似。

在讲文本的移动和复制时，用到了剪切、复制和粘贴等操作，在 Excel 中同样是通过这些操作来实现单元格数据的移动和复制。

[分析实例]——在采购表中移动"请购数量"列并添加"付款日期"列

下面以在"采购表"文件中将"请购数量"列移动到"单价"列左侧，并在"品质描述"列的右侧添加"付款日期"列为例，讲解单元格数据的移动和复制操作。如图 5-39

所示为移动和复制数据的前后对比效果。

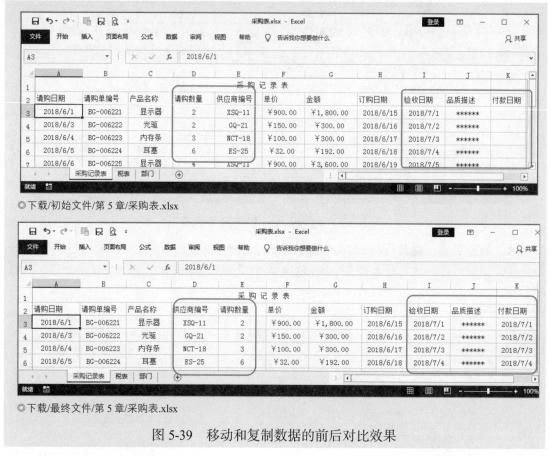

◎下载/初始文件/第 5 章/采购表.xlsx

◎下载/最终文件/第 5 章/采购表.xlsx

图 5-39 移动和复制数据的前后对比效果

其具体操作步骤如下。

Step01 打开素材文件，❶在"单价"列左侧插入新列，❷选择需要移动数据的单元格区域，这里选择"请购数量"列所有包含数据的单元格，❸在"剪贴板"组中单击"剪切"按钮，❹选择数据要移动的位置，即"单价"列左侧的新列，❺在"剪贴板"组中单击"粘贴"按钮即可完成数据的移动，如图 5-40 所示。

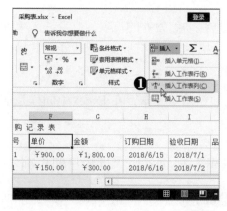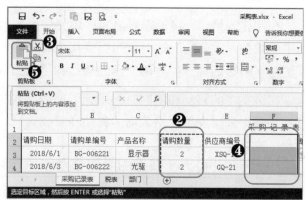

图 5-40 移动单元格的数据

Step02 ❶删除移动"请购数量"列后留下的空白列，❷选择"验收日期"列中的有数据的所有单元格，❸在"剪贴板"组中单击"复制"按钮，❹选择"付款日期"列中待复制数据的单元格区域，❺在"剪贴板"组中单击"粘贴"按钮即可完成数据的复制，如图 5-41 所示。

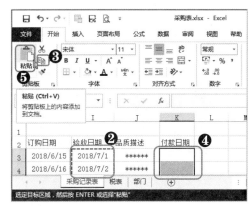

图 5-41　复制单元格中的数据

5.5　美化表格

在数据输入到表格中后，为了让表格更加规范、美观，还需要对表格进行一些美化，如为单元格设置边框、底纹或套用系统提供的单元格样式等。

5.5.1　设置边框和底纹

为单元格设置边框和底纹不仅可以使表格更加美观，还可以让表格中的行与列更容易区分，让重要的数据突出显示，使表格结构更清晰。

◆ 边框：在 Excel 的工作表中可以看到每个单元格之间都会用灰色的边框线分隔，但其实这些边框线只有在电子表格中才可以显示。如果将表格打印出来，则不会打印这些边框线。为了让打印出来的表格也有边框线分隔单元格，就需要用户手动添加边框。

◆ 底纹：默认情况下，工作表是没有底纹的，合理地使用底纹可以让表格更加清晰的展示数据。

[分析实例]——为采购表 1 设置边框并用不同底纹区分奇偶数行

下面以在"采购表 1"文件为存在数据的单元格设置边框，并为奇数行和偶数行设置不同的底纹为例，讲解设置边框和底纹的具体操作。如图 5-42 所示为设置边框和底纹的前后对比效果。

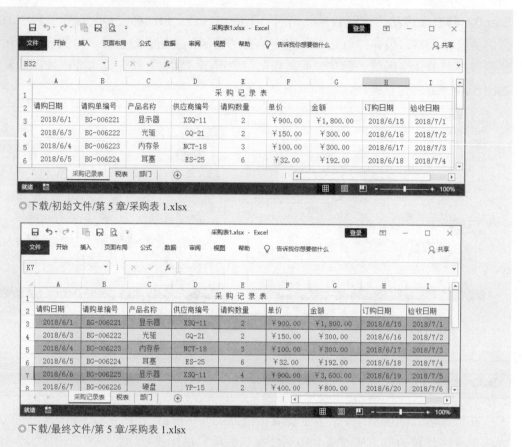

◎下载/初始文件/第 5 章/采购表 1.xlsx

◎下载/最终文件/第 5 章/采购表 1.xlsx

图 5-42　设置边框和底纹的前后对比效果

其具体操作步骤如下。

Step01 打开素材文件，❶选择需要设置边框的单元格区域，❷在"字体"组中单击"边框"下拉按钮，❸在弹出的下拉菜单中选择"其他边框"命令，❹在打开的"设置单元格格式"对话框的"边框"选项卡中设置边框样式，❺设置需要添加的边框，然后单击"确定"按钮即可，如图 5-43 所示。

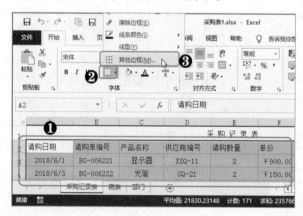
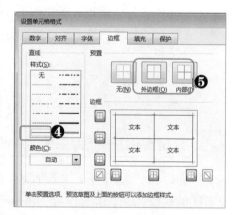

图 5-43　设置边框

Step02 ❶选择表格中存在数据的奇数行单元格区域，❷在"字体"组中单击"填充颜色"下拉按钮，❸在弹出的下拉菜单中选择"其他颜色"命令，❹在打开的"颜色"对话框的"自定义"选项卡中选择合适的颜色，❺单击"确定"按钮，如图 5-44 所示。然后以同样的方法设置偶数行的底纹颜色。

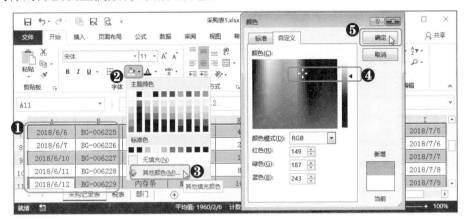

图 5-44　设置底纹颜色

5.5.2　套用单元格样式

在 Excel 中内置了许多单元格样式，使用这些样式可以快速地完成单元格的边框、底纹以及字体格式的设置，其操作步骤如下。

选择需要套用单元格样式的单元格或单元格区域，然后在"样式"组中单击"单元格样式"下拉按钮，再从弹出的下拉菜单中选择一个合适的单元格样式即可，如图 5-45所示。

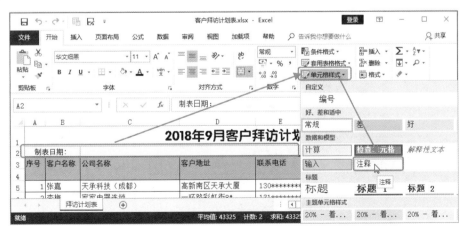

图 5-45　快速套用单元格样式

如果内置的单元格样式无法满足需求，用户也可以新建单元格样式。新建的样式也会保存在样式库中，方便下次使用。其操作方法为：单击"单元格样式"下拉按钮，在弹出的下拉菜单中选择"新建单元格样式"命令，然后在打开的"样式"对话框中输入新建样式的名称，再单击"格式"按钮，在打开的"设置单元格格式"对话框的数字、对齐、字体和边框等选项卡中进行相应的设置，依次单击"确定"按钮即可，如图 5-46 所示。

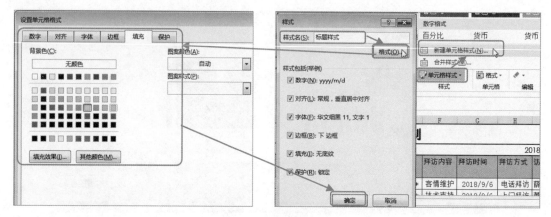

图 5-46　新建单元格样式

5.5.3　套用表格样式

如果对于表格的样式没有特定的要求，就可以套用表格样式快速为整个表格设置样式，以最高效的方式使表格更显专业。

套用表格样式的操作与套用单元格样式类似，具体为：选择表格中表头和数据所在的单元格区域，在"样式"组中单击"套用表格格式"下拉按钮并选择合适的表格样式，然后在打开的"套用表格式"对话框中选中"表包含标题"复选框，再单击"确定"按钮即可，如图 5-47 所示。

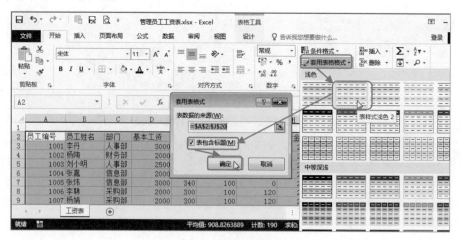

图 5-47　套用表格格式

【注意】套用表格样式时，会在所选单元格区域的第一行添加筛选器，也就是表头所在的行。但是需要注意的是，在套用表格式时必须选中"表包含标题"复选框，否则系统会在表头上方插入一行以放置筛选器，这样就会影响表格的原有格式。

另外，表格样式也可以由用户新建，其操作步骤与新建单元格样式类似，区别在于设置表格格式时可以分别对不同的表元素设置不同的格式。

5.5.4 应用主题

主题是一组独特的颜色、字体和效果等格式的集合，使用主题可以快速地设置表格的字体、填充颜色和效果等。在为表格设置完样式后，还可以为表格应用主题，让表格更加美观，其操作如下。

在"页面布局"选项卡的"主题"组中单击"主题"下拉按钮，然后在弹出的下拉菜单中选择需要的主题即可，如图 5-48 所示。

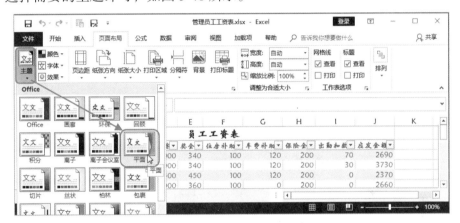

图 5-48　为表格应用主题

5.6　工作表的打印

表格制作完成后，往往需要打印出来使用。打印工作表的操作与文档的打印操作大致相同，但也存在一些区别。

5.6.1 设置打印区域

在对工作表进行打印时，如果不需要将整个工作表打印出来，就要设置需要打印的区域，其设置方法有两种，分别是在功能区设置和在对话框中设置。

◆ **在功能区设置打印区域**：选择需要打印的单元格区域，然后在"页面布局"选项卡的"页面设置"组中单击"打印区域"下拉按钮，再在弹出的下拉列表中选择"设置打印区域"选项即可，如图 5-49 所示。

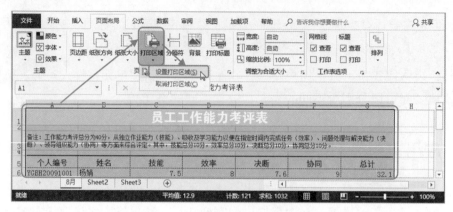

图 5-49　在功能区设置打印区域

◆ **在对话框中设置打印区域**：在"页面设置"组中单击"对话框启动器"按钮，然后在打开的"页面设置"对话框的"工作表"选项卡中设置打印区域，如图 5-50 所示，然后单击"确定"按钮即可。

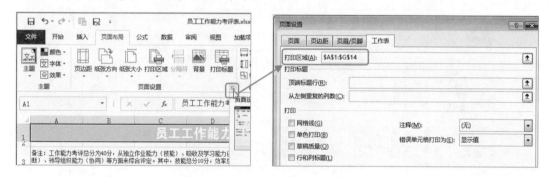

图 5-50　在对话框中设置打印区域

5.6.2 重复打印表头

当表格需要分页打印时，为了方便查阅，在每一页的第一行都需要打印表头，这就是所谓的重复打印表头，其操作如下。

在"页面设置"组中单击"打印标题"按钮，将文本插入点定位到"页面设置"对话框的"顶端标题行"文本框中，然后选择表头所在的行，这里为第 5 行，最后单击"确定"按钮即可，如图 5-51 所示。

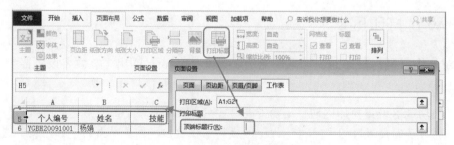

图 5-51　设置需要重复打印的区域

第6章
利用公式与函数计算数据

　　Excel之所以拥有如此多的忠实用户,不仅是因为其制作表格的功能,更主要的是因为其强大的数据处理功能。在Excel中,可以通过公式对数据进行计算,也可以使用函数进行数据计算,为用户节省了大部分计算数据的时间,并且只要使用公式或函数的方法正确,就不容易出现计算错误的情况,这无疑是商务办公中的一大助力。

|本|章|要|点|
- 单元格引用的分类
- 公式基础与应用
- 函数的使用

6.1 单元格引用的分类

单元格引用是使用公式和函数的前提，主要用于指定作为参与计算的参数所在的单元格位置。因此，在介绍公式和函数之前，先对单元格引用进行讲解。单元格引用可以分为 3 种类型，分别是：相对引用、绝对引用和混合引用。

6.1.1 相对引用

单元格相对引用是一种引用单元格相对位置的引用类型。默认情况下，系统会采用相对引用的方法。当复制存在公式的单元格时，公式中的相对引用会根据单元格的位置变化而发生变化。

【注意】相对引用的格式与单元格地址的格式一样，即是列标和行号的组合，如 A1 可以表示一个单元格，而在公式或函数中则表示一个相对引用。

如图 6-1 所示，在左图的编辑栏中的 A1 和 B1 就是单元格引用，相对于 C1 单元格指向 A1 和 B1 单元格。而当 C1 单元格中的公式被复制到 C2 单元格时，从右图可以看到，编辑栏中的单元格引用变成了 A2 和 B2，这就是相对引用。

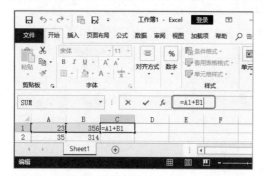

图 6-1　相对引用

6.1.2 绝对引用

单元格的绝对引用就是指无论引用的单元格是否发生改变，被引用的单元格始终保持不变。即公式或函数中使用绝对引用指向的单元格，即使公式或函数被复制到其他的单元格，其指向的引用单元格不会改变。

【注意】绝对引用的格式是美元符 "$" 加在列标和行号之前。例如，$B$2 表示该引用始终指向 B2 单元格，不随引用单元格位置变化而变化。

如图 6-2 所示，当使用了绝对引用 "$A$1" 的公式或函数被复制到其他单元格时，绝对引用仍然指向 A1 单元格，而相应引用的单元格则发生了变化。

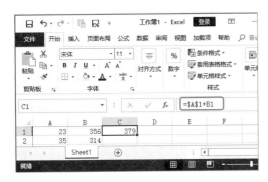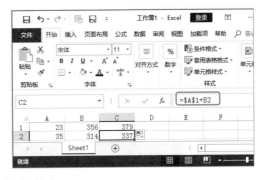

图 6-2　绝对引用

6.1.3　混合引用

单元格的混合引用则是指引用的单元格为绝对列和相对行组合或者相对列和绝对行组合。例如，$A1、A$1 都是混合引用，分别为绝对列和相对行、相对列和绝对行的组合。其中，$A1 表示该引用的列为绝对引用，始终为列 A ，但行为相对引用，随着引用单元格的变化而变化。

如图 6-3 所示，C1 单元格中使用了混合引用$A1 和 B$1。当将 C1 单元格的公式复制到 D2 单元格时，混合引用变成了$A2 和 C$1。

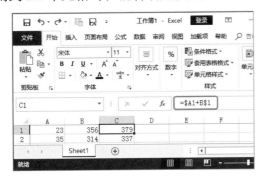

图 6-3　混合引用

小技巧：快速切换单元格引用类型

在使用单元格引用时，可以按【F4】键在相对引用、绝对引用和混合引用之间进行切换。可以不需要手动输入美元符，节省一定的时间。

6.2　公式基础与应用

公式是在 Excel 中处理数据时最常用的工具之一，而如果想要熟练地使用公式，对公式基础知识的掌握必须熟练。对公式有了大致的了解后，才可以正确地使用公式对数据进行计算。

6.2.1 公式的基本结构

公式通常以"="开始，右侧则由参数和运算符组成，通过各种运算符将需要计算的数据连接在一起，从而完成数据的计算。如图 6-4 所示为公式的结构示意图。

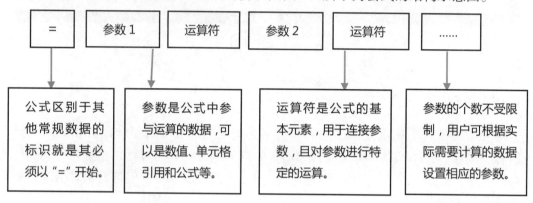

图 6-4 公式结构示意图

6.2.2 运算符简介

从公式结构示意图中可以看出，运算符是公式中非常重要的基本元素。运算符的类型决定着公式的计算类型。在 Excel 中，通常将运算符分为 4 种类型，分别是数学运算符、比较运算符、文本连接运算符以及引用运算符。

（1）数学运算符

数学运算符用于执行基本数学运算，如四则运算、平方运算等。如表 6-1 所示为 Excel 中的数学运算符简介。

表 6-1 数学运算符介绍

符号	描述	应用示例
+	加法	66+3=69
−	减法或表示负数	66−3=63
*	乘法	66*3=198
/	除法	66/3=22
%	百分比	66%=0.66
^	乘方	66^3=287496

（2）比较运算符

比较运算符用于比较两个数据的大小，然后返回的结果为"TRUE"或"FALSE"，即真或假。如表 6-2 所示为比较运算符介绍。

表 6-2　比较运算符介绍

符号	描述	应用示例	运算结果
=	等于	C4=D2	单元格中值相等则为TRUE
>	大于	5>5	FALSE
<	小于	2<2	FALSE
>=	大于或等于	5>=5	TRUE
<=	小于或等于	2<=2	TRUE
<>	不等于	4<>5	TRUE

（3）文本连接运算符

文本连接运算符就是"&"符号，用于将两个或两个以上的字符串连在一起，从而生成一个新字符串。例如：A1 单元格中的数据为"2018 年"，B1 单元格的数据为"成都"，当在 C1 单元格中输入"=A1&B1"时，结果为"2018 年成都"，如图 6-5 所示。

图 6-5　文本连接运算符的使用

（4）引用运算符

引用运算符是 Excel 中一种与单元格引用一起使用的运算符，用于指向单元格地址。如表 6-3 所示为引用运算符的介绍。

表 6-3　引用运算符介绍

符号	描述	应用示例	运算结果
:（冒号）	区域运算符，表示两个单元格之间所有单元格	A1:B3	引用A1、A2、A3、B1、B2、B3单元格
,（逗号）	联合运算符，将多个引用合并为一个引用	A1,B4	引用A1单元格和B4单元格
（空格）	交叉运算符，只引用两个引用中共有的单元格	A4:E4 C1:C5	只引用C4单元格

6.2.3 熟悉运算符优先级

众所周知，数学中的运算符存在优先级，同样的，Excel 中的运算符也存在着优先级。只有对运算符的优先级有足够的了解，才能正确地使用公式。Excel 中各运算符的优先级如表 6-4 所示。

表 6-4 运算符优先级介绍

优先级顺序	描述
1	引用运算符 :（冒号），（逗号） （单个空格）
2	数学运算符 –（负号）
3	数学运算符 %（百分比）
4	数学运算符 ^（乘方）
5	数学运算符 *和/（乘和除）
6	数学运算符 +和–（加和减）
7	文本连接运算符 &
8	比较运算符 = < > <= >= <>

> **提个醒：通过括号改变运算顺序**
>
> 括号内的运算优先于其他运算，所以可以使用括号将运算符优先级较低但需要先运算的内容包括在内，使其先进行运算。

6.2.4 输入公式

在 Excel 中要使用公式对数据进行计算，就需要用户手动输入公式。公式的输入与数据的输入基本相同，可以在编辑栏进行输入，也可以直接在单元格中进行输入。由于公式都比较长，所以一般情况下都是在编辑栏中进行输入，其操作方法如下。

选择需要使用公式的单元格，将文本插入点定位到编辑栏，输入"="之后可以通过鼠标选择需要引用的单元格，然后输入运算符，如输入"+"，再继续选择需要引用的单元格并输入运算符，依此方法将公式输入完整，如图 6-6 所示，最后按【Enter】键即可完成公式的输入并进行计算。

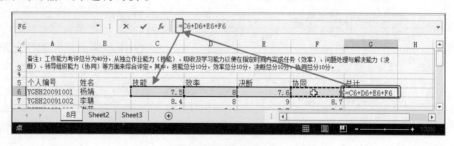

图 6-6 输入公式

6.2.5 复制公式

多数情况下，同一列或同一行的公式是一样的，这时如果逐个手动输入就会严重影响效率。而通过复制公式就可以很好地解决这一问题，其操作与复制单元格数据的方法一致，可以通过快速填充功能或复制和粘贴功能来实现。

◆ **快速填充公式**：首先选择已经编辑好公式的单元格，将鼠标光标移至该单元格的右下方，然后按住鼠标左键拖动至需要复制公式的单元格区域即可完成公式的复制，如图 6-7 所示。

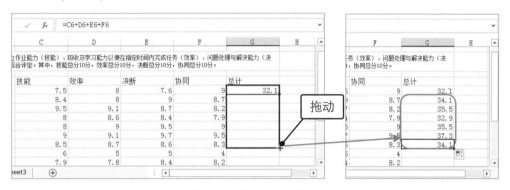

图 6-7　快速填充公式

◆ **手动复制公式**：选择已经编辑好公式的单元格，按【Ctrl+C】组合键将单元格的公式复制到剪贴板，再选择需要复制公式的单元格，然后按【Ctrl+V】组合键将公式粘贴到所选单元格即可，如图 6-8 所示。

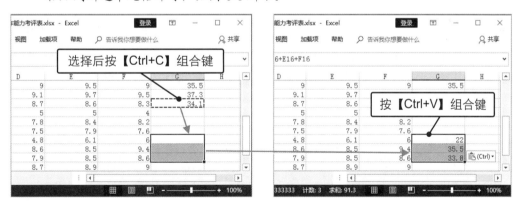

图 6-8　手动复制公式

6.2.6 隐藏和显示公式

默认情况下，公式的计算结果会显示在单元格之中，而公式则显示在编辑栏中。为了防止表格中的公式被修改，在表格制作完成后用户可以将编辑栏中的公式隐藏起来，在需要对公式进行编辑时再将其显示即可。

[分析实例]——隐藏员工工作能力考评表中的公式

下面以将"员工工作能力考评表"文件中的公式隐藏起来为例，讲解隐藏公式的相关操作，如图 6-9 所示为隐藏公式的前后对比效果。

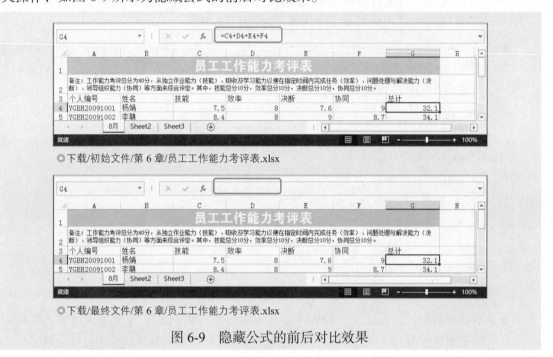

◎下载/初始文件/第 6 章/员工工作能力考评表.xlsx

◎下载/最终文件/第 6 章/员工工作能力考评表.xlsx

图 6-9　隐藏公式的前后对比效果

其具体操作步骤如下。

Step01 打开素材文件，❶选择需要隐藏公式的单元格区域，❷在"单元格"组中单击"格式"下拉按钮，❸在弹出的下拉菜单中选择"设置单元格格式"命令，❹在打开的"设置单元格格式"对话框中的"保护"选项卡中选中"隐藏"复选框，如图 6-10 所示，然后单击"确定"按钮即可。

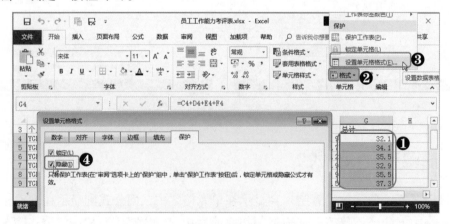

图 6-10　选中"隐藏"复选框

Step02 ❶在"审阅"选项卡的"保护"组中单击"保护工作表"按钮，❷在打开的"保护工作表"对话框中输入密码，如输入"123456"，❸单击"确定"按钮，❹在打开的"确认密码"对话框中再次输入密码，❺单击"确定"按钮，即可将所选单元格的公式隐藏，如图 6-11 所示。

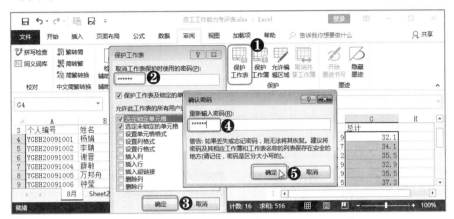

图 6-11　保护工作表后隐藏公式

【注意】隐藏公式只有在保护工作表后才能生效，因此在选中"隐藏"复选框后还需要使用密码对工作表进行保护才可隐藏公式。由此可知，要显示被隐藏的公式，只需要将工作表保护撤销即可。

要显示被隐藏的公式，只需要在"审阅"选项卡的"保护"组中单击"撤销工作表保护"按钮，然后在弹出的对话框中输入密码，再单击"确定"按钮即可，如图 6-12 所示。

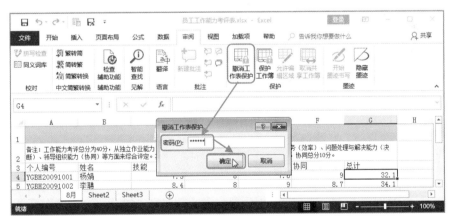

图 6-12　撤销工作表保护后显示公式

6.3　函数的使用

在 Excel 中，函数其实就是一种由系统预定义的特殊公式，不需要用户手动编写，直接使用即可得到正确的结果。当计算某些数据需要使用很长且很复杂的公式时，往往会选择使用函数来代替公式。

6.3.1　函数的基本结构

函数既然是由系统预定义的公式，自然也是以"="开始，而后则为函数名称，后接一对括号，括号之中则是参与计算的参数，如图6-13所示为函数的结构示意图。

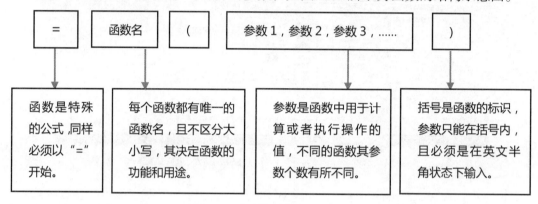

图 6-13　函数的结构示意图

在函数中，决定函数返回值类型的是其参数类型，而参数的类型可以分为常量、数组常量、单元格引用、逻辑值和错误值等，各参数类型的含义如表6-5所示。

表6-5　参数的类型介绍

参数类型	含义
常量	值不会发生改变的量，如数字、文本等
数组常量	用于数组公式中的数组引用
单元格引用	用于指向单元格位置
逻辑值	TRUE和FALSE
错误值	如"#NAME""#DIV/0!""#######"等

6.3.2　函数的分类

Excel 中，根据函数功能及用途的不同，将函数分为财务函数、逻辑函数、文本函数、日期和时间函数、查找与引用函数、数学和三角函数、统计函数、工程函数、多维数据集函数、信息函数、数据库函数、兼容性函数以及 Web 函数 13 类。

在商务办公中，常用的函数类型及其介绍如下所示。

◆ **财务函数**：大部分与财务相关的统计和计算都可以使用财务函数来完成，如 EFFECT()函数可用于返回有效年利率。

◆ **逻辑函数**：逻辑函数是用于判断数据是否满足某一条件，一共只有 9 个函数，分别为 AND()、FALSE()、IF()、IFERROR()、IFNA()、NOT()、OR()、TRUE()和 XOR()。

◆ **文本函数**：用于处理文本字符串的函数，主要包括截取、查找、搜索、提取和改变文本编写状态等功能。如 LOWER()函数可以将文本转换为小写。

◆ **日期与时间函数**：用于分析或处理日期和时间等数据，如 TODAY()函数可返回当前系统日期。

◆ **查找与引用函数**：用于在数据中查找特定的数值，或者某个单元格引用的函数，如 COLUMN()函数可以返回引用的列标。

◆ **数学与三角函数**：主要用于各种数学计算和三角计算，如 RADIANS()函数可以将角度转换为弧度。

◆ **统计函数**：统计函数主要用于对一定范围内的数据进行统计分析，如 COUNTA()函数可以统计单元格区域中非空单元格的个数。

6.3.3 在指定位置插入函数

使用函数对数据进行计算之前，需要将函数插入到指定单元格之中。函数的插入方法可分为 4 种，分别是通过对话框插入、通过函数库插入、通过名称框插入和在编辑栏输入。用户可以根据实际情况选择合适的方法插入函数。

（1）通过对话框插入函数

由于 Excel 中函数众多，我们很难将其全部熟记于心。于是，许多时候我们只知道需要一个有什么用途的函数，但不知道是哪一个函数。此时就可以通过对话框来插入函数，其操作如下。

选择待插入函数的单元格，在编辑栏单击"插入函数"按钮 *fx*，在打开的对话框的"搜索函数"文本框中输入需要的函数的作用，然后单击"转到"按钮，在"选择函数"列表框中选择需要的函数，单击"确定"按钮，再在打开的对话框中设置参与计算的参数所在的单元格区域，最后单击"确定"按钮即可，如图 6-14 所示。

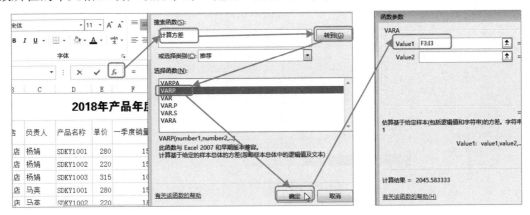

图 6-14　通过对话框搜索并插入合适的函数

（2）通过函数库插入函数

函数库中函数按照分类陈列，用户可以根据所需函数所属的类型在函数库中查找并使用，其操作如下。

选择待插入函数的单元格，单击"公式"选项卡，在"函数库"组中单击所需函数相应的函数类型下拉按钮，如单击"其他函数"下拉按钮，选择"统计"命令，在其子菜单中选择需要的函数，然后在打开的"函数参数"对话框中设置参数所在单元格，再单击"确定"按钮即可，如图 6-15 所示。

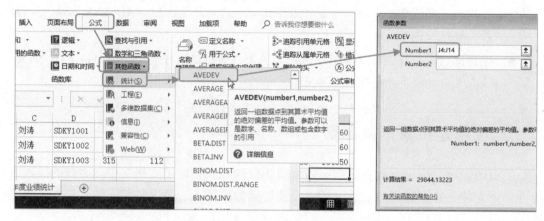

图 6-15　通过函数库插入函数

（3）通过名称框插入函数

当在单元格中输入"="后，名称框中就会出现一些系统推荐的常用函数，用户可以在这些函数中选择并使用，其操作如下。

选择需要插入函数的单元格并在其中输入"="，在名称框的下拉列表中选择需要的函数，然后在打开的"函数参数"对话框中设置参与计算的单元格区域，再单击"确定"按钮即可，如图 6-16 所示。

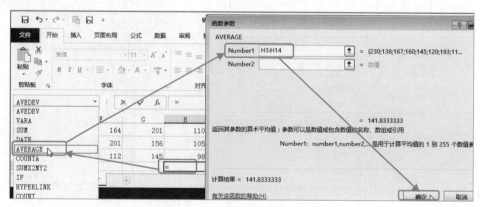

图 6-16　通过名称框插入函数

（4）在编辑栏输入函数

如果用户大致记得需要使用的函数名称，则可以直接在编辑栏中输入函数，其操作如下。

选择需要插入函数的单元格，在编辑栏输入"="，再继续输入函数名称（在输入函数名称的过程中，系统会根据输入的数据搜索相应的函数，因此只需要输入函数名称的前半部分即可），在弹出的下拉列表中双击需要插入的函数，然后使用鼠标选择参与计算的单元格区域，如图6-17所示，最后按【Enter】键即可完成函数的插入。

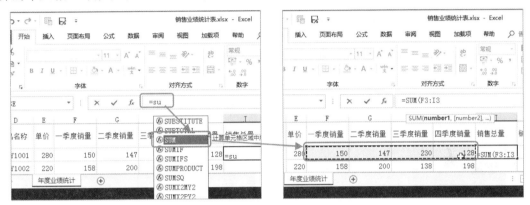

图 6-17　通过编辑栏输入函数

6.3.4　嵌套函数的用法

所谓嵌套函数就是指在公式或函数的参数中还包含了函数，即一个函数作为另外一个函数或公式的参数进行计算。

【注意】需要注意的是，Excel中嵌套函数最高嵌套级数为7级，即是一个函数中的参数中最多可包含7层函数。另外，作为参数的函数，其返回值类型必须与参数的类型一致，否则会出现错误。

如图6-18所示为一个嵌套函数，其中AND()函数嵌套在IF()函数中作为IF()函数的第一个参数使用，且AND()函数的返回值类型为逻辑值，而IF()函数的第一个参数类型也为逻辑值，因此该嵌套函数的格式是正确的。

图 6-18　嵌套函数示例

6.3.5 常用函数的使用

Excel 中的函数个数已到达上百之数，各有其独特的功能与用途。但在商务办公中，其实只有小部分经常使用，掌握这些常用函数的使用方法就可以有效地提升工作效率。

（1）最值函数

最值函数包括最大值函数 MAX() 和最小值函数 MIN()。其中，MAX() 函数是用于从指定单元格区域中找出最大值并返回，而 MIN() 函数则是从指定单元格区域中返回最小值。在商务办公中，这两个函数使用得都比较频繁。

[分析实例]——计算销售业绩统计表的最大销售总量和最小销售总量

下面以在"销售业绩统计表"文件中计算销售总量的最大值和最小值为例，讲解最值函数的使用方法，如图 6-19 所示为计算销售总量最大值和最小值的前后对比效果。

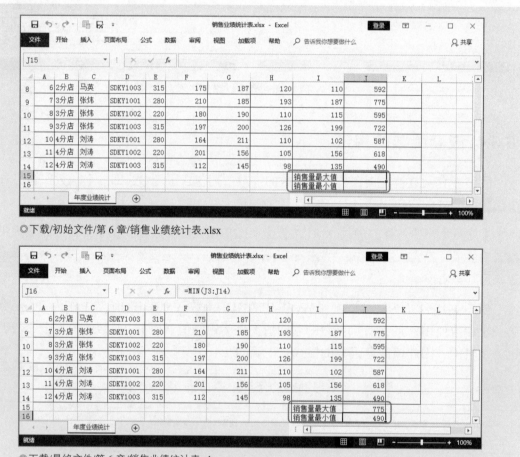

◎下载/初始文件/第 6 章/销售业绩统计表.xlsx

◎下载/最终文件/第 6 章/销售业绩统计表.xlsx

图 6-19　计算销售总量最大值和最小值的前后对比效果

其具体操作步骤如下。

Step01 打开素材文件，❶选择需要插入 MAX() 函数的单元格，❷在编辑栏输入"=ma"，❸在弹出的下拉列表中双击选择"MAX"选项，❹使用鼠标选择参与函数计算的单元格区域，这里选择 J3:J14 单元格区域，如图 6-20 所示，然后按【Enter】键即可。

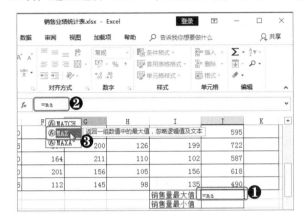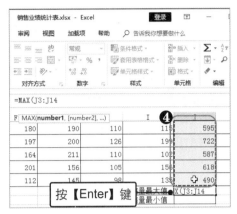

图 6-20　使用 MAX() 函数找出最大销售总量

Step02 ❶选择需要插入 MIN() 函数的单元格，❷在"公式"选项卡的"函数库"组中单击"其他函数"下拉按钮，❸在"统计"命令的子菜单中选择"MIN"选项，❹在打开的"函数参数"对话框中单击折叠按钮，如图 6-21 所示。

图 6-21　插入 MIN() 函数

Step03 ❶选择需要参与 MIN() 函数计算的单元格区域，❷在缩小后的"函数参数"对话框中单击展开按钮，然后在展开的对话框中单击"确定"按钮即可，如图 6-22 所示。

图 6-22　选择参与 MIN() 函数计算的参数所在单元格

（2）排名函数

排名函数即 RANK.EQ() 函数，其作用是返回某数字在一列数字中相对于其他数值的大小排名，如果多个数值排名相同，则返回该组数值的最佳排名。其语法结构为：RANK.EQ(Number,Ref,Order)，其中，参数 Number 为要进行排名的单元格，Ref 为参与计算的单元格区域，Order 表示排名的方式（一般不用提供任何数据）。

[分析实例]——根据员工能力考评表总计得分对员工进行排名

下面以在"员工能力考评表"文件中按照总计得分对员工进行排名为例，讲解排名函数 RANK.EQ() 的使用方法，如图 6-23 所示为使用排名函数的前后对比效果。

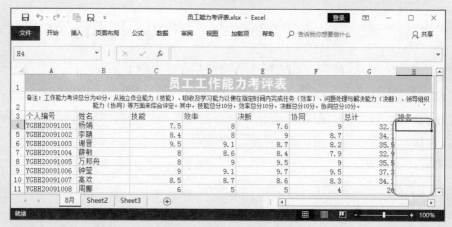

◎下载/初始文件/第 6 章/员工能力考评表.xlsx

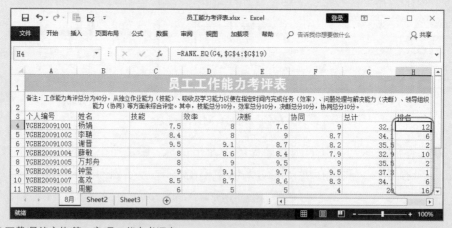

◎下载/最终文件/第 6 章/员工能力考评表.xlsx

图 6-23　使用排名函数的前后对比效果

其具体操作步骤如下。

Step01 打开素材文件，❶选择需要插入 RANK.EQ() 函数的单元格，❷在"函数库"组的"其他函数"下拉按钮中选择"统计"命令，❸在弹出的子菜单中选择"RANK.EQ"

选项，如图 6-24 所示。

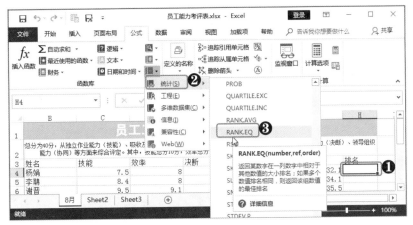

图 6-24　在 H4 单元格中插入排名函数

Step02 ❶在打开的"函数参数"对话框中设置"Number"参数为相对引用"G4"，❷单击"Ref"参数右侧的折叠按钮，❸使用鼠标选择参数排名的数据所在的单元格区域，如G4:G19，然后按【F4】键将相对引用转换为绝对引用，❹单击"函数参数"对话框汇总的展开按钮，❺单击"确定"按钮即可，如图 6-25 所示。

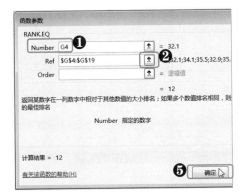

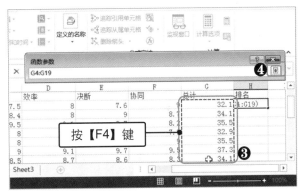

图 6-25　设置 RANK.EQ()函数的参数

Step03 使用快速填充功能将 H4 单元格中的函数快速复制到其他需要进行排名的单元格中，如图 6-26 所示。

图 6-26　将 RANK.EQ()函数快速填充到其他单元格

（3）IF()函数

IF()函数是一个条件函数，其作用是判断数据是否满足某一个条件，若满足条件，则返回一个指定的值；若不满足条件，则返回另一个指定的值。IF()函数的语法结构为 IF(Logical_test,Value_if_true,Value_if_false)，其中第一个参数 Logical_test 为判断条件，返回值类型为逻辑值；第二个参数 Value_if_true 为满足条件时 IF()函数输出的结果；第三个参数 Value_if_false 则为不满足条件时 IF()函数输出的结果。

[分析实例]——根据销售总额对各分店中各产品的销售情况作出评价

下面以在"销售业绩统计表 1"文件中根据各分店中各产品销售总额对产品的年度销售情况进行评价为例，讲解条件函数 IF()的使用方法。

本例中将评价划分为 3 个等级。销售额大于等于 200000 为优秀，在 150000～200000 之间为良好，150000 以下则一般，如图 6-27 所示为使用 IF()条件函数的前后对比效果。

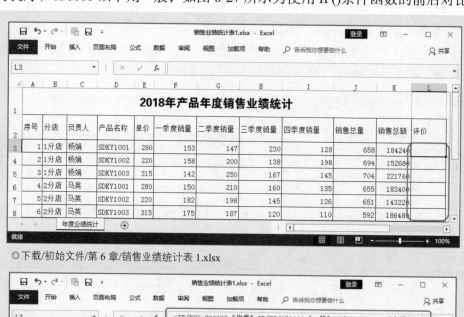

◎下载/初始文件/第 6 章/销售业绩统计表 1.xlsx

◎下载/最终文件/第 6 章/销售业绩统计表 1.xlsx

图 6-27　使用 IF()条件函数的前后对比效果

其具体操作步骤如下。

Step01 打开素材文件，❶选择需要插入 IF()函数的单元格，这里选择 L3 单元格，❷在"公式"选项卡的"函数库"组中单击"逻辑"下拉按钮，❸在弹出的下拉菜单中选择"IF"选项，如图 6-28 所示。

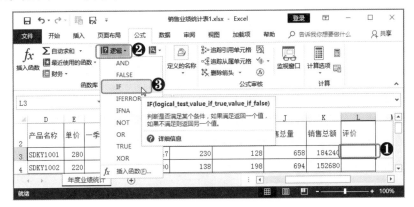

图 6-28　在 L3 单元格中插入 IF()函数

Step02 ❶在打开的"函数参数"对话框中设置条件参数"Logical_test"为"K3>=200000"，"Value_if_true"参数设置为"'优秀'"，"Value_if_false"参数设置为"IF(K3<150000,"一般",IF(K3>=150000,"良好",))"，❷单击"确定"按钮，如图 6-29 所示。

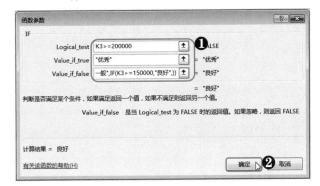

图 6-29　设置 IF()函数的判断条件和相应的返回值

> **提个醒：IF()函数的使用注意事项**
>
> 　　一个 IF()函数只能设置一个判断条件、两种不同的返回值。而在本例中，评价分为了 3 个等级。因此，本例需要嵌套使用 IF()函数，即在 IF()函数的 Value_if_true 或 Value_if_false 参数中使用 IF()函数。另外，如果需要返回的值是文本或字符串等，需要在两侧加上半角双引号，如需要输出"优秀"二字，则参数应设置为"优秀"。

Step03 使用快速填充功能将 L3 单元格中的 IF()函数快速复制到其他需要进行评价的单元格中，如图 6-30 所示。

图 6-30　快速填充 IF()函数到其他单元格

第7章
Excel 数据管理操作全接触

在商务办公中，将数据填入表格并完成计算往往只是前期的准备工作，对数据进行管理和分析才是目的所在。本章所讲的内容包括对数据进行突出显示、排序、筛选和分类汇总等，其作用主要是方便对数据进行查看、管理和分析等。

|本|章|要|点|
- 条件格式的使用
- 数据的排序
- 数据的筛选
- 数据分类汇总

7.1 条件格式的使用

条件格式是 Excel 中将满足不同条件的单元格以不同形式显示的功能，使用条件格式可以让表格中的数据表现得更加直观。

7.1.1 突出显示数据

突出显示数据是条件格式的一项功能，即是将所选单元格区域中满足某一个预定条件的单元格以一种特殊的单元格格式突出显示，如为单元格填充颜色等。

突出显示数据的操作为：选择需要参与判断是否满足条件的单元格区域，在"开始"选项卡"样式"组中单击"条件格式"下拉按钮，在弹出的下拉菜单中选择"突出显示单元格规则"命令，然后选择要使用的规则或选择"其他规则"命令，如 7-1 左图所示。在打开的"新建格式规则"对话框中设置判断规则，再单击"格式"按钮并在"设置单元格格式"对话框中设置满足条件的单元格格式，最后单击"确定"按钮即可，如 7-1 右图所示。

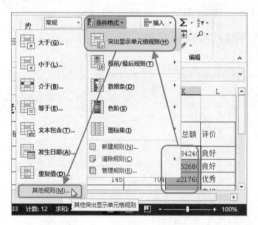

图 7-1　设置突出显示单元格的规则和单元格格式

执行上述操作后，满足条件（此处为满足数值大于或等于 200000）的单元格就会被设置为指定的格式（对话框中设置的格式），如图 7-2 所示。

4	2	1分店	杨娟	SDKY1002	220	158	200	138	198	694	152680	良好
5	3	1分店	杨娟	SDKY1003	315	142	250	167	145	704	221760	优秀
6	4	2分店	马英	SDKY1001	280	150	210	160	135	655	183400	良好
7	5	2分店	马英	SDKY1002	220	182	198	145	126	651	143220	一般
8	6	2分店	马英	SDKY1003	315	175	187	120	110	592	186480	良好
9	7	3分店	张炜	SDKY1001	280	210	185	193	187	775	217000	优秀
10	8	3分店	张炜	SDKY1002	220	180	190	110	115	595	130900	一般
11	9	3分店	张炜	SDKY1003	315	197	200	126	199	722	227430	优秀
12	10	4分店	刘涛	SDKY1001	280	164	211	110	102	587	164360	良好

年度业绩统计

图 7-2　突出显示满足条件的单元格

【注意】突出显示单元格规则中，常用的规则分别是单元格值、特定文本、发生日期和重复值等。其中，单元格值即是判断单元格中的数据是否大于、小于和等于某个数值或介于某个数值范围之间；特定文本是指单元格的数据是否包含某一个特定的文本；发生日期是判断单元格中的日期是否为设定的日期或在日期范围内；重复值则是指将单元格区域内出现的重复数据突出显示。

如果这些常用规则无法满足需求，用户也可以自行设置其他规则，即选择"其他规则"命令进行设置。在"新建格式规则"对话框中可以设置的条件更加健全，如单元格值除了上述的 4 种判断方式外，还可以设置未介于、不等于、大于或等于和小于或等于；特定文本则还可以设置为不包含、始于、止于。另外，还可以设置空值、错误值等。

7.1.2 使用数据条显示数据

在条件格式中，除了突出显示数据外，还可以使用数据条、色阶和图标集来显示数据，这 3 种显示方式的作用都是使得表格的数据大小展现得更为直观。由于 3 种显示方式的用法也大致相同，这里以使用数据条显示数据为例来讲解这些方式的使用方法。

数据条显示数据是以数据条的长度来表示数据的大小，数据条越长表示该单元格中的数据越大，其使用方法如下。

选择需要使用数据条显示的单元格区域，单击"条件格式"下拉按钮，然后在弹出的下拉菜单中选择"数据条"命令，再选择合适的数据条样式即可，如图 7-3 所示。

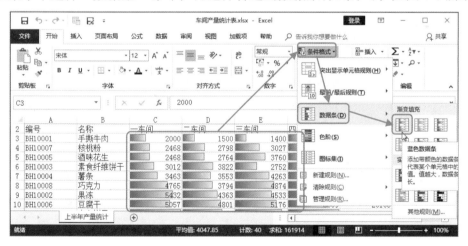

图 7-3　使用数据条直观地显示数据

7.1.3 条件格式的管理

当表格中使用了条件格式后，便可以通过条件格式规则管理器来对条件格式进行管理，如修改条件格式规则、删除规则、新建规则和修改应用的单元格区域等。

打开条件格式规则管理器的方法为：单击"条件格式"下拉按钮，在弹出的下拉菜单中选择"管理规则"命令即可打开"条件格式规则管理器"对话框，如图7-4所示。

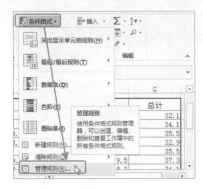

图7-4　打开"条件格式规则管理器"对话框

在"条件格式规则管理器"对话框中，各按钮和下拉列表框等工具的作用及含义介绍如下，用户可根据以下内容，进行相应的操作。

◆ **"显示其格式规则"下拉列表框**：此下拉列表框中可以选择显示在对话框中的条件格式，"当前选择"选项表示只显示当前选择的单元格区域设置的条件格式；"当前工作表"选项表示显示当前活动工作表中设置的所有条件格式。

◆ **"新建规则"按钮**：单击此按钮，即会打开"新建格式规则"对话框，可为当前选择的单元格或单元格区域添加自定义的条件格式。

◆ **"编辑规则"按钮**：单击该按钮，即可打开当前选中的条件格式的"编辑格式规则"对话框，对已设置的条件格式进行修改（也可在中间列表框中双击要修改的规则选项进行修改）。

◆ **"删除规则"按钮**：单击该按钮，删除当前选择的条件格式规则。

◆ **"[上移/下移]"按钮**：单击对应按钮，可调整条件格式规则的顺序。若同一个单元格区域中设置了多个条件格式规则，在"条件格式规则管理器"对话框的列表框中显示时靠前的规则优先显示。

◆ **"应用于"栏**：通过该栏中的文本框或单击文本框右侧的折叠按钮，可设置当前条件格式规则应用的单元格范围。

◆ **"如果为真则停止"栏**：对于某些特定的规则，在该栏中选中对应的复选框则停止规则的作用，但规则仍保留在工作表中。

7.1.4 条件格式与函数联合使用

条件格式与函数或公式可以联合使用，即使用函数或公式作为条件格式的判断条件，选择出需要设置格式的单元格。此方法在实际应用中非常实用，如需要将表格中某一列中满足某一条件的单元格所在行全部突出显示，就可以通过条件格式与函数联合使用的方法来实现。

[分析实例]——将员工档案表中 50 岁以上员工的数据突出显示

下面以将"员工档案表"文件中年龄大于或等于 50 岁的员工数据突出显示为例，讲解条件格式与函数联合使用的具体方法，如图 7-5 所示为突出 50 岁以上员工数据的前后对比效果。

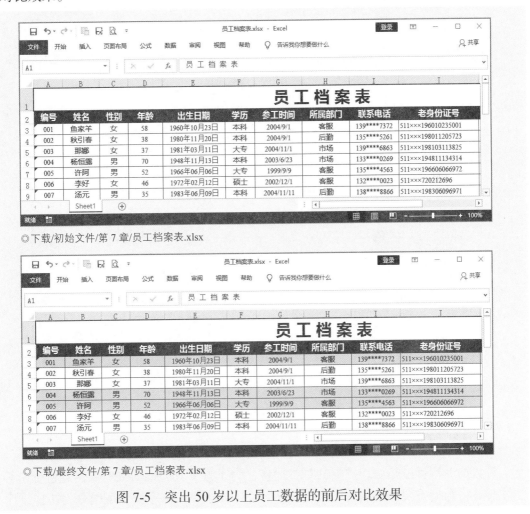

◎下载/初始文件/第 7 章/员工档案表.xlsx

◎下载/最终文件/第 7 章/员工档案表.xlsx

图 7-5　突出 50 岁以上员工数据的前后对比效果

其具体操作步骤如下。

Step01 打开素材文件，❶选择表格中包含员工数据的单元格区域，❷在"开始"选项卡的"样式"组中单击"条件格式"下拉按钮，❸在弹出的下拉菜单中选择"新建规则"命令，❹在打开的"新建格式规则"对话框中选择"使用公式确定要设置格式的单元格"选项，❺在"为符合此公式的值设置格式"文本框中输入函数"=AND($D3>=50)"，❻单击"格式"按钮，如图 7-6 所示。

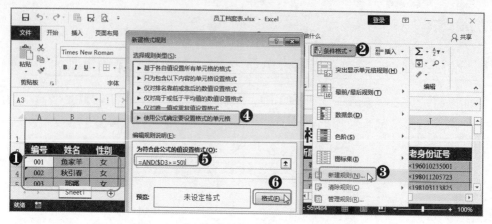

图 7-6　新建条件格式规则并输入函数

Step02 ❶在打开的"设置单元格格式"对话框中单击"填充"选项卡，❷选择一个合适的颜色作为填充色，❸依次单击"确定"按钮即可，如图 7-7 所示。

图 7-7　设置需要突出显示的单元格格式

7.2　数据的排序

　　对数据进行排序是处理数据的基本操作，为了方便查阅数据或对数据进行分析等，往往需要将数据按照一定的规律进行排序。在 Excel 中，排序操作可以分为快速排序、高级排序和自定义序列排序 3 种。

7.2.1　快速排序

　　快速排序也可以称为单条件排序，是 Excel 中最简单的一种排序方式。快速排序可以按表格中某一列数据进行升序或者降序排序，其操作如下。

　　选择排序数据所在的列中任意单元格，在"开始"选项卡的"编辑"组中单击"排序和筛选"下拉按钮，然后在弹出的下拉菜单中选择合适的排序方式，如选择"降序"选项即可完成排序，如图 7-8 所示。

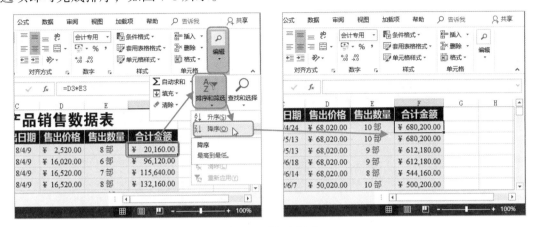

图 7-8　快速排序

除了在"开始"选项卡的"编辑"组中可以进行排序外，在"数据"选项卡的"排序和筛选"组中单击相应的按钮也可以对数据进行排序，如图 7-9 所示。

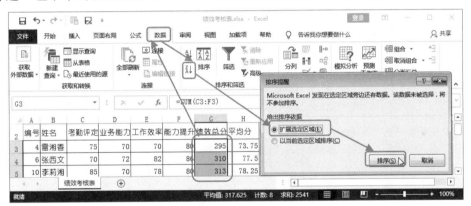

图 7-9　在"数据"选项卡中使用快速排序

⚡ 提个醒：扩展选定区域

　　如果选择的排序依据不是一个单元格，而是单元格区域，在进行排序时，系统会打开"排序提醒"对话框，在此对话框中选中"扩展选定区域"单选按钮，再单击"排序"按钮即可对表格进行排序。如果选中的是"以当前选定区域排序"单选按钮，则只能对选择的单元格区域进行排序，这样就会造成表格中的数据错乱。

7.2.2　高级排序

　　高级排序即是多条件排序，其可以设置多个关键字，先按照第一个关键字进行排序，当第一个关键字中的数据重复时，再按第二个关键字进行排序，以此类推。

[分析实例]——对绩效考核表中的员工数据进行排序

下面以在"绩效考核表"文件中按照"业务能力"、"工作效率"以及"绩效总分"3 个关键字对员工数据进行排序为例，讲解高级排序的具体操作，如图 7-10 所示为进行高级排序的前后对比效果。

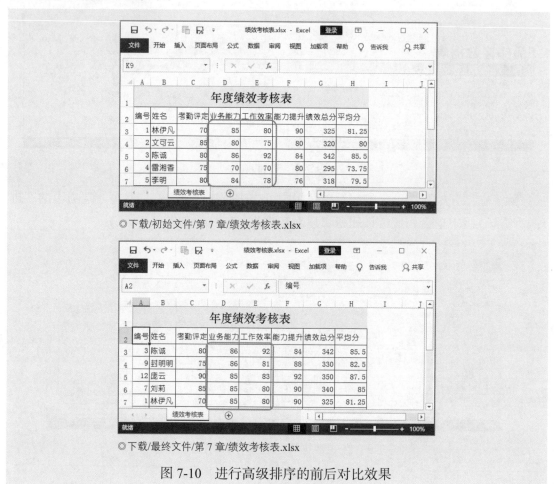

◎下载/初始文件/第 7 章/绩效考核表.xlsx

◎下载/最终文件/第 7 章/绩效考核表.xlsx

图 7-10　进行高级排序的前后对比效果

其具体操作步骤如下。

Step01 打开素材文件，❶选择表格中任意一个数据单元格，❷在"数据"选项卡的"排序和筛选"组中单击"排序"按钮，❸在打开的"排序"对话框的主要关键字对应的"列"下拉列表框中选择"业务能力"选项，❹在"次序"下拉列表框中选择"降序"选项，❺单击"添加条件"按钮，如图 7-11 所示。

 提个醒：使用"复制条件"按钮

　　如果主要关键字和次要关键字的排序条件相同，只有作为排序依据的列不同，则可以单击"复制条件"按钮快速添加次要关键字，而不用单击"添加条件"按钮。

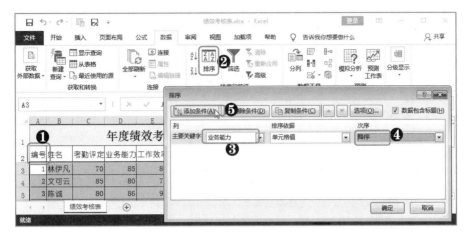

图 7-11　设置排序的主要关键字

Step02 ❶在次要关键字对应的"列"下拉列表框中选择"工作效率"选项，❷在"次序"下拉列表框中选择"降序"选项，❸单击"复制条件"按钮，❹在新增的次要关键字对应的"列"下拉列表框中选择"绩效总分"选项，❺单击"确定"按钮即可，如图7-12 所示。

图 7-12　设置排序的其他次要关键字

> **提个醒：选中"数据包含标题"复选框**
>
> 　　在"排序"对话框中，"数据包含标题"复选框是默认选中的，因为大部分表格都有表头，选中此复选框即表示排序时表头不参与。如果表格中只有数据，而没有表头、标题等，则需要取消选中"数据包含标题"复选框，否则表格的第一行不会参与排序。

7.2.3 自定义序列排序

　　当需要对文本类数据进行排序时，系统内置的序列往往无法满足排序需要。这时，用户可以通过自定义序列来对数据进行排序。

> **[分析实例]——为产品类别定义序列并进行排序**

　　下面以在"日用品销售报表"文件中为产品类别自定义一个合适的序列，并使用该序列对表格进行排序为例，讲解自定义序列排序的具体操作，如图 7-13 所示为进行自定义序列排序的前后对比效果。

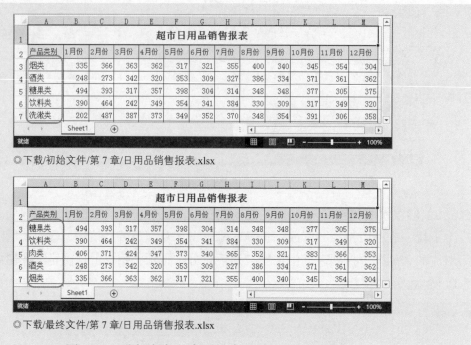

◎下载/初始文件/第 7 章/日用品销售报表.xlsx

◎下载/最终文件/第 7 章/日用品销售报表.xlsx

图 7-13 进行自定义序列排序的前后对比效果

其具体操作步骤如下。

Step01 打开素材文件，选择表格中任意一个数据单元格，❶在"数据"选项卡的"排序和筛选"组中单击"排序"按钮，❷在打开的"排序"对话框的主要关键字对应的"列"下拉列表框中选择"产品类别"选项，❸在"次序"下拉列表框中选择"自定义序列"命令，如图 7-14 所示。

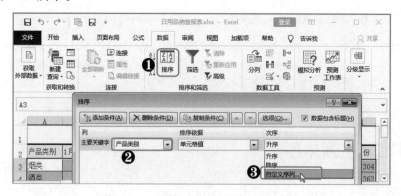

图 7-14 选择"自定义序列"命令

Step02 ❶在打开的"自定义序列"对话框的"自定义序列"列表框中选择"新序列"选项，❷在"输入序列"文本框中输入需要的序列，如输入"糖果类，饮料类，肉类，酒类，烟类，洗漱类，纸类，化妆品类，小家电类，玩具类，小饰品类"序列（各产品类别之间可以用逗号分隔，也可以按【Enter】键换行分隔），❸单击"添加"按钮，❹依次单击"确定"按钮即可完成自定义序列排序，如图 7-15 所示。

图 7-15　添加自定义序列并完成排序

7.3　数据的筛选

在 Excel 中，数据的筛选是指将符合预定条件的数据筛选出来显示在编辑区，而不满足预定条件的数据则不会显示，但并不是将其删除。使用筛选功能可以帮助用户在数据量较大的表格中快速查找到需要的数据。

7.3.1　自动筛选

自动筛选是一种比较简单且便捷的筛选方式，可以对表格中已经存在的数据进行筛选，其操作方法如下。

在"数据"选项卡的"排序和筛选"组中单击"筛选"按钮，之后表格的表头单元格中会出现筛选按钮。然后单击筛选条件所在表头的筛选按钮，如单击"分店"表头中的筛选按钮，在弹出的筛选器中取消选中"全选"复选框，再选中需要显示的数据对应的复选框，然后单击"确定"按钮，如图 7-16 所示。

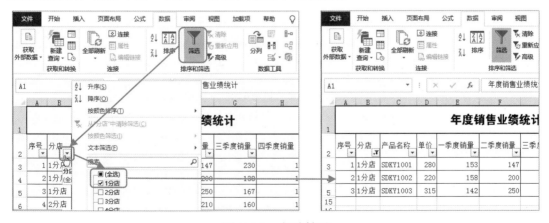

图 7-16　自动筛选

7.3.2 自定义筛选

自定义筛选是指用户通过设置条件对数据进行筛选。相比自动筛选，自定义筛选适用的范围更广，可以用于筛选处于某一范围的数据，还可以筛选文本、颜色、日期等。自定义筛选的使用方法也比较简单，具体操作步骤如下。

单击作为筛选条件的列对应的筛选按钮，在弹出的下拉菜单中选择"数字筛选"命令（如果该列的数据为文本，则选择"文本筛选"命令），在其子菜单中选择"自定义筛选"命令，然后在打开的"自定义自动筛选方式"对话框中设置筛选条件，再单击"确定"按钮即可，如图 7-17 所示。

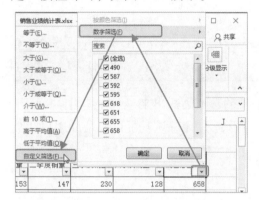
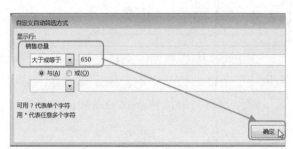

图 7-17　自定义条件筛选

执行上述操作后，只有销售总量大于或等于 650 的数据才可以显示在编辑区，如图 7-18 所示。如果需要显示全部的数据，则只需要退出筛选状态即可，即在"排序和筛选"组中再次单击"筛选"按钮。

序号	分店	产品名称	单价	一季度销量	二季度销量	三季度销量	四季度销量	销售总量
1	1分店	SDKY1001	280	153	147	230	128	658
2	1分店	SDKY1002	220	158	200	138	198	694
3	1分店	SDKY1003	315	142	250	167	145	704
4	2分店	SDKY1001	280	150	210	160	135	655
5	2分店	SDKY1002	220	182	198	145	126	651
7	3分店	SDKY1001	280	210	185	193	187	775
9	3分店	SDKY1003	315	197	200	126	199	722

图 7-18　自定义条件筛选效果图

7.3.3 高级筛选

当需要对表格中的数据进行多条件筛选时，便可使用高级筛选来实现，与自动筛选和自定义筛选不同的是，高级筛选的筛选条件是由用户在编辑区中输入的。因此，要使用高级筛选，就需要掌握高级筛选的条件编写规则。

◆ 条件区域的第一行必须为条件的列标签，且列标签必须与待筛选字段相应的表头保持一致，否则无法筛选。

◆ 如果待筛选字段的筛选条件有两个或两个以上，则可在条件区域相应列标签下的单元格依次输入条件，各条件之间为"或"逻辑关系。条件区域中同一行的条件之间为"与"逻辑关系。

[分析实例]——筛选出 50 岁以上的客服部和市场部员工数据

下面以在"员工档案表 1"文件中筛选出年龄在 50 岁以上的客服部和市场部的员工数据为例，讲解高级筛选的具体操作，如图 7-19 所示为使用高级筛选的前后对比效果。

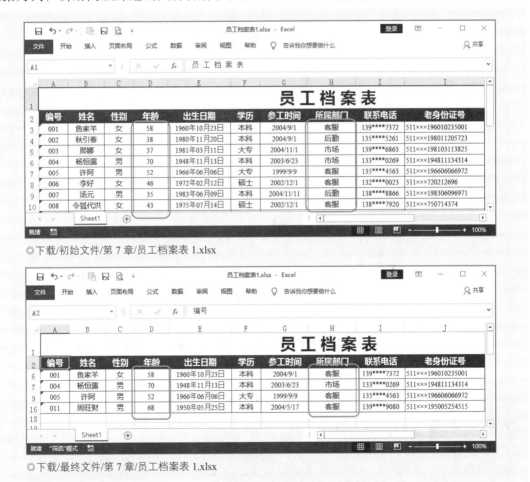

◎下载/初始文件/第 7 章/员工档案表 1.xlsx

◎下载/最终文件/第 7 章/员工档案表 1.xlsx

图 7-19　使用高级筛选的前后对比效果

其具体操作步骤如下。

Step01 打开素材文件，❶在工作表的空白单元格区域输入筛选条件的列标（注意保证列标与筛选字段的表头一致），❷在对应的列标下的单元格中输入筛选条件，❸选择表格中包含数据的任意一个单元格，❹单击"排序和筛选"组中的"高级"按钮，如图 7-20

所示。

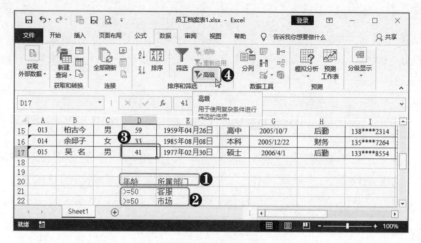

图 7-20 编写筛选条件

Step02 ❶在打开的"高级筛选"对话框单击"条件区域"文本框右侧的折叠按钮，❷选择筛选条件所在的单元格区域，❸单击展开按钮，❹单击"确定"按钮，如图 7-21 所示。

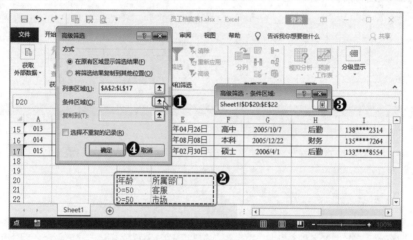

图 7-21 设置条件区域完成筛选

7.4 数据分类汇总

分类汇总是 Excel 中一项非常实用的功能，它能将表格中的数据按照指定的字段进行分类，然后将指定的字段数据进行汇总，如求平均值、求和、最大值和最小值等。对用户查看和管理数据量较多的表格有很大的帮助。

7.4.1 创建分类汇总

在创建分类汇总前，应该确保进行分类汇总的字段已经进行了排序操作，否则分类汇总操作无法正确执行。另外，进行分类汇总的字段，应该是拥有较多重复值的字段，否则分类汇总没有意义。

 [分析实例]——以分店为分类字段、销售总额为汇总项进行分类汇总

下面以在"销售统计表"文件中以分店为分类字段、销售总额为汇总项进行分类汇总为例，讲解创建分类汇总的具体操作，如图 7-22 所示为创建分类汇总的前后对比效果。

◎下载/初始文件/第 7 章/销售统计表.xlsx

◎下载/最终文件/第 7 章/销售统计表.xlsx

图 7-22　创建分类汇总的前后对比效果

其具体操作步骤如下。

Step01 打开素材文件，选择表格中任意数据单元格，❶在"数据"选项卡的"分级显示"组中单击"分类汇总"按钮，❷在打开的"分类汇总"对话框中的"分类字段"下拉列表框中选择"分店"选项，❸在"汇总方式"下拉列表框中选择"求和"选项，❹在"选定汇总项"列表框中选中"销售总额"复选框，❺单击"确定"按钮即可，如图 7-23 所示。

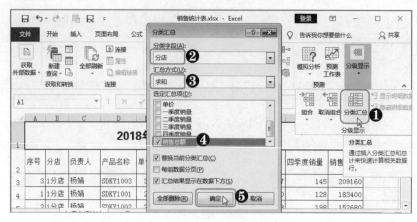

图 7-23　创建分类汇总

Step02 创建分类汇总后，名称框下方会出现相应的分级显示按钮，单击相应按钮即可显示该级别的分类汇总，如图 7-24 所示。

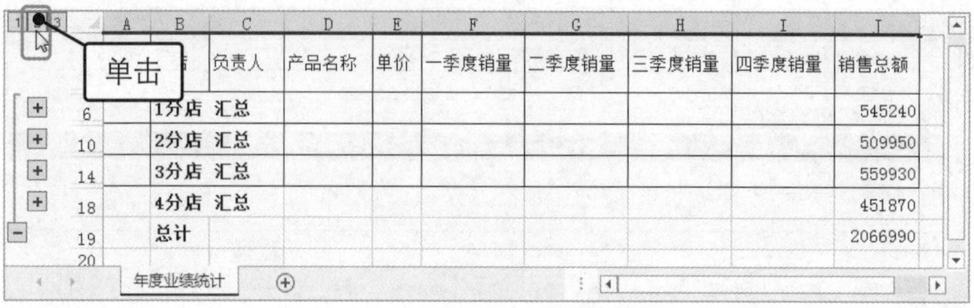

图 7-24　显示 2 级分类汇总

7.4.2 显示和隐藏分类汇总

为表格创建分类汇总之后，用户便可以按照分类来查阅数据，即将不需要查看的类的数据隐藏，只显示需要查看的数据。显示和隐藏分类汇总的方式有两种，一种是通过功能区的按钮进行显示或隐藏，另一种则是通过任务窗格中的按钮完成。

◆ **通过功能区的按钮完成**：选择需要隐藏或显示的分类中任意单元格，在"数据"选项卡的"分级显示"组中单击"隐藏明细数据"按钮即可隐藏该分类汇总，而单击"显示明细数据"按钮即可显示该分类汇总，如图 7-25 所示。

图 7-25　隐藏分类汇总

◆ **通过任务窗格的按钮完成**：选择需要显示或隐藏的分类汇总中任意单元格，在任务窗格中单击⊞按钮即可显示该分类汇总，而单击⊟按钮即可隐藏该分类汇总，如图 7-26 所示。

图 7-26　显示分类汇总

7.4.3　更改分类汇总

如果表格中已经创建了分类汇总，但该分类汇总不符合现在的使用情况，便可以对分类汇总进行修改。更改分类汇总的方式与创建分类汇总基本相同，下面对其操作进行简单介绍。

选择表格中任意单元格，在"分级显示"组中单击"分类汇总"按钮，然后在打开的"分类汇总"对话框中将汇总方式修改为平均值选项，再选中"替换当前分类汇总"复选框，最后单击"确定"按钮即可，如图 7-27 所示。

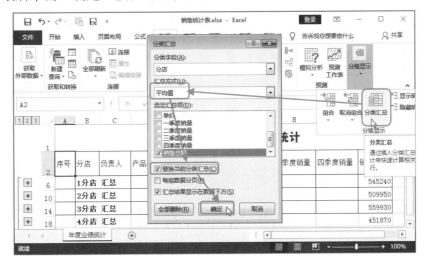

图 7-27　更改分类汇总

7.4.4　删除分类汇总

如果已经不再需要分类汇总，用户可以将其删除，从而让表格变为原来的格式，删除分类汇总的操作如下。

选中已创建分类汇总的表格中任意单元格，单击"分类汇总"按钮，然后在打开的"分类汇总"对话框中单击"全部删除"按钮即可，如图 7-28 所示。

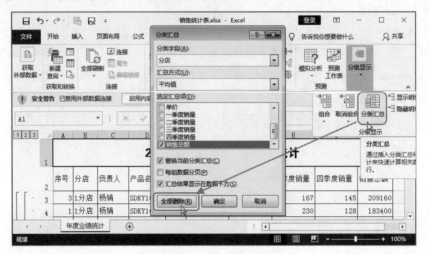

图 7-28 删除分类汇总

第8章
利用图表与透视功能分析数据

图表是 Excel 中一种将数据图形化的工具。在分析数据时，使用图表可以将数据展现得更为直观，从而帮助用户快速找到数据之间的关系或趋势等。透视功能则是指使用数据透视表和数据透视图来对表格中的数据进行分析。借助图表和透视功能可以令数据分析事半功倍。

|本|章|要|点|
- 图表的基础知识
- 图表的基本操作
- 图表的设置与美化
- 使用迷你图展示数据
- 数据透视表的使用
- 数据透视图的使用

8.1 图表的基础知识

在使用图表分析数据之前，对于图表的基础知识应该有一定的了解，如图表的组成以及类型等。

8.1.1 图表的组成

Excel 中，图表由多个部分组成，每个部分都有着不可替代的作用，了解组成图表的各个部分的功能和作用后，才可以熟练使用和编辑图表。如图 8-1 所示为一个完整的图表。

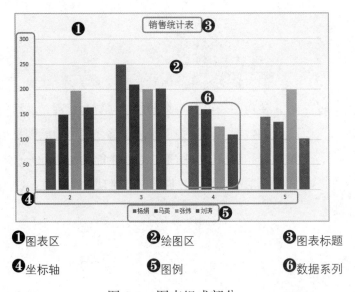

❶ 图表区   **❷** 绘图区   **❸** 图表标题

❹ 坐标轴   **❺** 图例   **❻** 数据系列

图 8-1 图表组成部分

图表各组成部分的介绍如下：

◆ **图表区**：图表区是存放图表各组成部分的区域。

◆ **绘图区**：绘图区用于显示绘制的图形，其中包含了所有的数据系列和网格线。

◆ **图表标题**：图表标题则是用于说明图表的用途或图表的内容等，可以在图表区任意位置。

◆ **坐标轴**：坐标轴分为纵坐标轴和横坐标轴。一般情况下，纵坐标轴用于标记图表数据的数字刻度；横坐标轴则是用于标记图表中的数据系列分类。

◆ **图例**：对图表中数据系列的不同数据进行说明，通常以不同颜色进行区分。

◆ **数据系列**：数据系列是图表中数据的图形化展示结果，用不同的长度、高度或形状等表示数据的变化。

8.1.2 图表的类型

在 Excel 中，图表的种类非常多，不同类型的图表其作用也有所不同。要学会合理地使用图表来对数据进行分析，就需要知道什么时候使用什么类型的图表。因此，对于图表的类型及其作用应该有一定的了解。

【注意】Excel 中图表类型有 14 种，分别为柱形图、折线图、饼图、条形图、面积图、XY 散点图、股价图、曲面图、雷达图、树状图、旭日图、直方图、箱形图和瀑布图。另外，还有一种组合图，即用户可以选择 14 种类型搭配使用制作成一个图表。

下面对一些常用的图表类型进行介绍。

◆ **柱形图**：柱形图可以显示一段时间内数据的变化，或者显示不同项目之间的对比，如 8-2 左图所示。柱形图包含簇状柱形图、堆积柱形图、百分比堆积柱形图和三维柱形图等子图表类型。

◆ **折线图**：折线图可以按照相同间隔显示数据的趋势，如 8-2 右图所示。折线图包含有折线图、堆积折线图和百分比堆积折线图等子图表类型。

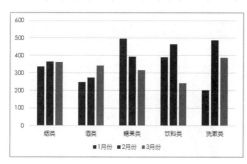 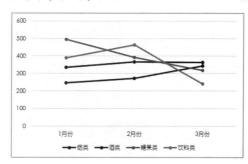

图 8-2　柱形图和折线图

◆ **饼图**：饼图可以显示组成数据系列的项目在项目总和中所占的比例。饼图通常只显示一个数据系列，当希望强调数据中的某个重要元素时可以采用饼图，如 8-3 左图所示。该图表类型包含有饼图、分离型饼图、复合饼图和复合条饼图等子图表类型。

◆ **条形图**：条形图可以显示各个项目之间的对比，弱化了时间的变化，注重数量大小的比较，如 8-3 右图所示。条形图包含有簇状条形图、堆积条形图和百分比堆积条形图等子图表类型。

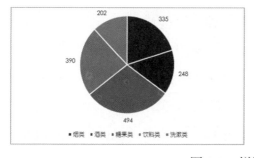 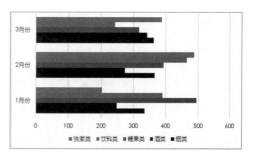

图 8-3　饼图和条形图

◆ **面积图**：面积图可以突出数据大小随着时间的变化，如8-4左图所示。面积图含有面积图、堆积面积图和百分比堆积面积图等子图表类型。

◆ **XY 散点图**：XY 散点图可以显示若干数据系列中各数值之间的关系，或者将两组数据绘制为 XY 坐标的一个系列，如8-4右图所示。通常用于科学数据、统计数据等成对的数据比较。

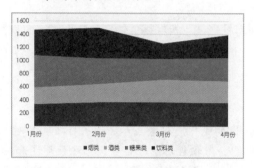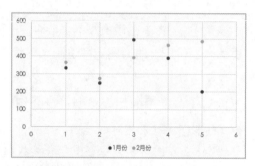

图 8-4　面积图和 XY 散点图

◆ **雷达图**：雷达图可以比较一个对象的不同属性数据的聚合值，如8-5左图所示。常用于对一个对象的不同属性进行分析比较。

◆ **组合图**：组合图就是将两种或多种类型的图表组合成一个图表，以使数据的分析更为容易，如8-5右图所示。

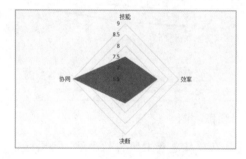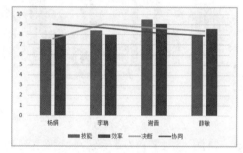

图 8-5　雷达图和组合图

8.2　图表的基本操作

在对图表有了大概的了解后，便可以开始使用图表分析数据了。而要使用图表，首先要创建图表，然后还需要对图表进行一系列的编辑，才能使图表很好地展现出数据的规律。

8.2.1　根据数据源创建合适的图表

前文提到不同的图表类型拥有不同的作用。因此，在创建图表时，需要根据数据源来选择合适的图表类型，然后将其创建出来。

创建图表的方式有 3 种，分别为通过功能区图表类型对应按钮进行创建、使用推荐图表功能创建和通过快速分析功能创建。

（1）通过图表类型对应按钮创建图表

如果用户已经明确需要的图表类型，则可以直接选择相应的图表类型进行创建，其操作如下：选择图表的数据源所在单元格区域，在"插入"选项卡的"图表"组中单击需要的图表类型按钮，如单击"插入柱状图或条形图"下拉按钮，然后在弹出的下拉菜单中选择需要的图表类型即可，如图 8-6 所示。

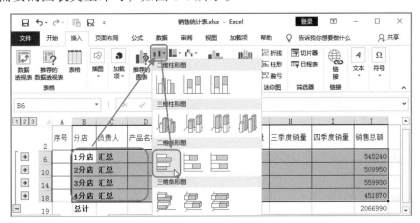

图 8-6　单击图表类型按钮创建图表

（2）使用推荐图表功能创建图表

如果用户不确定需要哪种类型的图表，则可以让系统进行推荐，即使用推荐图表功能来创建合适的图表。

[分析实例]——使用推荐图表功能创建车间产量统计图表

下面以在"车间产量统计表"文件中创建图表以对各车间的产量进行比较为例，讲解使用推荐图表功能创建图表的具体操作，如图 8-7 所示为创建图表后的效果。

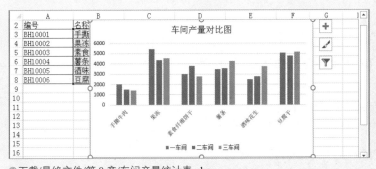

◎下载/最终文件/第 8 章/车间产量统计表.xlsx

图 8-7　创建图表后的效果图

其具体操作步骤如下。

Step01 打开素材文件，❶选择创建图表所需的数据源所在单元格区域，❷在"插入"选项卡的"图表"组中单击"推荐的图表"按钮，如图 8-8 所示。

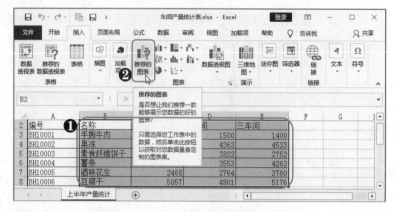

图 8-8　单击"推荐的图表"按钮

Step02 ❶在打开的"插入图表"对话框的"推荐的图表"选项卡中选择需要的图表，❷在对话框右侧可以预览图表，如果预览后觉得图表合适即可单击"确定"按钮完成图表的创建，❸将文本插入点定位到图表标题中并重命名图表标题，如图 8-9 所示。

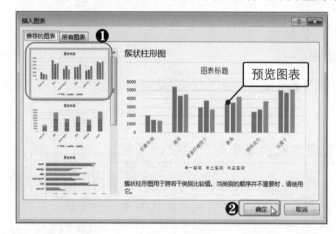
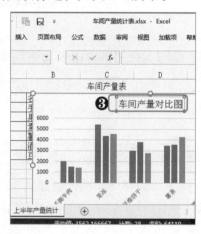

图 8-9　选择合适的图表并确定

> **提个醒：在"所有图表"选项卡中创建图表**
>
> 　　在"插入图表"对话框中单击"所有图表"选项卡即可查看到 Excel 中提供的所有图表类型，用户可以在该选项卡中选择合适的图表类型进行图表的创建。

（3）通过快速分析功能创建图表

　　Excel 中，当用户选择单元格区域后，在所选区域右下角会出现"快速分析"按钮，而在此按钮中也可以创建图表，其操作如下。

选择创建图表的数据源所在单元格区域，单击右下角出现的"快速分析"按钮⯐，然后在弹出的下拉菜单中单击"图表"选项卡，再单击需要创建的图表对应的按钮即可，如图 8-10 所示。

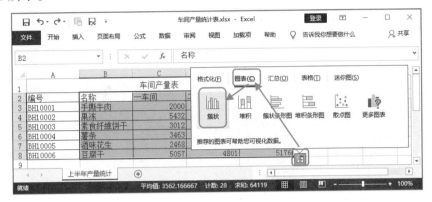

图 8-10　通过快速分析功能创建图表

8.2.2　调整图表的大小和位置

图表被创建后，其大小、位置等一般情况下都不是很合适，因此需要对图表的大小和位置进行调整，下面分别进行介绍。

（1）调整图表的大小

图表的大小调整操作与在 Word 中调整图片大小的操作基本相同，只需要在选择图表后，拖动图表四周的控制点即可对其大小进行调整（在拖动时按住【Shift】键可以实现等比例调整大小），如图 8-11 所示。

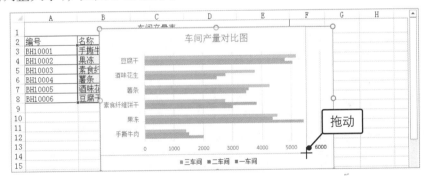

图 8-11　拖动控制点调整图表大小

（2）调整图表的位置

图表的移动分为两种情况，分别是在工作表内移动和移动到其他工作表。其中，工作表内的移动只需要将鼠标光标移动到图表区，然后按住鼠标左键拖动即可移动图表；而移动到其他工作表则需要通过"移动图表"命令来实现，其操作如下。

选择需要移动到其他工作表的图表，在激活的"图表工具 设计"选项卡中单击"移动图表"按钮，然后在打开的"移动图表"对话框中选中"新工作表"单选按钮，在右侧的文本框中输入新工作表名称，再单击"确定"按钮即可，如图 8-12 所示。

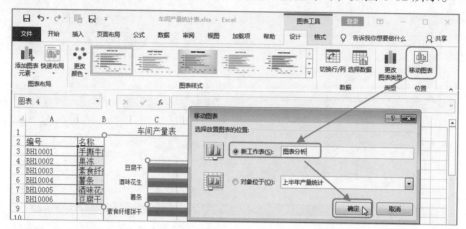

图 8-12　移动图表到其他工作表

 提个醒：将图表移动到已存在的工作表中

如果工作簿中已经有多张工作表，且图表只需要移动到其中某一张工作表中，则可以在"移动图表"对话框中选中"对象位于"单选按钮，然后在下拉列表框中选择工作表即可。

8.2.3　更改当前图表的类型

如果选择了某一个图表类型并创建后，发现该类型的图表无法很好地体现需要表达的内容，则可以更改当前图表的类型，选择一个更为合适的图表类型，其操作如下。

选择需要更改图表类型的图表，在"图表工具 设计"选项卡的"类型"组中单击"更改图表类型"按钮，然后在打开的"更改图表类型"对话框中选择合适的图表类型，再单击"确定"按钮即可，如图 8-13 所示。

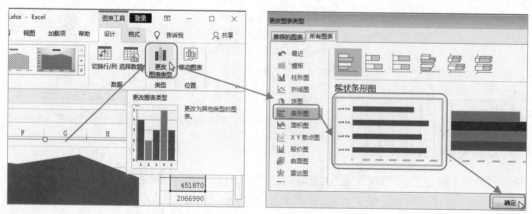

图 8-13　更改图表类型

8.2.4 更改图表的布局

图表在创建后，其布局也可以进行更改。Excel 为用户提供了多种布局方式，用户可以选择一个能让图表更为直观地展现数据的布局，其操作如下。

选择图表，在"图表工具 设计"选项卡的"图表布局"组中单击"快速布局"下拉按钮，然后在弹出的下拉列表中选择合适的布局方式即可，如图 8-14 所示。

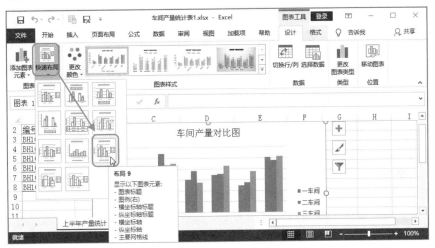

图 8-14　更改图表的布局

8.2.5 重新设置数据源

如果图表已经创建完成，但数据源的选择出现错误或数据源已经不合适当前的情况，则需要重新设置图表的数据源。

重新设置数据源的方法有 3 种，适用于各种情况，用户根据实际情况选择合适的方法即可，下面分别对 3 种方法进行介绍。

◆ **拖动选择数据源**：如果只需要增加或删除一部分单元格区域，但数据源依然是一个连续的单元格区域，则可以在选择图表后直接拖动单元格区域的边框对数据源区域进行调整，如图 8-15 所示。

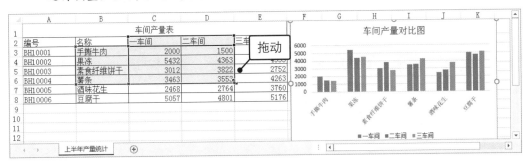

图 8-15　拖动单元格区域边框设置数据源

◆ **复制数据并粘贴到图表**：如果需要添加的数据与原来的数据源区域不是连续的，则可以选择需要添加的数据并复制到剪贴板，然后选择图表进行粘贴操作即可，如图 8-16 所示。

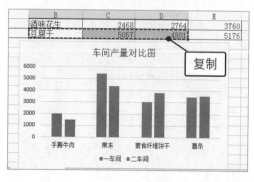
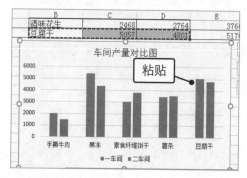

图 8-16　复制数据并粘贴到图表

◆ **在对话框中编辑数据源**：如果需要对数据源进行更为复杂的修改，而以上两种方法无法实现，则需要在"选择数据源"对话框中进行设置。具体操作为：选择图表，在"图表工具 设计"选项卡的"数据"组中单击"选择数据"按钮，然后在打开的"选择数据源"对话框中通过添加、编辑和删除等按钮完成数据源的重新设置，如图 8-17 所示。

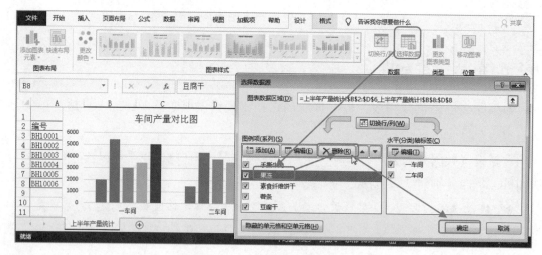

图 8-17　在对话框中设置数据源

8.3　图表的设置与美化

为了让图表显得更加专业、美观且更加符合要求，往往在完成图表的创建后，还需要对其进行一系列的设置与美化。

8.3.1　设置图表区格式

创建的图表默认情况下是以白色填充为背景，虽然并不会影响数据的分析，但如此千篇一律的白色填充背景或多或少会降低工作表的档次。为了让图表别具一格，更显专业性，可以对图表区格式进行设置。

[分析实例]——在"车间产量统计表 1"文件中为图表的图表区设置格式

下面以在"车间产量统计表 1"文件的"图表"工作表中为"车间产量对比图"图表设置图表区图案填充和发光效果为例，讲解设置图表区格式的具体操作。如图 8-18所示为设置图表区填充效果的前后对比效果。

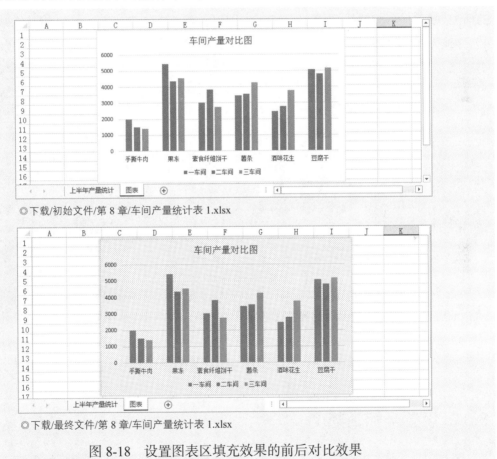

◎下载/初始文件/第 8 章/车间产量统计表 1.xlsx

◎下载/最终文件/第 8 章/车间产量统计表 1.xlsx

图 8-18　设置图表区填充效果的前后对比效果

其具体操作步骤如下。

Step01 打开素材文件，❶将鼠标光标移动到图表区并双击，❷在打开的"设置图表区格式"任务窗格中单击"填充"选项，展开选项后可以看到图表区可设置的填充效果有多种，如纯色填充、渐变填充、图片或纹理填充和图案填充等，❸这里选中"图案填充"单选按钮，❹选择需要的图案即可，如图 8-19 所示。

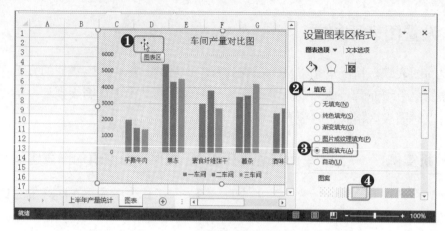

图 8-19　设置图表区图案填充

Step02 ❶在任务窗格中单击"效果"选项卡，❷单击"发光"选项，❸单击"预设"下拉按钮，❹在弹出的下拉列表中选择合适的发光效果选项即可，如图 8-20 所示。

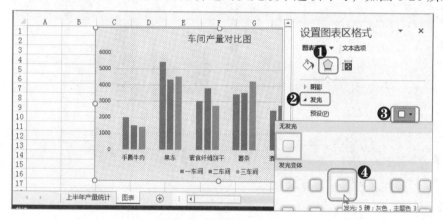

图 8-20　设置图表区发光效果

> **提个醒：图表的其他组成部分的格式设置**
>
> 　　图表的其他组成部分也可以进行格式设置，其操作方法与图表区的格式设置一样，都是双击相应区域后即可打开对应的任务窗格，然后在任务窗格中进行格式设置。

8.3.2　设置坐标轴刻度

　　图表的坐标轴一般都是系统根据数据源中的最大数值自动生成的，如果觉得坐标轴刻度不合理，用户可以对其进行更改，其操作如下。

　　在图表中选择纵坐标轴并在其上右击，在弹出的快捷菜单中选择"设置坐标轴格式"命令，然后在右侧的"设置坐标轴格式"任务窗格中设置坐标轴边界的最小值和最大值，再在"单位"栏的"大"文本框中输入合适的刻度，最后单击"关闭"按钮将任务窗格关闭即可，如图 8-21 所示。

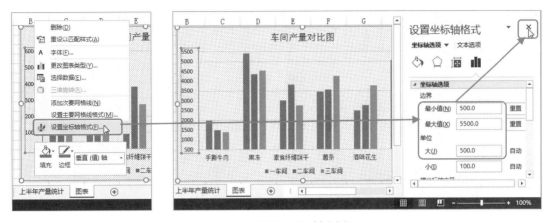

图 8-21　修改坐标轴刻度

8.3.3　设置图例位置

图表的图例位置并不是不可变的，用户可以根据情况对其进行调整。调整图例的位置有两种方法，分别是在任务窗格进行调整和用鼠标拖动调整。

◆　**在任务窗格调整图例位置**：双击图例打开"设置图例格式"任务窗格，然后在"图例选项"选项卡中选中相应的单选按钮，如选中"靠上"单选按钮即可调整图例位置，如图 8-22 所示。

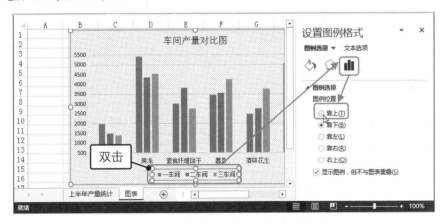

图 8-22　在任务窗格调整图例位置

◆　**用鼠标拖动调整图例位置**：选择图例，将鼠标光标移至图例边框，待鼠标光标变为形状时，按住鼠标左键拖动即可调整图例位置，如图 8-23 所示。

小技巧：两种调整方式搭配使用

调整图例位置的两种方式所产生的效果是有一定区别的，在任务窗格中只能调整图例为上、下、左、右和右上 5 个位置，且根据位置的不同，图例的布局也会发生变化；而拖动调整则可以将图例拖动到任意位置，但无法调整图例的布局。因此，利用两种方式搭配进行图例位置调整可以弥补单一方式的不足。

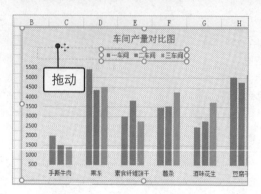
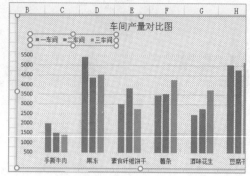

图 8-23　拖动调整图例位置

8.3.4　添加或删除图表元素

一般情况下，创建完成的图表中除了数据系列外，默认有坐标轴、图表标题、网格线和图例等元素。许多时候，为了让图表更加符合要求，可能需要在图表中添加或删除一些图表元素，其操作如下。

选择图表后，其右上方会出现"图表元素"按钮 ⊞，单击此按钮，在弹出的下拉菜单中选中需要添加的图表元素对应的复选框即可将其添加到图表中，而取消选中则可以将该元素从图表中删除，如图 8-24 所示。

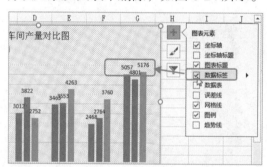
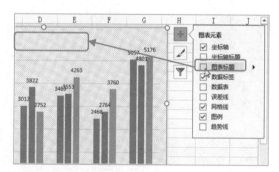

图 8-24　添加数据标签并删除图表标题

从图 8-24 中可以看到，将鼠标光标移至图表元素的各个复选框时，其右侧都会出现展开按钮 ▸，单击该按钮可在其子菜单中进行更为详细的设置，如"数据标签"图表元素的子菜单中可以选择数据标签在图表中的位置，如图 8-25 所示。

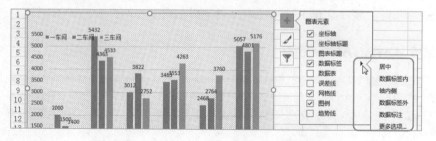

图 8-25　在展开的子菜单中进行详细设置

8.3.5 设置图表样式

在 Excel 中内置了许多图表样式可供用户选择。为了让图表更具美感，可以为图表套用样式并设置颜色，其方法如下。

选择图表后，单击"图表工具 设计"选项卡，然后在"图表样式"组中选择合适的图表样式（也可单击"其他"按钮，展开全部样式再进行选择），再单击"更改颜色"下拉按钮，在弹出的下拉列表中选择需要的颜色即可，如图 8-26 所示。

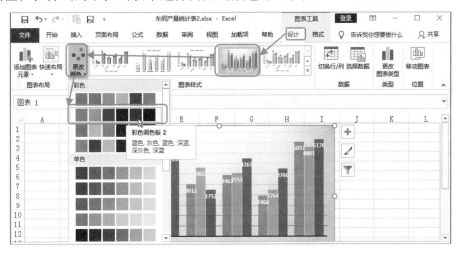

图 8-26　在功能区设置图表样式和颜色

另外，在图表右侧单击"图表样式"按钮，在弹出的下拉菜单中同样可以对图表的样式和颜色进行设置，如图 8-27 所示。

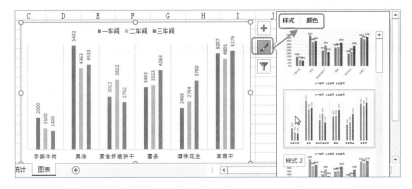

图 8-27　单击"图表样式"按钮设置样式和颜色

8.4　使用迷你图展示数据

迷你图也是图表，因其是存在于单个单元格中的小型图表，故称为迷你图。在 Excel 中，迷你图只有 3 种类型，分别为折线图、柱形图和盈亏图。

迷你图的作用与图表一样，都是用于分析数据，只是比图表更加简单，也只能进行一些常规的数据分析。其中，折线图主要用于分析一行数据的趋势；柱形图则主要用于比较一行数据的大小；盈亏图则可以展示数据的盈亏状态或正负情况。

8.4.1 创建迷你图

如果只是要对数据进行一些简单的分析，就没必要在工作表中插入一张图表，完全可以使用迷你图来进行分析。这样，既能达到分析数据的目的，又不会占用工作表太多的空间。

在创建迷你图时，用户应根据实际情况，选择合适的迷你图类型。创建迷你图的具体步骤为：选择存放迷你图的单元格，在"插入"选项卡的"迷你图"组中单击"折线"按钮，然后在打开的"创建迷你图"对话框中设置数据范围，再单击"确定"按钮即可，如图 8-28 所示。

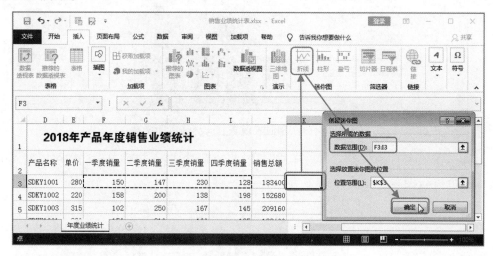

图 8-28　创建折线迷你图

如果要为多行数据创建迷你图，则在"创建迷你图"对话框中设置多行数据的数据范围和位置范围即可。也可以在创建好第一行数据的迷你图后，通过快速填充功能为其他行创建迷你图，如图 8-29 所示。

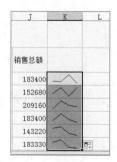

图 8-29　快速填充折线迷你图

8.4.2 编辑迷你图

为了让迷你图更加直观地显示数据，且更加美观，在创建迷你图后，还需要对其进行一系列的编辑。

 [分析实例]——在"销售业绩统计"文件中显示迷你图的高点和低点标记

下面以在"销售业绩统计"文件中为迷你图设置样式、颜色并显示高点和低点标记为例，讲解迷你图的编辑操作。如图 8-30 所示为编辑迷你图的前后对比效果。

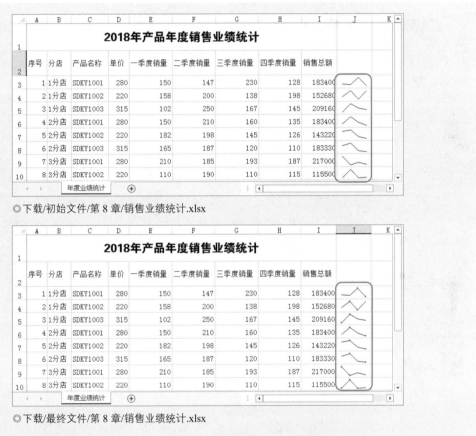

◎下载/初始文件/第 8 章/销售业绩统计.xlsx

◎下载/最终文件/第 8 章/销售业绩统计.xlsx

图 8-30　编辑迷你图的前后对比效果

其具体操作步骤如下。

Step01 打开素材文件，❶选择迷你图组所在单元格区域中任意单元格，❷在激活的"迷你图工具 设计"选项卡中的"显示"组中选中"高点"复选框和"低点"复选框，❸在"样式"组中单击"迷你图颜色"下拉按钮，❹在弹出的下拉菜单中选择合适的颜色，如图 8-31 所示。

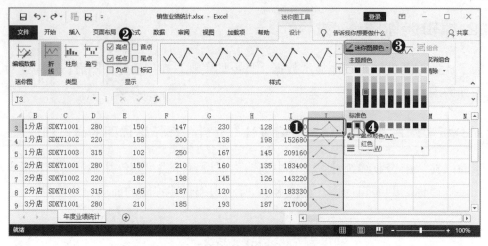

图 8-31　显示迷你图高点和低点

Step02 ❶单击"标记颜色"下拉按钮，❷在弹出的下拉菜单中选择"高点"命令，❸在其子菜单中选择合适的颜色，❹以同样的方法为低点设置颜色，如图 8-32 所示。

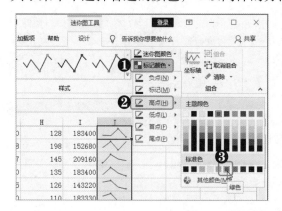 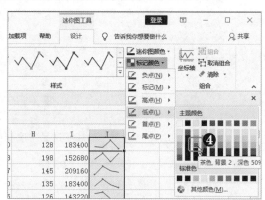

图 8-32　设置迷你图标记颜色

提个醒：迷你图不能以常规删除单元格数据的方式进行删除

　　常规的单元格数据可以通过【Delete】键进行删除，但是单元格中的迷你图无法使用此方式进行删除。如果要删除迷你图，只能在"迷你图工具 设计"选项卡的"组合"组中单击"清除"下拉按钮，然后选择"清除所选的迷你图"选项或"清除所选的迷你图组"选项进行删除，如图 8-33 所示。当然，如果将存放迷你图的整个行或者列删除，自然也就可以将迷你图删除。

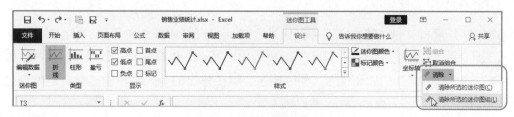

图 8-33　删除迷你图

8.5 数据透视表的使用

数据透视表是 Excel 中一个强大的数据分析工具，由于其可以动态地改变版面布置，能以不同方式进行数据分析，帮助用户透彻地分析数据，所以称为数据透视表。数据透视表是一种可以快速汇总和建立交叉列表的交互式表格，合理使用数据透视表可以有效地提升数据分析效率。

8.5.1 创建数据透视表

数据透视表的创建方式有两种，分别是创建推荐的数据透视表和创建自定义数据透视表。其中，创建推荐的数据透视表是指系统根据工作表中所选的数据，向用户推荐多种可能符合用户要求的数据透视表，用户从中选择一种即可；创建自定义数据透视表则是指由用户手动对透视表进行设置和字段选择。

（1）创建推荐的数据透视表

创建推荐的数据透视表是一种快速创建方式，不需要用户进行任何设置，对于初学者来说是一种很好的数据透视表创建方法，其操作如下。

选择需要创建透视表进行分析的数据源，在"插入"选项卡的"表格"组中单击"推荐的数据透视表"按钮，然后在打开的对话框中选择合适的数据透视表，再单击"确定"按钮即可，如图 8-34 所示。需要注意的是，此方法创建的数据透视表会自动保存在一张新的工作表中。

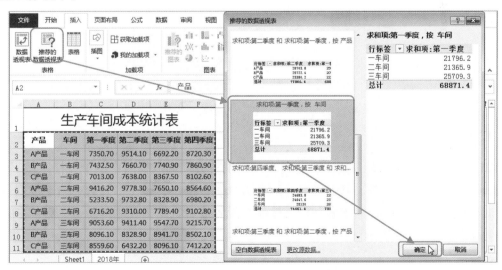

图 8-34　创建推荐的数据透视表

（2）创建自定义数据透视表

系统推荐的数据透视表在许多时候很难满足实际需求，这就要求用户手动进行数据透视表创建。虽然这种方式相比创建推荐透视表要复杂许多，但创建出来的数据透视表也相对更加符合要求。

 [分析实例]——在"生产车间成本统计"文件中创建数据透视表

下面以在"生产车间成本统计"文件中创建一张数据透视表为例，讲解其相关操作。如图 8-35 所示为创建数据透视表的前后对比效果。

	A	B	C	D	E	F	G	H	I	J	K	L
1			生产车间成本统计表									
2	产品	车间	第一季度	第二季度	第三季度	第四季度						
3	A产品	一车间	7350.70	9514.10	6692.20	8720.30						
4	B产品	一车间	7432.50	7660.70	7740.90	7860.90						
5	C产品	一车间	7013.00	7638.00	8367.50	8102.60						
6	A产品	二车间	9416.20	9778.30	7650.10	8564.60						
7	B产品	二车间	5233.50	9732.80	8328.90	6980.20						
8	C产品	二车间	6716.20	9310.00	7789.40	9102.80						
9	A产品	三车间	9053.60	9411.40	9547.70	9215.70						
10	B产品	三车间	8096.10	8328.90	8941.70	8502.10						
11	C产品	三车间	8559.60	6432.20	8096.10	7412.20						

◎下载/初始文件/第 8 章/生产车间成本统计.xlsx

	A	B	C	D	E	F	G	H	I	J	K
1			生产车间成本统计表								
2	产品	车间	第一季度	第二季度	第三季度	第四季度		行标签	求和项:第一季度		
3	A产品	一车间	7350.70	9514.10	6692.20	8720.30		一车间	21796.2		
4	B产品	一车间	7432.50	7660.70	7740.90	7860.90		A产品	7350.7		
5	C产品	一车间	7013.00	7638.00	8367.50	8102.60		B产品	7432.5		
6	A产品	二车间	9416.20	9778.30	7650.10	8564.60		C产品	7013		
7	B产品	二车间	5233.50	9732.80	8328.90	6980.20		二车间	21365.9		
8	C产品	二车间	6716.20	9310.00	7789.40	9102.80		A产品	9416.2		
9	A产品	三车间	9053.60	9411.40	9547.70	9215.70		B产品	5233.5		
10	B产品	三车间	8096.10	8328.90	8941.70	8502.10		C产品	6716.2		
11	C产品	三车间	8559.60	6432.20	8096.10	7412.20		三车间	25709.3		
12								A产品	9053.6		
13								B产品	8096.1		
14								C产品	8559.6		
15								总计	68871.4		

◎下载/最终文件/第 8 章/生产车间成本统计.xlsx

图 8-35 创建数据透视表的前后对比效果

其具体操作步骤如下。

Step01 打开素材文件，❶选择需要通过数据透视表分析的数据所在的单元格区域，❷在"插入"选项卡的"表格"组中单击"数据透视表"按钮，❸在打开的"创建数据透视表"对话框中选中"现有工作表"单选按钮并设置放置数据透视表的位置，❹单击"确定"按钮，如图 8-36 所示。

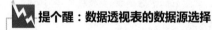 **提个醒：数据透视表的数据源选择**

此步骤是先选择数据源所在单元格区域，再进行其他操作。其实只需要选择表格中任意有数据的单元格，系统就会自动选择所有包含数据的单元格区域。也可以在"创建数据透视表"的"表/区域"文本框中手动进行设置。

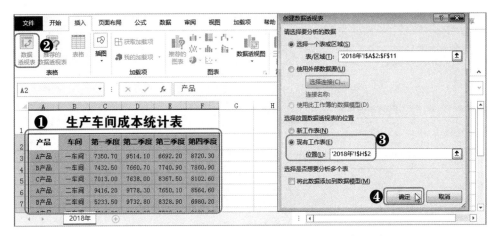

图 8-36　选中数据源和设置数据透视表的存放位置

Step02 在打开的"数据透视表字段"任务窗格中按顺序选中需要显示的字段,如选中"车间"复选框,再选中"产品"和"第一季度"复选框,如图 8-37 所示。

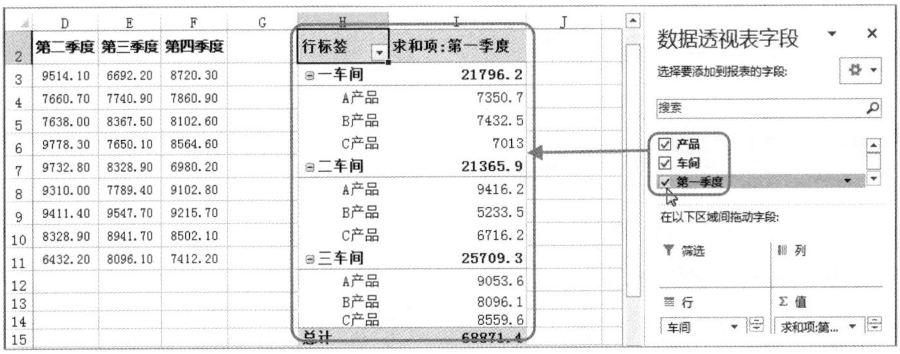

图 8-37　设置数据透视表的显示字段

8.5.2　编辑数据透视表

创建数据透视表后,为了让其更符合要求,还需要对透视表进行编辑,如更改数据源、移动数据透视表位置和调整字段的显示位置等。

由于更改数据透视表的数据源和位置的操作都只需要通过相应的对话框即可完成,且与图表的编辑操作类似,这里只简单进行介绍:在"数据透视表工具 分析"选项卡中单击"更改数据源"按钮即可打开更改数据源的相应对话框;同样的,单击"移动数据透视表"按钮即可打开移动数据透视表的相应对话框,然后在对话框中进行设置即可。

调整字段的显示位置的操作相对而言比较独特,下面对具体操作进行介绍。

选择数据透视表,在激活的"数据透视表工具 分析"选项卡中的"显示"组中单击"字段列表"按钮,在打开的"数据透视表字段"任务窗格的"在以下区域间拖动字段"栏中将"行"区域的"产品"下拉列表框拖动到"列"区域中,如图 8-38 所示。

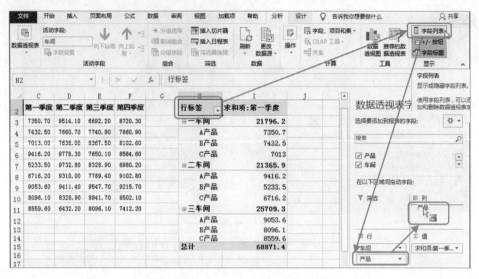

图 8-38　调整字段的显示位置

8.5.3　使用切片器查看数据

切片器可以更为直观地对数据进行筛选。在数据透视表中使用切片器可以更快地筛选数据，且会清晰地标记已应用的筛选器，提供详细的信息显示当前的筛选状态。在工作表中插入并使用切片器的操作方法如下。

选择数据透视表，在"数据透视表工具 分析"选项卡的"筛选"组中单击"插入切片器"按钮，然后在打开的"插入切片器"对话框中选中需要切片分析的字段对应的复选框，再单击"确定"按钮即可插入对应的切片器，如 8-39 左图所示。

在切片器中选择需要显示在数据透视表中的数据，如在"产品"切片器中选择"A产品"选项、在"车间"切片器中选择"一车间"和"二车间"选项，此时数据透视表中就只显示所选的数据，如 8-39 右图所示。

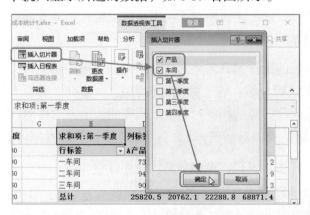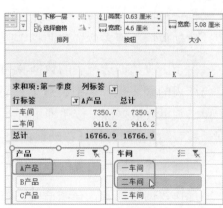

图 8-39　插入并使用切片器查看数据

如果需要清空切片器的筛选状态，只需要单击切片器右上角的"清除筛选器"按钮即可，或者选择切片器后按【Alt+C】组合键即可。

8.5.4　美化数据透视表与切片器

完成了数据透视表和切片器的基本制作后，为了提升工作表的视觉效果，展示出工作表的专业性，还需要对数据透视表和切片器进行一定的美化操作。Excel 中为数据透视表和切片器提供了许多内置样式，用户可以使用这些样式快速完成美化工作，其具体操作如下。

选择数据透视表中任意单元格，在"数据透视表工具 设计"选项卡的"数据透视表样式"组中选择一个透视表合适的样式；选择需要设置样式的切片器，在"切片器工具 选项"选项卡中的"切片器样式"组中选择一个合适的切片器样式，再以同样的方法为其他切片器设置样式，如图 8-40 所示。

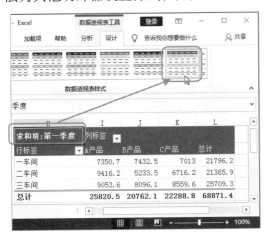
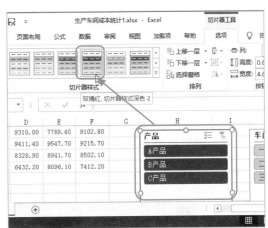

图 8-40　为数据透视表和切片器套用样式

8.6　数据透视图的使用

与图表和普通表格的关系类似，数据透视图是数据透视表的图形化显示。与普通图表不同的是，数据透视图是交互式的，用户可以直接在图表中进行选择和设置，从而使数据透视图只显示需要的数据。

8.6.1　创建数据透视图

数据透视图的创建方式有两种，分别为根据普通表格创建以及根据数据透视表创建。其中，根据普通表格创建数据透视图时，会同时创建一张数据透视表。

（1）根据普通表格创建数据透视图

根据普通表格创建数据透视图的操作与创建数据透视表的操作基本相同，这里简单进行介绍。

选择表格中任意单元格，在"插入"选项卡的"图表"组中单击"数据透视图"按钮即可打开"创建数据透视图"对话框，在其中进行设置后再单击"确定"按钮（参照创建数据透视表的创建步骤即可），如图 8-41 所示。

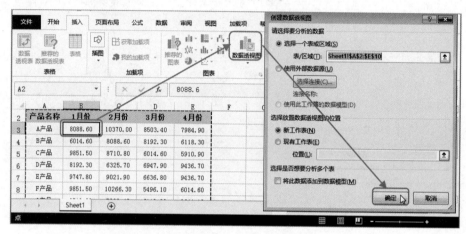

图 8-41　根据普通表格创建数据透视图

（2）根据数据透视表创建数据透视图

如果已经创建了数据透视表，则可以根据数据透视表创建数据透视图，这样可以省去一些设置步骤，更加方便快捷地创建数据透视图，其操作方法如下。

选择数据透视表中任意单元格，在"数据透视表工具 分析"选项卡的"工具"组中单击"数据透视图"按钮，然后在打开的"插入图表"对话框中选择合适的图表类型，再单击"确定"按钮即可，如图 8-42 所示。

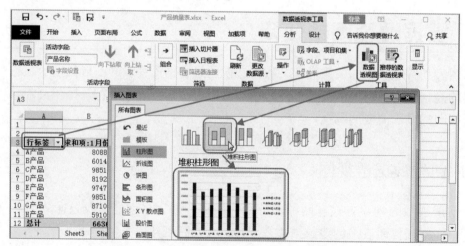

图 8-42　根据数据透视表创建数据透视图

8.6.2 编辑数据透视图

创建数据透视图后，与图表一样，用户也可以对其进行编辑，如位置、大小、图表类型和格式等。另外，还可以与数据透视表一样，对显示字段进行设置。

[分析实例]——根据需要对数据透视图的位置、格式和字段等进行编辑

下面以在"生产车间成本统计1"文件中对创建好的数据透视图进行各种编辑为例，讲解其相关操作。如图8-43所示为编辑数据透视图的前后对比效果。

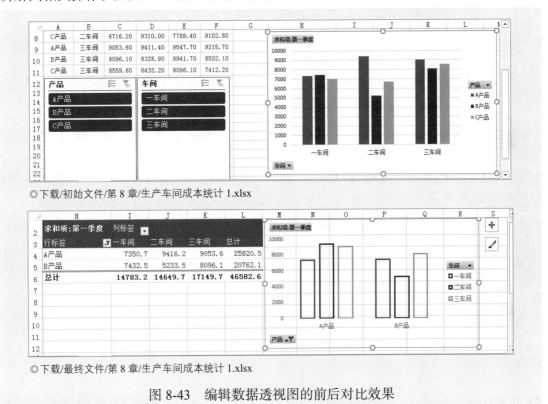

◎下载/初始文件/第8章/生产车间成本统计1.xlsx

◎下载/最终文件/第8章/生产车间成本统计1.xlsx

图8-43　编辑数据透视图的前后对比效果

其具体操作步骤如下。

Step01 打开素材文件，❶将数据透视图的位置移动到数据透视表的右侧并调整为合适的大小（与图表的编辑操作相同），❷在"数据透视图工具 设计"选项卡中的"图表样式"组中选择合适的图表样式，❸单击"更改颜色"下拉按钮，❹在弹出的下拉列表中选择需要的图表颜色，如图8-44所示。

> **提个醒：可以对数据透视图进行图表的所有编辑操作**
>
> 数据透视图是一种特殊的图表，可以对数据透视图进行所有图表的编辑操作，且操作方法基本相同。除本例中的编辑操作外，用户还可以对数据透视图进行如更改图表类型、添加图表元素等操作。

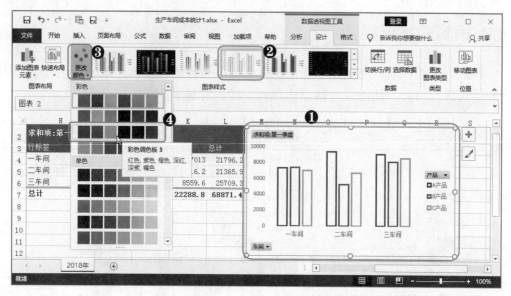

图 8-44　对数据透视图的位置、大小和样式等进行编辑

Step02　❶在数据透视图中单击"产品"下拉按钮，❷在打开的筛选器中取消选中不需要显示的产品对应的复选框并单击"确定"按钮，❸在"数据透视图字段"任务窗格中将"产品"和"车间"下拉列表框互换位置（拖动即可，与编辑数据透视表的调整字段显示位置操作相同），如图 8-45 所示。（由于编辑数据透视图时，数据透视表也会随之出现相应的变化。因此，对数据透视表进行编辑同样可以达到编辑数据透视图的效果。）

图 8-45　编辑数据透视图的显示字段

第9章
使用 PowerPoint
制作演示文稿

PowerPoint 2016 是一款集制作与播放演示文稿于一身的软件。演示文稿在商务办公中有着非常重要的作用，在进行讲演、参加会议，尤其是对产品进行介绍时，都需要使用演示文稿。因此，制作一份精美而专业的演示文稿就显得尤为重要。

|本|章|要|点|
· 制作幻灯片母版
· 幻灯片的基本操作
· 制作幻灯片

9.1 制作幻灯片母版

幻灯片母版是一种用于统一演示文稿风格的模板。在母版中设置好幻灯片的各种格式，如背景、主题颜色、效果、页眉和页脚、标题文本和主要文字格式等，使用母版新建的幻灯片即可拥有这些格式。

在 PowerPoint 中有许多内置的幻灯片母版，在创建幻灯片时可以直接使用。但一般内置的幻灯片母版比较简单，用户也可以对这些内置的母版进行编辑。

9.1.1 设置幻灯片母版的背景

与 Excel 中图表的背景设置类似，设置幻灯片母版的背景也可以使用纯色填充、渐变填充、图片或纹理填充和图案填充等方式。

[分析实例]——在"幻灯片母版背景"文件中为幻灯片母版添加背景图片

下面以在"幻灯片母版背景"演示文稿中为一张幻灯片母版添加背景图片为例，讲解设置幻灯片母版背景的相关操作，如图 9-1 所示为幻灯片母版添加背景图片的前后对比效果。

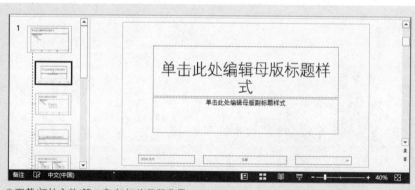

◎下载/初始文件/第 9 章/幻灯片母版背景

◎下载/最终文件/第 9 章/幻灯片母版背景.pptx

图 9-1　幻灯片母版添加背景图片的前后对比效果

其具体操作步骤如下。

Step01 打开素材文件，❶单击"视图"选项卡，❷在"母版视图"组中单击"幻灯片母版"按钮，此时会进入"幻灯片母版"选项卡，❸在"[幻灯片/大纲]"窗格中选择需要设置背景的幻灯片母版，❹在"背景"组中单击"背景样式"下拉按钮，❺选择"设置背景格式"命令，如图 9-2 所示。

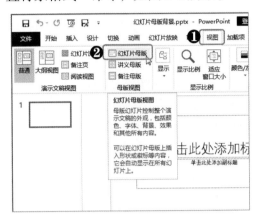

图 9-2 选择"设置背景格式"命令

Step02 ❶在打开的"设置背景格式"任务窗格的"填充"栏中选中"图片或纹理填充"单选按钮，❷单击"插入图片来自"栏中的"文件"按钮（也可以单击"联机"按钮，然后搜索图片作为背景），❸在打开的"插入图片"对话框中选择需要作为背景的图片，❹单击"插入"按钮即可，如图 9-3 所示。

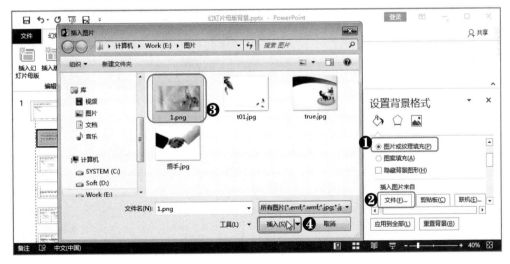

图 9-3 选择并插入图片作为幻灯片母版背景

9.1.2 设置幻灯片母版的页眉与页脚

许多演示文稿都需要在页眉和页脚中标明时间、企业 LOGO 或企业名称等，在幻灯片母版中添加页眉和页脚，可以快速为所有使用该母版的幻灯片添加相同的页眉和页脚。下面以在幻灯片母版中添加日期为例，讲解页眉和页脚的设置方法。

在"视图"选项卡中单击"幻灯片母版"按钮进入幻灯片母版视图，选择需要添加页眉和页脚的幻灯片母版后，在"插入"选项卡的"文本"组中单击"页眉和页脚"按钮，然后在打开的"页眉和页脚"对话框中选中"日期和时间"复选框，再选中"自动更新"单选按钮，在下拉列表框中选择合适的日期格式，如图 9-4 所示，最后单击"应用"按钮即可。

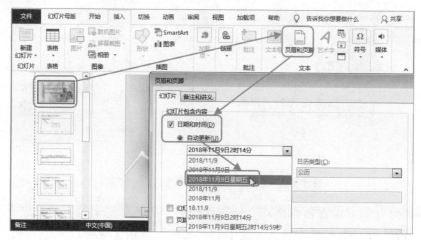

图 9-4　为幻灯片母版设置页眉和页脚

> **提个醒：为什么要在幻灯片母版中设置页眉和页脚**
>
> 在一个演示文稿中，往往不会只使用一个幻灯片母版，而不同版式的幻灯片，其页眉和页脚的要求也会有所差别。如果不在幻灯片母版中进行设置，就只能逐一为每张幻灯片进行设置，但这样显然会严重影响效率；或者将页眉和页脚直接全部应用到每一张幻灯片，但这样就会造成不同版式幻灯片的页眉和页脚完全一样。
>
> 在幻灯片母版中设置页眉和页脚可以保证同一种版式的幻灯片有相同的页眉和页脚，而不同版式之间可以存在区别，且不用逐张的对幻灯片进行设置，只需要对相应的幻灯片母版进行设置即可。这就是在幻灯片母版中设置页眉和页脚的优势，其他格式的设置也同样如此。

9.1.3 设置幻灯片母版的占位符格式

为了使演示文稿更加美观、格式更加规范，就需要对幻灯片中文本的字体、段落等格式进行设置。而在幻灯片母版中对占位符进行格式设置比在幻灯片中逐一进行设置更加方便快捷。

【注意】PowerPoint 中，占位符是一种只在幻灯片母版中使用的对象，有文本占位符、图片占位符、图表占位符等多种类型。幻灯片母版中的占位符，会显示在使用该母版创建的幻灯片相应的位置，且拥有相同的格式。

设置占位符的格式其实并不难，如设置占位符的文本格式、边框样式、更改占位符形状等，都只需要按照 Word 中相应的文本格式设置、形状的样式设置和更改形状的操作执行即可。下面以设置幻灯片母版中文本占位符的文本格式和图片占位符的样式为例，对相关操作进行简单讲解。

选择幻灯片母版中文本占位符中的文本，在"开始"选项卡的"字体"组中设置字体为"方正大黑简体"、字号为"54"、对齐方式为"居中对齐"，如 9-5 左图所示；选择母版中的图片占位符，在"绘图工具 格式"选项卡的"形状样式"组中选择需要的样式即可，如 9-5 右图所示。

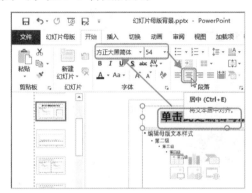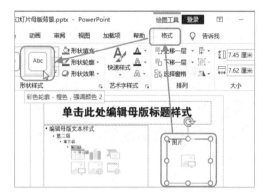

图 9-5　在母版中设置占位符格式

9.1.4 应用幻灯片母版

在新建幻灯片时，可以使用幻灯片母版来进行创建，而已经创建好的幻灯片，也可以应用幻灯片母版，从而快速套用母版中的格式。

◆　使用幻灯片母版新建幻灯片

使用幻灯片母版创建幻灯片的操作非常简单，只需要在"开始"选项卡的"幻灯片"组中单击"新建幻灯片"下拉按钮，然后选择需要的母版即可，如 9-6 左图所示。

◆　为幻灯片应用幻灯片母版

如果要为已经创建好的幻灯片设置与幻灯片母版相同的格式（如背景等），可以将幻灯片的版式换为该母版，其操作如下。

选择需要应用幻灯片母版的幻灯片，在"幻灯片"组中单击"幻灯片版式"下拉按钮，然后在弹出的下拉列表中选择需要的幻灯片母版即可，如图 9-6 右图所示。

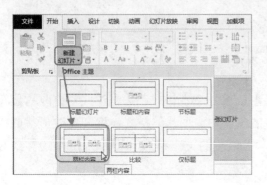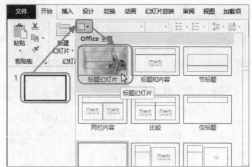

图 9-6　幻灯片母版的使用

9.1.5 自定义创建幻灯片母版

虽然 PowerPoint 内置了许多幻灯片母版，但都非常简单。如果要制作专业性较强且较为精美的演示文稿，往往需要用户自定义创建幻灯片母版。

[分析实例]——在"商务礼仪培训"文件中创建幻灯片母版

下面以在"商务礼仪培训"演示文稿中创建幻灯片母版为例，讲解相关操作，如图 9-7 所示为自定义创建幻灯片母版的前后对比效果。

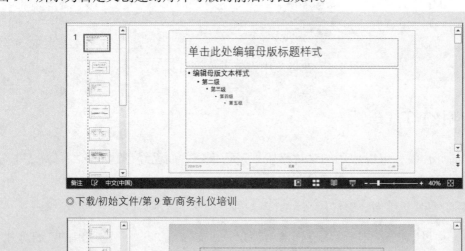

◎下载/初始文件/第 9 章/商务礼仪培训

◎下载/最终文件/第 9 章/商务礼仪培训.pptx

图 9-7　自定义创建幻灯片母版的前后对比效果

其具体操作步骤如下。

Step01 打开素材文件，进入幻灯片母版视图后，❶在"编辑母版"组中单击"插入幻灯片母版"按钮，❷在"背景"组中单击"背景样式"下拉按钮，❸选择"设置背景格式"命令，❹在打开的"设置背景格式"任务窗格中选中"渐变填充"单选按钮，如图 9-8 所示。

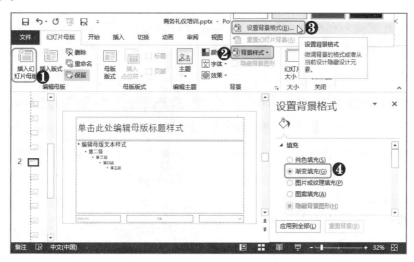

图 9-8　选中"渐变填充"单选按钮

Step02 ❶在任务窗格中的"渐变光圈"栏选择第一个停止点，❷单击"颜色"下拉按钮，❸选择合适的颜色，❹选择并拖动第二个停止点到合适的位置，如图 9-9 所示。然后用以上方法设置其他停止点的颜色和位置，关闭任务窗格。此时自定义幻灯片母版的框架便已经创建完成了。

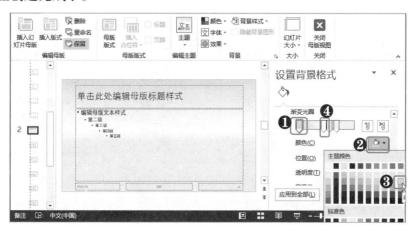

图 9-9　为幻灯片母版设置渐变填充背景

Step03 ❶选择自定义的幻灯片母版下需要进行编辑的版式，❷选择幻灯片母版中不需要的占位符，按【Delete】键将其删除，❸在"母版版式"组中单击"插入占位符"下拉按钮，❹在弹出的下拉列表中选择需要插入的占位符，如图 9-10 所示。

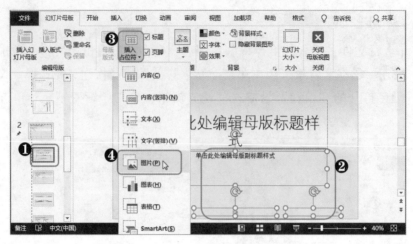

图 9-10 删除多余的文本占位符

Step04 在幻灯片母版中绘制出大小合适的图片占位符，如图 9-11 所示。然后根据前文介绍的幻灯片母版的各种设置方式对自定义创建的母版进行格式的设置即可。

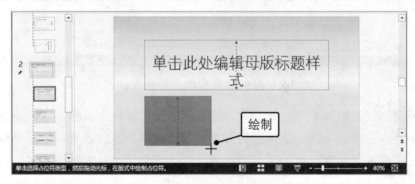

图 9-11 绘制占位符

9.2 幻灯片的基本操作

　　幻灯片是 PowerPoint 中承载对象的一个容器，类似于 Word 的一个页面、Excel 的一张工作表。制作演示文稿其实就是制作一张张幻灯片，掌握幻灯片的基本操作是制作演示文稿的前提。

9.2.1 移动和复制幻灯片

　　幻灯片是可以移动和复制的，当演示文稿中幻灯片的位置不合适时，可以将其移动到合适的位置；如果要制作的幻灯片与已经制作好的幻灯片相似，则可以复制该幻灯片，然后在其中进行修改，从而更加快捷地完成演示文稿的制作。

◆　**移动幻灯片**：选择需要移动的幻灯片，按住鼠标左键不放并拖动到合适位置，然后释放鼠标左键即可将幻灯片移动到该位置，如图 9-12 所示。

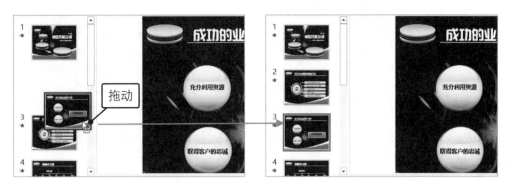

图 9-12　移动幻灯片

◆　复制幻灯片：选择需要复制的幻灯片，按住鼠标左键不放并拖动到合适位置，然后
　　按住【Ctrl】键不放，释放鼠标左键将幻灯片复制到该位置，如图 9-13 所示，再释
　　放【Ctrl】键即可。

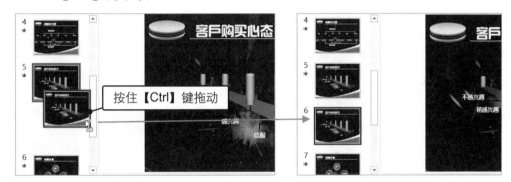

图 9-13　复制幻灯片

9.2.2　删除幻灯片

如果演示文稿中有多余的幻灯片，用户可以通过两种方法将其删除，第一种方法是
使用快捷菜单删除幻灯片，操作如下。

在"[幻灯片/大纲]"窗格中待删除的幻灯片上右击，然后在弹出的快捷菜单中选择
"删除幻灯片"命令即可，如图 9-14 所示。

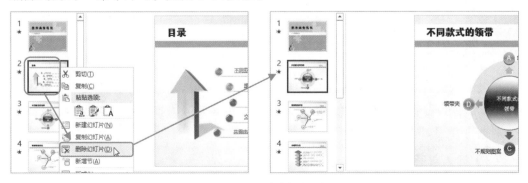

图 9-14　删除幻灯片

第二种删除幻灯片的方法便是通过按键删除，即选择待删除的幻灯片，然后按【Delete】键（或者【Backspace】键）即可。

9.2.3 设置幻灯片大小

新建的幻灯片一般是默认以 16:9 的比例为标准创建的，用户可以根据实际情况进行修改，其操作如下。

在"设计"选项卡的"自定义"组中单击"幻灯片大小"下拉按钮，选择"自定义幻灯片大小"命令，然后在打开的"幻灯片大小"对话框中设置宽度和高度，再单击"确定"按钮，在打开的对话框中单击"确保适合"按钮即可，如图 9-15 所示。

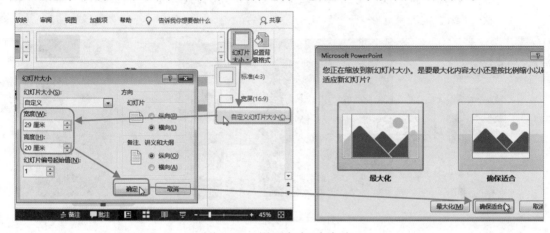

图 9-15　设置幻灯片大小

9.3　制作幻灯片

掌握了幻灯片母版的使用以及幻灯片基本操作后，便可以开始制作幻灯片了。制作幻灯片其实就是在幻灯片之中插入一些文本、图片、图形、音频或视频等，并对这些对象进行编辑，从而完成幻灯片的制作。

9.3.1 在幻灯片中插入文本

在大部分幻灯片中，文本是主体内容。在 PowerPoint 中，文本需要在文本框中进行输入，无法独自存于幻灯片上。幻灯片中，文本又可分为普通文本和艺术字两种，下面分别进行介绍。

（1）插入普通文本

普通文本的插入比较简单，如果幻灯片中已经存在文本框，则可以直接在文本框中

进行输入；如果要在幻灯片中没有文本框的区域输入文本，则可以在"插入"选项卡的
"文本"组中单击"文本框"下拉按钮，然后选择合适的文本框，并在幻灯片中绘制出
来，如图 9-16 所示，再在绘制出的文本框中输入文本即可。

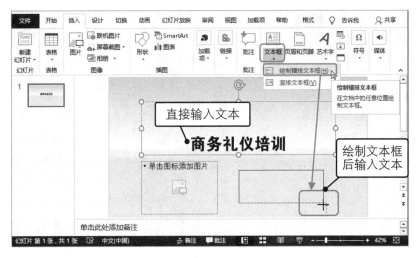

图 9-16　普通文本的插入

插入文本框并输入文本后，再将文本的字体、大小等格式设置完成即可，其操作与
在幻灯片母版中设置格式相同。

（2）插入艺术字

艺术字的插入与插入文本框的操作类似，具体操作为：在"插入"选项卡的"文本"
组中单击"艺术字"下拉按钮，然后选择合适的艺术字类型即可在幻灯片中插入艺术字
文本框，在该艺术字文本框中直接输入文本即可，如图 9-17 所示。

图 9-17　艺术字的插入

另外，其实普通文本也可以变成艺术字，只需要选择需要变成艺术字的文本所在的
框，然后在"绘图工具 格式"选项卡的"艺术字样式"组中进行设置即可。

9.3.2 插入与编辑幻灯片对象

在幻灯片中插入图片、形状、表格和图表等对象的操作分为两种，分别是通过"插入"选项卡插入对象和通过占位符插入对象。其中，通过"插入"选项卡插入对象的操作与 Word 中插入对象的操作基本相同，因此这里不再重复介绍。

前文对占位符有相关介绍，这里讲解如何使用占位符实现对象的插入操作。如通过占位符插入图片，其操作为：在使用有图片占位符的幻灯片母版新建的幻灯片中，单击"图片"按钮，然后在打开的"插入图片"对话框中选择需要的图片，再单击"插入"按钮即可，如图 9-18 所示。

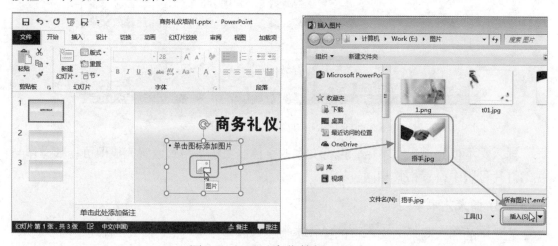

图 9-18　通过占位符插入图片

对象插入幻灯片后，便可以对其进行各种编辑操作，其操作方法与在 Word 中编辑对象的操作相同。

> **提个醒：如果幻灯片中没有相应的占位符则只能通过"插入"选项卡插入对象**
>
> 如果幻灯片中没有所需的占位符，说明该幻灯片使用的母版中没有该占位符，用户可以重新编辑母版，再为幻灯片更换版式。当然，与其多此一举，不如直接在"插入"选项卡插入对象。

9.3.3 插入与编辑音频文件

在 PowerPoint 中，插入音频有两种方式，即插入本地音频和插入录制音频。其中，插入本地音频一般用于为演示文稿插入背景音乐，而录制音频则主要用于录制演示文稿的解说词等。

（1）插入与编辑本地音频

为演示文稿插入一个合适的音频文件作为背景音乐，不仅可以营造出合适的氛围，还能让演示文稿的展示效果更具感染力。

[分析实例]——在"基本商务礼仪"演示文稿中插入背景音乐

下面以在"基本商务礼仪"演示文稿中插入一个本地音频文件作为背景音乐为例，讲解插入本地音频的相关操作，如图 9-19 所示为插入本地音频的前后对比效果。

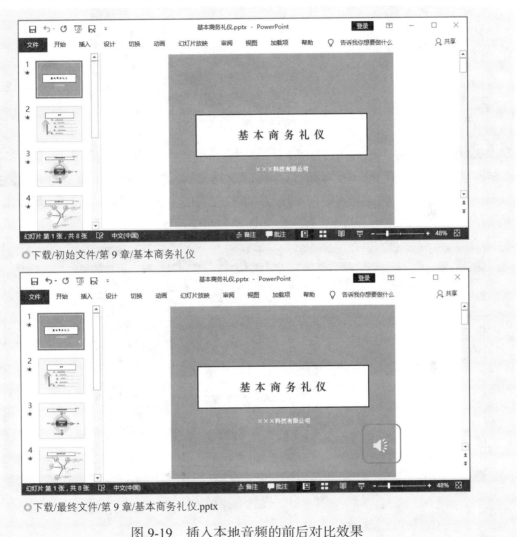

◎下载/初始文件/第 9 章/基本商务礼仪

◎下载/最终文件/第 9 章/基本商务礼仪.pptx

图 9-19　插入本地音频的前后对比效果

其具体操作步骤如下。

Step01 打开素材文件，❶选择演示文稿中需要插入音频文件的幻灯片，这里选择第 1 张幻灯片，❷在"插入"选项卡的"媒体"组中单击"音频"下拉按钮，❸选择"PC 上的音频"命令，❹在打开的"插入音频"对话框中选择需要插入的音频文件，❺单击"插入"按钮，如图 9-20 所示。

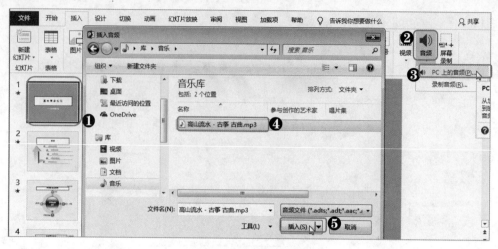

图 9-20 插入音频文件

Step02 ❶将幻灯片中插入的音频图标移动到合适的位置，❷在"音频工具 播放"选项卡的"音频选项"组中选中"跨幻灯片播放"复选框、"循环播放，直到停止"复选框以及"放映时隐藏"复选框，❸在"开始"下拉列表框中选择"自动"选项，❹单击"音量"下拉按钮，❺选择"中等"选项，如图 9-21 所示。

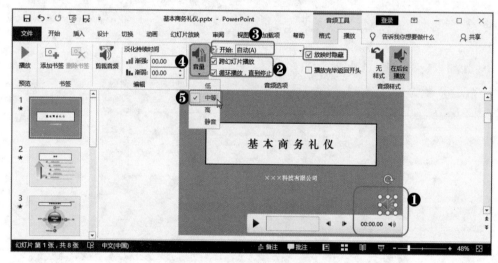

图 9-21 设置音频播放选项

> ⚡ **提个醒：为什么选中"跨幻灯片播放"复选框**
>
> 在一张幻灯片中插入的音频文件只属于该幻灯片，当该幻灯片播放完毕，跳至下一张幻灯片时，音频文件就会停止播放。而当选中"跨幻灯片播放"复选框时，即使该幻灯片播放完毕，音频文件也会继续播放，直到音频文件结束或演示文稿放映结束。本例中插入的音频文件是作为背景音乐，因此需要选中"跨幻灯片播放"复选框。

Step03 ❶在"音频工具 播放"选项卡的"编辑"组中单击"剪裁音频"按钮，❷在打开的"剪裁音频"对话框中通过拖动左右两个控制柄对音频进行剪裁（或者在"开始时

间"和"结束时间"数值框中直接设置），❸单击"确定"按钮，即可完成剪裁，如图
9-22 所示。

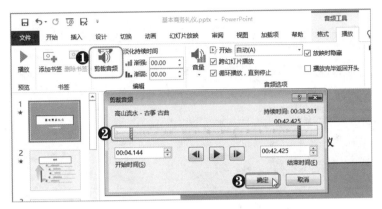

图 9-22 剪裁音频文件

Step04 ❶在"音频工具 格式"选项卡的"调整"组中单击"颜色"下拉按钮，❷在弹出的下拉菜单中选择合适的音频图标颜色，如图 9-23 所示。

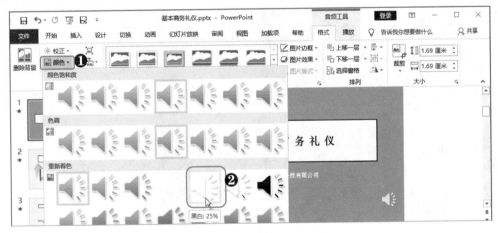

图 9-23 设置音频图标颜色

（2）插入录制音频

为演示文稿录制一段解说音频并插入，可以让演示文稿更清晰地阐述要展示给观众的内容。

插入录制音频的操作较为简单，只需要单击"音频"下拉按钮并选择"录制音频"命令，然后在打开的"录制音频"对话框中设置录制音频的名称，再单击"录制"按钮开始录制，录制完成后单击"停止"按钮结束录制即可。

9.3.4 插入与编辑视频文件

许多时候，要使用文本将某些事物描述清楚需要很大的篇幅，这就会造成整个演示

文稿过于枯燥无味。在幻灯片中插入视频文件可以很好地解决这个问题，既增强了演示文稿的视觉效果，又可以清楚地对事物进行说明。

[分析实例]——在"凤凰古城风景展示"演示文稿中插入一段视频

下面以在"凤凰古城风景展示"演示文稿中插入一个本地视频文件为例，讲解插入本地视频的相关操作，如图 9-24 所示为插入本地视频的前后对比效果。

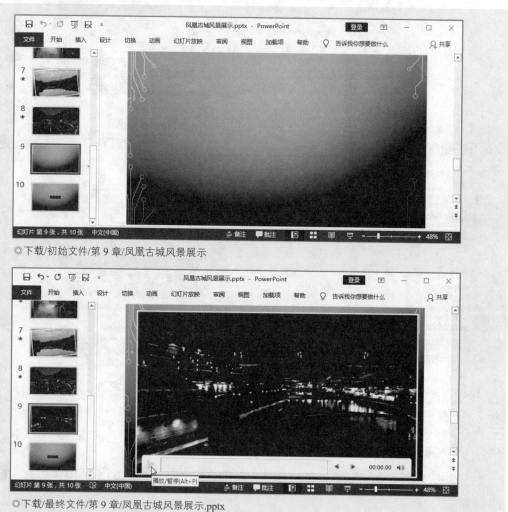

◎下载/初始文件/第 9 章/凤凰古城风景展示

◎下载/最终文件/第 9 章/凤凰古城风景展示.pptx

图 9-24　插入本地视频的前后对比效果

其具体操作步骤如下。

Step01 打开素材文件，❶选择演示文稿中需要插入视频文件的幻灯片，这里选择第 9 张幻灯片，❷在"插入"选项卡的"媒体"组中单击"视频"下拉按钮，❸选择"PC 上的视频"命令，❹在打开的"插入视频文件"对话框中选择需要插入的视频文件，❺单击"插入"按钮，如图 9-25 所示。

图 9-25　插入视频文件

Step02 ❶拖动幻灯片中视频播放窗口的控制柄将其调整为合适大小，❷在"视频工具
播放"选项卡中选中"全屏播放"复选框，❸在"开始"下拉列表框中选择"单击时"
选项，如图 9-26 所示。

图 9-26　设置视频播放选项

Step03 单击"剪裁视频"按钮，❶在打开的对话框中设置视频文件的开始时间和结束
时间，❷单击"确定"按钮，❸在"视频工具 格式"选项卡中选择一个合适的视频窗口
样式，如图 9-27 所示。

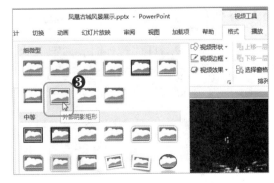

图 9-27　剪裁视频并设置窗口样式

另外，视频文件的插入方式还有插入联机视频和插入屏幕录制视频两种。其中，联机视频是指在互联网搜索并下载到幻灯片中，与插入联机图片的方法相同，这里不再讲解。下面对插入屏幕录制视频的方法进行简单介绍。

在"插入"选项卡的"媒体"组中单击"屏幕录制"按钮，此时进入屏幕录制状态，电脑桌面上方会出现屏幕录制工具栏，按住鼠标左键拖动可以选择录制区域，然后单击"录制"按钮即可开始录制，录制完成后将鼠标光标移至屏幕上方即可弹出工具栏，单击"停止"按钮（或按【Windows+Shift+Q】组合键）即可结束录制并将录制的视频插入到幻灯片中，如图9-28所示。

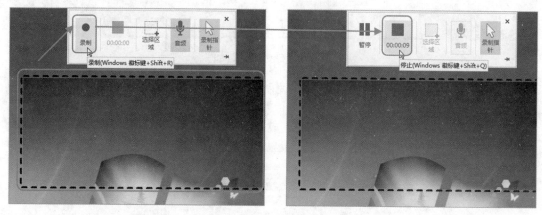

图 9-28　插入屏幕录制视频

9.3.5　在幻灯片中使用超链接

在幻灯片中使用超链接可以让整个演示文稿的内容更加丰富，让用户可以更加随心所欲地放映演示文稿。超链接是一种从一个对象快速跳转到另一个对象的途径，在幻灯片目录页和尾页使用较为频繁。

超链接不能单独存在，其必须依附于某一个幻灯片中的对象，如文本、图片或图形等。因此，在幻灯片中使用超链接就是为幻灯片对象添加超链接。

［分析实例］——在"陶瓷产品介绍"演示文稿中为对象添加超链接

当演示文稿中幻灯片较多时，通常会为演示文稿添加一张目录幻灯片。而目录往往需要具有单击相应关键字即可跳转至相关幻灯片的功能，这就要通过为目录中各关键字添加超链接来实现。

下面以在"陶瓷产品介绍"演示文稿中为产品目录页和尾页添加超链接为例，讲解添加超链接的相关操作，如图9-29所示为添加超链接的前后对比效果。

◎下载/初始文件/第 9 章/陶瓷产品介绍.pptx

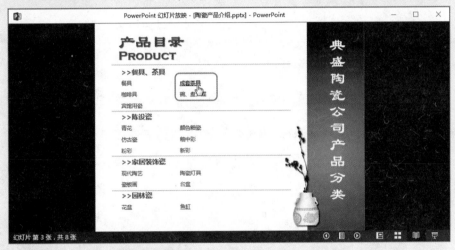

◎下载/最终文件/第 9 章/陶瓷产品介绍.pptx

图 9-29　为目录中的文本添加超链接的前后对比效果

其具体操作步骤如下。

Step01　打开素材文件，❶选择目录所在的幻灯片，❷选择目录中要添加超链接的文本，❸在"插入"选项卡的"链接"组中单击"链接"按钮，如图 9-30 所示。

图 9-30　单击"链接"按钮

Step02 ❶在打开的"插入超链接"对话框中的"链接到"列表中选择"本文档中的位置"选项，❷在"请选择文档中的位置"列表框中选择需要链接的幻灯片，这里选择第5张幻灯片，❸单击"确定"按钮即可，如图9-31所示。

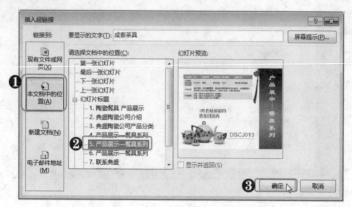

图 9-31　选择超链接的链接位置

 小技巧：不产生下划线的超链接添加方法

如果希望添加超链接后，文本不产生下划线，且文本颜色、格式等不受影响，则可以使用以下方法添加超链接。

绘制一个大小合适的形状，并将其放置在需要添加超链接的文本上方（即用形状将文本覆盖），然后将超链接添加到形状上，再将形状设置为透明即可。

第 10 章
让演示文稿更具动感

演示文稿之所以在众多领域和场所应用广泛，最重要的原因还得归结在一个"动"字上。如果一份演示文稿不具备"动"这一特点，那么就不能称之为专业的演示文稿。在 PowerPoint 中，可以为幻灯片添加切换效果、为幻灯片对象添加动画效果等，从而让演示文稿更具动感。

|本|章|要|点|
· 幻灯片切换效果的应用
· 设置幻灯片动画效果
· 幻灯片放映与输出

10.1 幻灯片切换效果的应用

幻灯片的切换效果是指在放映演示文稿时，由一张幻灯片过渡到下一张幻灯片期间的动画效果。

10.1.1 为幻灯片添加切换效果

为幻灯片添加切换效果可以使幻灯片之间的切换更加自然，让演示文稿更加生动，其操作如下。

选择幻灯片，单击"切换"选项卡，然后在"切换到此幻灯片"组中单击"其他"按钮，再选择一个合适切换效果即可，如图 10-1 所示。

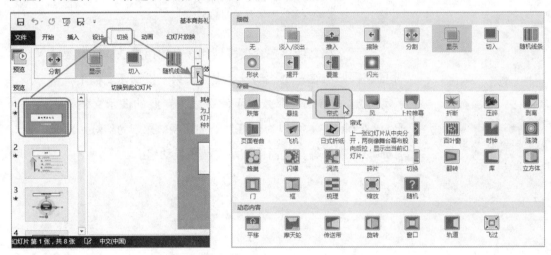

图 10-1　为幻灯片添加切换效果

> **小技巧：快速为所有幻灯片添加不同的切换效果**
>
> 　　如果需要为演示文稿中所有的幻灯片添加切换效果，且不希望每张幻灯片的切换效果完全一致，则可以在"切换到此幻灯片"组中选择"随机"选项，然后在"计时"组中单击"应用到全部"按钮即可，如图 10-2 所示。

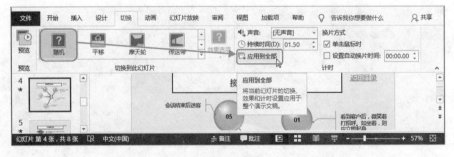

图 10-2　为所有幻灯片添加随机切换效果

10.1.2 设置切换效果选项

在为幻灯片添加切换效果之后，还可以对效果的出现位置、出现形式等进行设置，即设置效果选项。不同的切换效果，其效果选项也有所不同，下面举例进行介绍。

如 10-3 左图所示，为幻灯片添加"涟漪"切换效果后，单击"效果选项"下拉按钮，在弹出的下拉列表中可以选择"居中"、"从左下部"和"从右下部"等选项。而当为幻灯片添加"碎片"切换效果时，其"效果选项"下拉按钮中的选项则为"向内条纹"、"粒状向内"等，如 10-3 右图所示。

图 10-3　设置切换效果选项

并不是所有的切换效果都可以设置效果选项，如"帘式"、"悬挂"和"折断"等切换效果就不能设置效果选项。

10.1.3 设置幻灯片切换效果持续时间

由于不同切换效果的播放速度不同，为各幻灯片设置了不同的切换效果后，放映演示文稿时会给观众一种速度不一的感觉。

为幻灯片切换效果设置持续时间可以控制切换效果的播放速度，即持续时间越长，其播放速度越慢。用户可以通过为切换效果设置合理的持续时间让各幻灯片的切换速度相对统一，其操作如下。

为幻灯片添加切换效果后，在"计时"组中的"持续时间"数值框中设置合适的时间即可（此时间以秒为单位），如图 10-4 所示。

图 10-4　设置切换效果持续时间

10.2 设置幻灯片动画效果

动画效果是 PowerPoint 的核心功能，可以让幻灯片内的各个对象动起来。合理的使用动画效果，可以提升演示文稿灵活性，让演示文稿更加动感、精彩。

10.2.1 为幻灯片对象添加动画效果

幻灯片对象的动画效果分为进入、强调和退出 3 种类型，且同一个对象可以拥有多个相同或不同类型的动画效果。但需要注意的是，退出效果即使添加了多个，也只有第一个能够放映。

[分析实例]——在"陶瓷产品介绍"演示文稿中为图片添加动画效果

下面以在"陶瓷产品介绍"演示文稿中为图片添加进入、强调和退出动画为例，讲解为对象添加动画效果的相关操作，如图 10-5 所示为添加动画的前后对比效果。

◎下载/初始文件/第 10 章/陶瓷产品介绍.pptx

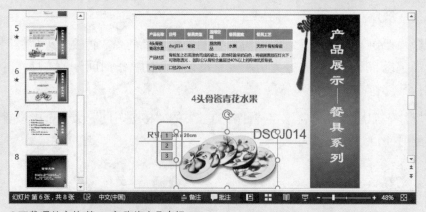

◎下载/最终文件/第 10 章/陶瓷产品介绍.pptx

图 10-5　添加动画的前后对比效果

其具体操作步骤如下。

Step01 打开素材文件，❶选择需要添加动画效果的幻灯片对象，❷在"动画"选项卡的"动画"组中单击"其他"按钮，❸在弹出的下拉菜单中选择合适的进入动画，如图10-6所示。

图 10-6　为图片添加进入动画

Step02 ❶在"高级动画"组中单击"添加动画"下拉按钮，❷在弹出的下拉菜单中选择合适的强调动画，也可选择"更多强调效果"命令，❸在打开的"添加强调效果"对话框中选择需要的动画效果，❹单击"确定"按钮即可，如图10-7所示。

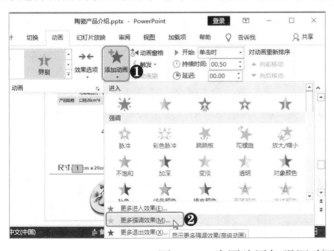

图 10-7　为图片添加强调动画

> **提个醒：同一对象多个动画效果注意事项**
>
> 　　在为同一个对象添加多个动画效果时，必须通过"高级动画"组中的"添加动画"下拉按钮进行动画的添加。在"动画"组中直接选择动画效果只能为对象添加第一个动画，若再从"动画"组中选择其他动画就会将之前设置的动画效果替换掉。

Step03 ❶继续单击"添加动画"下拉按钮，❷在弹出的下拉菜单中选择合适的退出动画效果，如图 10-8 所示。

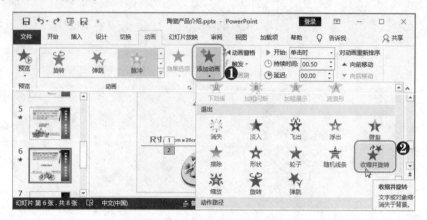

图 10-8　为图片添加退出动画

10.2.2　为幻灯片对象添加路径动画

路径动画是指让幻灯片对象按照某一个动作路径运动。路径动画可以搭配进入、强调和退出等动画效果使用，从而产生更加丰富的动画效果。当然，路径动画也可以单独使用。

为幻灯片对象添加路径动画的操作与其他动画效果相同，在选择需要添加动画的对象后，单击"添加动画"下拉按钮，然后在下拉菜单中选择合适的动作路径，或者选择"其他动作路径"命令，在打开的"添加动作路径"对话框中选择合适的动作路径，再单击"确定"按钮即可，如图 10-9 所示。

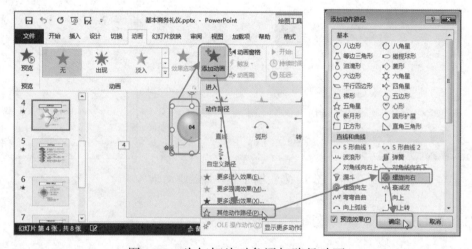

图 10-9　为幻灯片对象添加路径动画

10.2.3 自定义路径动画

路径动画除了可以使用系统内置的动作路径外，也可以由用户自定义动作路径，从而让幻灯片对象完全按照用户的意愿运动。

自定义动作路径的操作为：单击"添加动画"下拉按钮，在弹出的下拉菜单中选择"自定义路径"选项，然后在幻灯片中手动绘制动作路径，绘制完成后双击鼠标左键或者按【Enter】键即可，如图 10-10 所示。

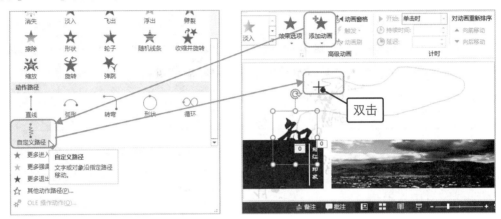

图 10-10　为幻灯片对象添加自定义路径动画

10.2.4 设置动画效果选项

与切换效果一样，动画效果也可以设置效果选项。不同的动画，效果选项也有所不同，其设置方法如下。

在"动画"组中单击"效果选项"下拉按钮，然后在弹出的下拉列表中选择需要的效果即可，如图 10-11 所示。

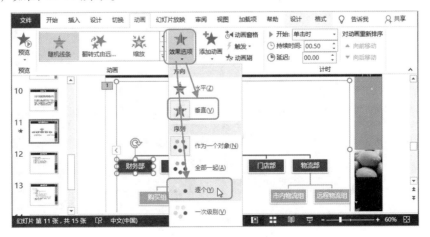

图 10-11　设置动画效果选项

提个醒：某些幻灯片对象的动画效果选项中有多栏

在为某些对象添加动画后，其效果选项中有多栏。如图 10-11 中，为 SmartArt 图形添加动画后，其效果选项分为"方向"栏和"序列"栏。在"方向"栏中可以设置动画的方向；而"序列"栏则可以设置该图形的动画效果播放次序，如"逐个"选项表示该对象的动画效果以形状为单位逐个播放，"全部一起"选项则表示该对象的全部形状同时播放动画效果。

10.2.5 动画播放设置

当在一张幻灯片中为多个对象添加了动画效果后，系统会默认将动画的添加顺序作为播放顺序，且所有动画都需要单击才开始播放。许多时候，这些默认设置是无法满足实际要求的。因此，在动画效果添加完成后，用户还需要进行动画播放设置。

 [分析实例]——在"楼盘推广计划"演示文稿中设置动画播放顺序

下面以在"楼盘推广计划"演示文稿中为添加的动画效果设置播放顺序、播放方式和持续时间为例，讲解动画播放设置的相关操作，如图 10-12 所示为对动画效果进行播放设置的前后对比效果。

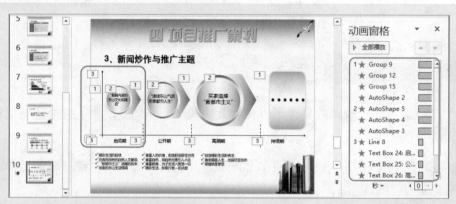

◎下载/初始文件/第 10 章/楼盘推广计划.pptx

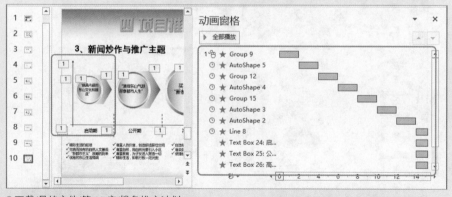

◎下载/最终文件/第 10 章/楼盘推广计划.pptx

图 10-12　对动画效果进行播放设置的前后对比效果

其具体操作步骤如下。

Step01 打开素材文件，❶选择需要对动画进行播放设置的幻灯片，❷在"动画"选项卡的"高级动画"组中单击"动画窗格"按钮，❸在打开的"动画窗格"任务窗格中选择需要调整顺序的动画效果，❹拖动所选的动画效果完成顺序调整，如图 10-13 所示。然后以同样的方法将所有动画效果的播放顺序设置完成即可。

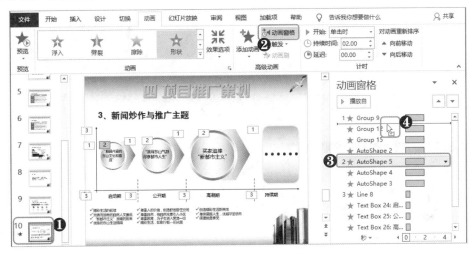

图 10-13　在动画窗格中调整动画播放顺序

Step02 ❶选择播放顺序列表中第 2 个动画效果，❷单击其右侧的下拉按钮并选择"从上一项之后开始"选项（或者在"计时"组的"开始"下拉列表框中选择"上一动画之后"选项），❸选择第 3～8 个动画效果，❹以同样的方式设置播放开始时间，如图 10-14 所示。

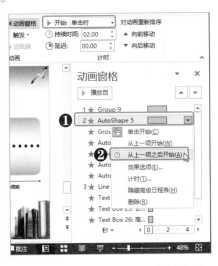 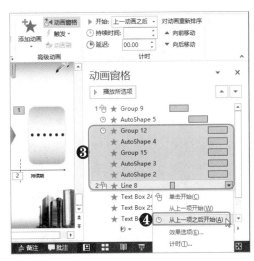

图 10-14　设置动画播放时间

Step03 ❶选择播放顺序列表中第 8～13 个动画效果，❷在"计时"组的"持续时间"数值框中设置动画效果的播放持续时间，如图 10-15 所示，然后关闭任务窗格即可。

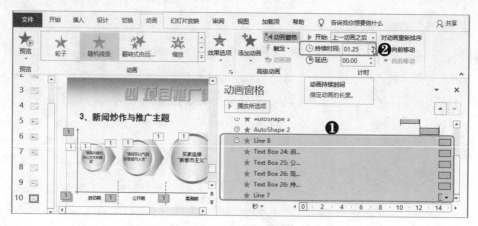

图 10-15 设置动画效果播放持续时间

 小技巧：使用动画刷快速复制动画

　　动画刷是 PowerPoint 中一个快速复制动画效果的工具，其用法与格式刷类似。当需要为多个幻灯片对象设置同样的动画效果时，可以先选择已经设置好动画效果的幻灯片对象，然后在"高级动画"组中单击"动画刷"按钮，再选择需要设置相同动画效果的幻灯片对象即可。

10.3　幻灯片放映与输出

　　制作演示文稿的最终目的就是要将幻灯片中的内容放映出来，或者输出为其他格式（如视频等）呈现给观众。为了让演示文稿有更好的放映效果，在放映之前还需要进行一系列的放映设置。

10.3.1　设置幻灯片放映类型

　　PowerPoint 提供了 3 种幻灯片放映类型，分别为演讲者放映、观众自行浏览以及在展台浏览，下面分别进行介绍。

◆ **演讲者放映**：演讲者放映是 PowerPoint 默认的放映类型，为全屏播放。整个演示的过程可由演讲者完全控制。

◆ **观众自行浏览**：此放映类型为窗口播放，可打开其他窗口。用户可通过滚动条或方向键浏览演示文稿。

◆ **在展台浏览**：这种放映类型同样是全屏播放，且会循环播放演示文稿，即放映完最后一张幻灯片后继续从第一张幻灯片开始播放。此放映类型在放映过程中无法手动切换幻灯片。

　　了解 3 种放映类型后，用户可根据实际情况选择合适的放映类型，其操作如下。

在"幻灯片放映"选项卡的"设置"组中单击"设置幻灯片放映"按钮，在打开的"设置放映方式"对话框的"放映类型"栏选中合适的放映类型单选按钮，然后在其他栏中进行相应的设置，最后单击"确定"按钮即可，如图10-16所示。

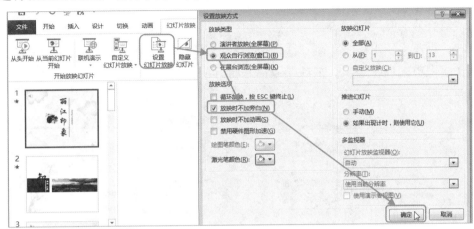

图10-16　设置演示文稿的放映类型

10.3.2 设置幻灯片放映时间

设置幻灯片放映时间可以让幻灯片在达到时间后自动切换，从而实现无人值守的播放效果。幻灯片放映时间的设置有两种方式，分别为在功能区设置和通过排练计时设置，下面分别进行介绍。

（1）在功能区设置放映时间

如果用户明确知道每一张幻灯片需要放映多长的时间，则可以直接在功能区进行设置，其操作如下。

选择幻灯片，在"切换"选项卡的"计时"组中选中"设置自动换片时间"复选框，然后在右侧的数值框中设置合适的时间即可（如果要设置每张幻灯片的放映时间相同，则可以单击"应用到全部"按钮，但是这样会为所有幻灯片同时应用同样的放映时间），如图10-17所示。

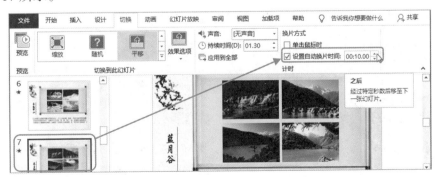

图10-17　手动设置幻灯片放映时间

（2）通过排练计时设置放映时间

排练计时功能可以记录用户手动完整放映一次演示文稿过程中，每张幻灯片的放映时间，然后为相应的幻灯片设置放映时间，其使用方法如下。

在"幻灯片放映"选项卡的"设置"组中单击"排练计时"按钮，此时演示文稿会开始放映，且左上角出现"录制"浮动工具栏记录每张幻灯片的放映时间，用户手动控制演示文稿完整地放映一次，放映结束后在打开的提示对话框中单击"是"按钮即可，如图 10-18 所示。

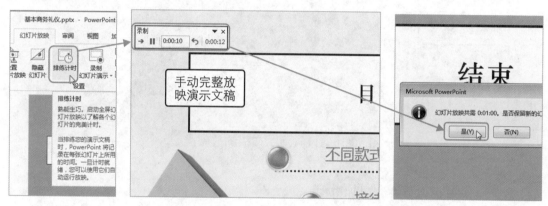

图 10-18　使用排练计时设置幻灯片放映时间

10.3.3　放映幻灯片

演示文稿一切准备就绪后，便可以开始放映了。在 PowerPoint 中，放映演示文稿又分为 3 种情况，即从头开始、从当前幻灯片开始和自定义幻灯片放映。

（1）从头开始放映

大部分情况下，演示文稿都需要从头开始放映，即从第一张幻灯片开始。其操作为：在"幻灯片放映"选项卡的"开始放映幻灯片"组中单击"从头开始"按钮（或者直接按【F5】键开始放映），如图 10-19 所示。

图 10-19　从头开始放映演示文稿

（2）从当前幻灯片开始放映

如果需要从当前选择的幻灯片开始放映，则在"幻灯片放映"选项卡的"开始放映幻灯片"组中单击"从当前幻灯片开始"按钮即可（或者按【Shift+F5】组合键），如图 10-20 所示。

图 10-20　从当前幻灯片开始放映演示文稿

（3）自定义幻灯片放映

有的演示文稿中并不是每张幻灯片都需要放映，根据观众的不同，需要放映的幻灯片也可能有所不同。用户可以通过自定义幻灯片放映来设置针对不同观众的放映方案。

[分析实例]——在"销售人员技能培训"演示文稿中设置自定义放映方案

下面以在"销售人员技能培训"演示文稿中设置一套针对新员工培训的放映方案为例，讲解自定义放映的相关操作。如图 10-21 所示为设置自定义放映的前后对比效果。

◎下载/初始文件/第 10 章/销售人员技能培训.pptx

◎下载/最终文件/第 10 章/销售人员技能培训.pptx

图 10-21　设置自定义放映方案的前后对比效果

其具体操作步骤如下。

Step01 打开素材文件，❶在"幻灯片放映"选项卡的"开始放映幻灯片"组中单击"自定义幻灯片放映"下拉按钮，❷选择"自定义放映"命令，❸在打开的"自定义放映"对话框中单击"新建"按钮，如图 10-22 所示。

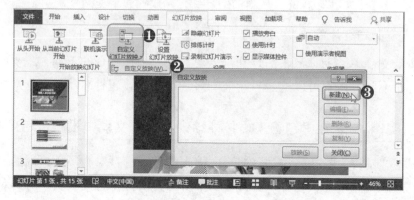

图 10-22　单击"新建"按钮

Step02 ❶在打开的"定义自定义放映"对话框的"幻灯片放映名称"文本框中输入自定义放映方案的名称，❷在"在演示文稿中的幻灯片"列表框中选中需要放映的幻灯片对应的复选框，❸单击"添加"按钮，❹单击"确定"按钮即可，如图 10-23 所示。

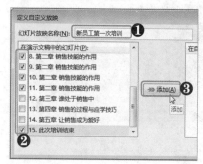
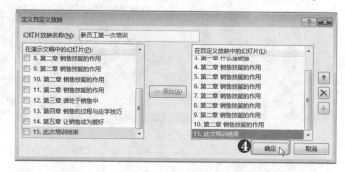

图 10-23　选择要放映幻灯片

Step03 ❶在返回的"自定义放映"对话框中选择放映方案，❷单击"放映"按钮开始放映，如 10-24 左图所示。也可以直接关闭对话框，当需要放映时在"开始放映幻灯片"组中单击"自定义幻灯片放映"下拉按钮，然后选择放映方案即可，如 10-24 右图所示。

图 10-24　使用自定义放映方案放映演示文稿

【注意】除了设置自定义放映方案外，也可以通过隐藏幻灯片来达到同样的效果。即将不需要播放的幻灯片隐藏。在放映幻灯片时，被隐藏的幻灯片会被直接跳过，只播放显示的幻灯片。隐藏或显示幻灯片的操作也比较简单，只需要在"[幻灯片/大纲]"窗格中右击需要隐藏或显示的幻灯片，然后选择"隐藏幻灯片"命令即可（或者在"幻灯片放映"选项卡的"设置"组中单击"隐藏幻灯片"按钮），如图 10-25 所示。

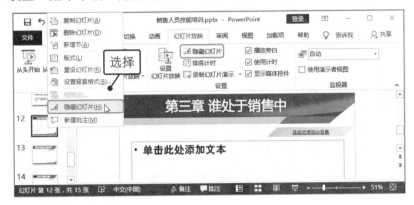

图 10-25 隐藏或显示幻灯片

10.3.4 在放映幻灯片时使用墨迹注释

幻灯片放映过程中，讲演者可能需要在幻灯片上勾画重点、书写文字等。这就需要用到 PowerPoint 的墨迹注释功能，其使用方法如下。

在幻灯片放映过程中右击，在弹出的快捷菜单中选择"指针选项"命令，然后在其子菜单中选择"笔"或者"荧光笔"命令即可开始在幻灯片上书写或标注，如图 10-26 所示。

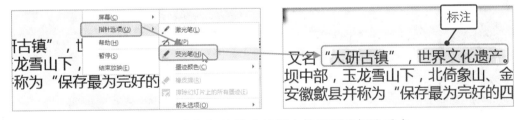

图 10-26 在幻灯片放映过程中使用墨迹标注重点

> **提个醒：墨迹颜色可以更改**
>
> 如果觉得墨迹注释的颜色不太合适，用户可以更改为其他颜色。同样是在放映幻灯片的过程中右击，在弹出的快捷菜单中选择"指针选项"命令，然后选择"墨迹颜色"命令，再选择合适的颜色即可。

如果有需要擦除的注释，则可以使用橡皮擦工具，只要右击并选择"指针选项/橡皮擦"命令，然后选择需要擦除的注释即可，如 10-27 左图所示。如果使用了墨迹注释功能，在幻灯片放映结束后会打开一个提示对话框询问是否保留墨迹到幻灯片中，用户可根据实际情况单击"保留"按钮或者"放弃"按钮，如 10-27 右图所示。

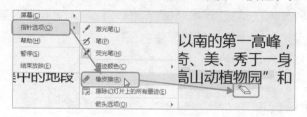

图 10-27　橡皮擦的使用和保留墨迹注释

10.3.5　将演示文稿转换为视频文件播放

将演示文稿导出为其他文件类型既可以保护演示文稿中的原创内容（如一些动画设计技巧等），又可以满足不同格式的播放要求。在 PowerPoint 中，可以将演示文稿导出为 PDF/XPS 文档、视频文件等。下面以将演示文稿转换为视频文件为例进行讲解。

单击"文件"选项卡，在打开的界面中单击"导出"选项卡，然后单击"创建视频"按钮，再在右侧的"创建视频"栏中设置视频的清晰度和创建方式等，单击"创建视频"按钮，如图 10-28 所示，最后在打开的"另存为"对话框中选择视频文件的保存位置并单击"保存"按钮，即可开始将演示文稿导出为视频文件。

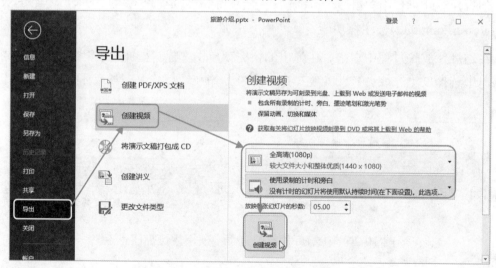

图 10-28　将演示文稿导出为视频文件

【注意】将演示文稿创建为视频时，其每张幻灯片的播放时间是根据排练计时功能录制的时间创建的。如果幻灯片没有计时，则默认为 5 秒。可在"创建视频"栏的"放映每张幻灯片的秒数"数值框中进行设置。

第11章
Word 文档制作与编排技巧

使用 Word 制作商务办公文档其实并不是很困难的事情，掌握了 Word 的基本知识和操作就可以完成。但想要制作出精美、专业的文档，还是有一定的难度。为了能够制作出更加专业的文档，且有更高的效率，需要掌握一些 Word 的相关实用技巧。

|本|章|要|点|

· Word 文档的编辑与管理技巧
· 文档中的图形对象编辑技巧
· 文档中的表格使用技巧

11.1 Word 文档的编辑与管理技巧

掌握一些常用的文档编辑技巧和管理技巧，不仅可以有效地提升文档的制作效率，还可以更好地管理商务办公文档。

11.1.1 使用快捷键快速为文本设置样式

◎应用说明

在制作文档（尤其是长文档）之前，往往需要创建许多样式，如标题、正文和小栏目样式等，以方便文档制作过程中为相应文本内容设置样式。

一般情况下，使用这些样式为文本设置格式需要在"样式"组中手动进行选择。当文档内容很多时，就需要很多次的选择样式操作，这样无疑会降低文档制作效率。如果为这些样式设置了快捷键，则可以通过快捷键迅速为当前文本设置样式，有效地提升了制作效率。

◎操作解析

下面以在"推广计划"文档中为样式设置快捷键，并使用快捷键为文本设置样式为例，讲解使用快捷键快速为文本设置样式的相关操作方法。

◎下载/初始文件/第 11 章/推广计划.docx　　　◎下载/最终文件/第 11 章/推广计划.docx

Step01 打开素材文件，❶在"开始"选项卡的"样式"组中需要设置快捷键的样式上右击，❷在弹出的快捷菜单中选择"修改"命令，❸在打开的"修改样式"对话框中单击"格式"下拉按钮，❹选择"快捷键"命令，如图 11-1 所示。

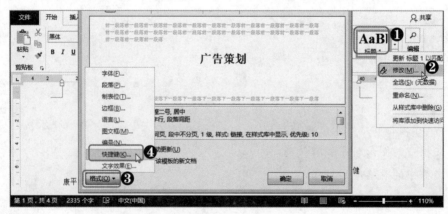

图 11-1　选择"快捷键"命令

Step02 ❶在打开的"自定义键盘"对话框中将文本插入点定位到"请按新快捷键"文本框中，然后在键盘上按需要设置的快捷键，如按【Alt+1】组合键，❷单击"指定"按钮，❸单击"关闭"按钮，❹将文本插入点定位到文档的标题行并按【Alt+1】组合键即可为标题设置样式，如图 11-2 所示。

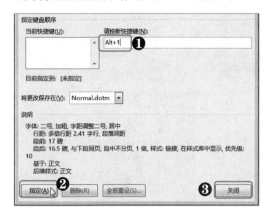

图 11-2　设置样式快捷键并使用

11.1.2　如何设置奇偶页不同的页眉/页脚

◎应用说明

　　许多文档中，要求奇偶数页的页眉或页脚不能相同。如某些需要打印并装订成册使用的文档，大多数情况下，其奇数页的页眉应该是右对齐，而偶数页则是左对齐。也有的文档可能要求奇数页和偶数页的页眉内容不同，如奇数页为文档标题，偶数页为企业名称等。

◎操作解析

　　下面以在"茶文化节企划书"文档中为奇偶数页面设置不同的页眉和页脚为例，讲解设置奇偶页不同页眉和页脚的相关操作方法。

◎下载/初始文件/第 11 章/茶文化企划书.docx　　◎下载/最终文件/第 11 章/茶文化企划书.docx

Step01 打开素材文件，❶在文档正文内容第 1 页的页面的页眉位置双击，❷在激活的"页眉和页脚工具 设计"选项卡的"选项"组中选中"奇偶页不同"复选框，❸在页眉中输入需要的内容并设置为右对齐，如图 11-3 所示。

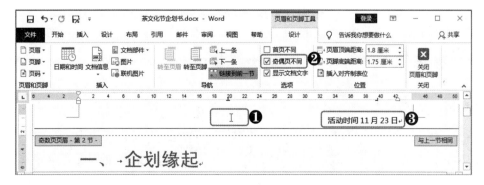

图 11-3　设置奇数页页眉

Step02 ❶在第 2 页的页眉中输入内容并设置为左对齐，❷将文本插入点定位到第 1 页页的页脚中，❸在"页眉和页脚工具 设计"选项卡的"页眉和页脚"组中单击"页码"下拉按钮，❹选择"页面底端"命令，❺在其子菜单中选择合适的样式，如图 11-4 所示。

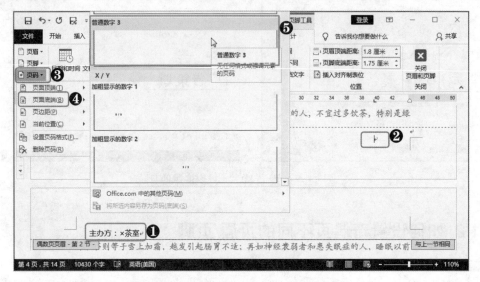

图 11-4　设置偶数页页眉和奇数页页脚

Step03 ❶将文本插入点定位到第 2 页的页脚，❷以同样的方式在其中插入页码，如图 11-5 所示。

图 11-5　设置偶数页页脚

11.1.3　如何将 Word 文档保存为模板文件

◎应用说明

　　在商务办公中，许多文档的格式其实是基本相同的。为了方便使用，避免每次制作文档都需要设置文本格式、段落格式和样式等，可以将制作好的文档保存为模板文件。这样，下次需要制作格式基本相似的文档时，直接使用该模板创建文档即可。

◎操作解析

下面以将"聘用合同"文档保存为模板为例，讲解将 Word 文档保存为模板文件的相关操作方法。

◎下载/初始文件/第 11 章/聘用合同.docx　　　◎下载/最终文件/第 11 章/聘用合同模板.dotx

Step01 打开素材文件，❶单击"文件"选项卡，❷在打开的界面中单击"另存为"选项卡，❸在其右侧单击"浏览"按钮，如图 11-6 所示。

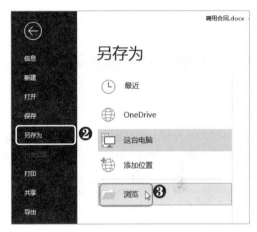

图 11-6　单击"浏览"按钮

Step02 ❶在打开的"另存为"对话框中修改文件名称，❷在"保存类型"下拉列表框中选择"Word 模板"选项，❸单击"保存"按钮，如图 11-7 所示。（注意：在选择"Word 模板"选项后，系统会自动设置保存位置为"D:\Documents\自定义 Office 模板"。不要更换保存位置，否则在 Word 的新建界面无法找到该模板）。

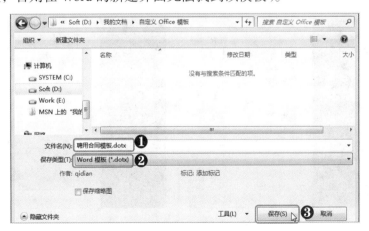

图 11-7　单击"保存"按钮

> **提个醒：使用自定义模板的方法**
>
> 　　将文档保存为模板后，在"文件"选项卡中单击"新建"选项卡，然后在其右侧的界面中单击"个人"选项卡即可查看并使用该模板创建文档，如图 11-8 所示。

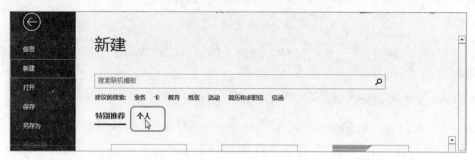

图 11-8 单击"个人"选项卡

11.1.4 快速修复损坏的文档

◎应用说明

由于各种原因可能导致正在编辑的 Word 文档出现损坏，如电脑断电、死机和程序运行错误等。文档损坏后，可能出现无法打开、格式错乱等情况。

这时，用户可以尝试使用 Word 自带的修复功能对文档进行修复。一般情况下，使用此功能基本能够将文档修复成功，除非文档损坏严重。

◎操作解析

下面以使用 Word 2016 修复文档为例，讲解使用 Word 自带的修复功能的相关操作方法。

Step01 打开 Word 2016 程序，❶单击"打开其他文档"超链接，❷在"打开"选项卡中单击"浏览"按钮，如图 11-9 所示。

图 11-9 单击"浏览"按钮

Step02 ❶在打开的"打开"对话框中选择需要修复的文档，❷单击"打开"按钮右侧的下拉按钮，❸在弹出的下拉列表中选择"打开并修复"选项即可，如图 11-10 所示。

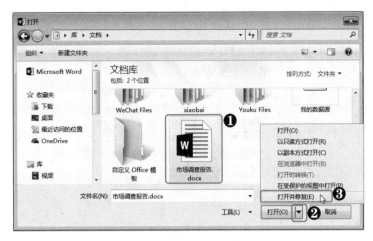

图 11-10　选择"打开并修复"选项

11.1.5　如何高效合并多个文档

◎应用说明

　　某些时候，为了更快地得到成品文档，可能会由多人分工合作完成一份文档。在各自制作完成后，再将多个文档整合为一个文档。另外，在商务办公中，也经常有许多相同类型的文档可能需要合并为一个文档的情况。

　　这种情况下，如果通过复制和粘贴的方式来完成文档内容合并，其效率是非常低的，尤其是在文档内容较多时。这里介绍一种快速合并多个文档的方法，既能提升效率，又能减少错误率。

◎操作解析

　　下面以将 3 份由 3 人分工完成的员工手册合并为一份文档为例，讲解高效合并多个文档的相关操作方法。

◎下载/初始文件/第 11 章/合并文档　　　◎下载/最终文件/第 11 章/员工手册.docx

Step01 新建"员工手册"空白文档并打开，❶在"插入"选项卡的"文本"组中单击"对象"下拉按钮，❷选择"文件中的文字"命令，如图 11-11 所示。

图 11-11　选择"文件中的文字"命令

Step02 ❶在打开的"插入文件"对话框中选择需要合并的文件，❷单击"插入"按钮，如图 11-12 所示。此时 3 个文件中的内容就全部合并到"员工手册"文档中了，在合并过程中可能会出现一些版式变化，根据需要进行调整即可。

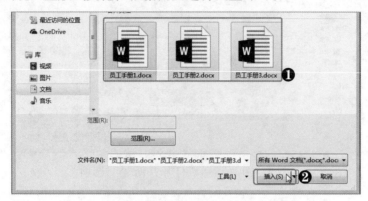

图 11-12　选择文件并插入

11.2　文档中的图形对象编辑技巧

使用图形对象能够让文档更加丰富多彩，而要快速地完成对图形对象的编辑，提高工作效率，就需要掌握一些图形对象的编辑技巧。

11.2.1　批量提取文档中的多张图片

◎应用说明

当文档中的图片需要保存到电脑中时，大多数用户都会以直接将图片另存为到电脑的方式将需要的图片提取到电脑的本地磁盘中。但是，如果文档中有许多的图片，且都需要提取出来时，再以这种逐张图片另存为的方式来提取显然是一件让人头疼的事情。

那么，有没有一种办法可以将文档中的图片一次性全部提取出来呢？自然是有的，那就是将 Word 文档另存为网页格式，系统会自动生成一个文件夹，此文件夹中包含了文档中的所有图片以及一些其他文件。

◎操作解析

下面以将"酒店宣传手册"文档保存为网页格式从而间接提取其中的所有图片为例，讲解批量提取文档中多张图片的相关操作。

◎下载/初始文件/第 11 章/酒店宣传手册.docx　　　◎下载/最终文件/第 11 章/图片提取

Step01 打开素材文件，❶在"文件"选项卡中单击"另存为"选项卡，❷单击"浏览"按钮，❸在打开的"另存为"对话框中选择文件保存位置，❹在"保存类型"下拉列表框中选择"网页"选项，❺单击"保存"按钮，如图 11-13 所示。

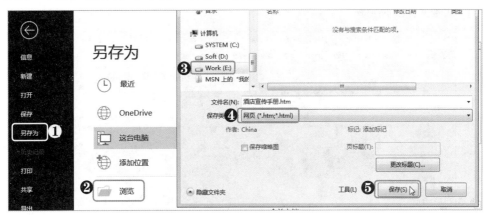

图 11-13　将文本保存为网页

Step02 打开系统生成的名为"酒店宣传手册.files"的文件夹，即可看到文档中所有的图片都已经保存在其中，如图 11-14 所示。

图 11-14　在系统生成的文件夹中查看提取出的图片

11.2.2　如何将图片的纯色背景设为透明

◎应用说明

有些图片的背景可能与页面颜色不太协调，当插入到 Word 文档中时，会显得格格不入。因此需要将这些图片的背景删除或做一些处理，而当图片的背景为纯色时，我们有更加快捷方便的办法将图片的纯色背景去掉，即将纯色背景设置为透明。

◎操作解析

下面以在"打印机说明书"文档中将打印机图片的白色背景设置为透明为例，讲解将图片纯色背景设为透明的相关操作。

◎下载/初始文件/第 11 章/打印机说明书.docx　　　◎下载/最终文件/第 11 章/打印机说明书.docx

Step01 打开素材文件，❶选择需要编辑的图片对象，❷单击被激活的"图片工具 格式"选项卡，如图 11-15 所示。

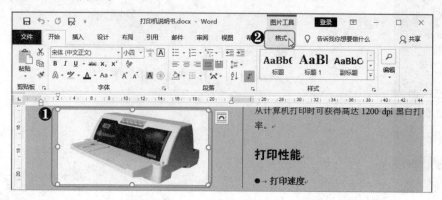

图 11-15　单击"图片工具 格式"选项卡

Step02 ❶在"调整"组中单击"颜色"下拉按钮，选择"设置透明色"选项，此时鼠标光标变为形状，❷在图片背景位置单击即可，如图 11-16 所示。

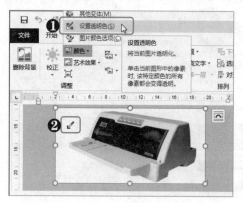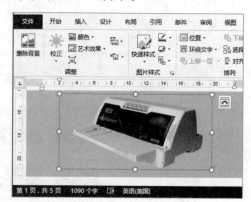

图 11-16　设置背景透明

11.2.3　如何快速对齐多个图形对象

◎应用说明

在文档中插入多个图形对象后，各对象的位置可能是杂乱无章的。这时，大部分用户会以拖动的方式来调整对象的位置，从而达到对齐的效果。这种方式不仅会严重影响文档制作效率，还不能保证各对象对齐的精准度。

因此，在需要对齐多个图形对象时，应该使用更改快捷的方法，即通过命令控制对象对齐。例如，可以让多个对象左对齐、右对齐、顶端对齐或垂直居中对齐等。

◎操作解析

下面以在"公司结构图"文档中将结构图的各图形对齐为例，讲解快速对齐多个图形对象的相关操作。

◎下载/初始文件/第 11 章/公司结构图.docx　　◎下载/最终文件/第 11 章/公司结构图.docx

Step01 打开素材文件，❶选择结构图中代表三大部门的图形，❷在激活的"绘图工具 格式"选项卡的"排列"组中单击"对齐"下拉按钮，❸选择"垂直居中"选项，如图 11-17 所示。

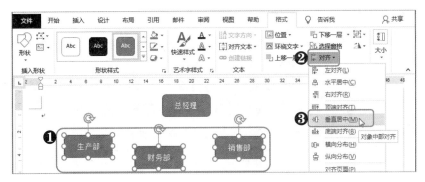

图 11-17　选择"垂直居中"选项

Step02 ❶选择"总经理"图形和"财务部"图形，❷单击"对齐"下拉按钮，❸选择"水平居中"选项，如图 11-18 所示。

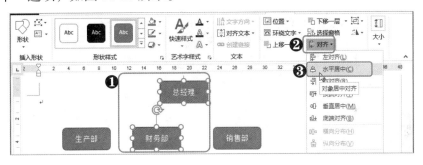

图 11-18　选择"水平居中"选项

11.3　文档中的表格使用技巧

　　许多商务办公文档中会用到表格，为了能够更加熟练地在 Word 文档中使用并制作出符合要求的表格，学习文档中的表格使用技巧是必不可少的。

11.3.1　怎么使表格跨页时自动重复标题行

◎应用说明

　　与 Excel 中的表格为什么要每页重复显示表头的原因类似，Word 中的表格如果跨页，也会造成一定的阅读障碍。因此，当文档中的表格跨页时，往往需要在下一页表格的第一行添加标题行。

手动添加标题行也是可以的，但如果标题行的布局与其他行不一样的话，手动添加就会变成很麻烦。而 Word 中也提供了自动重复标题行的功能，没必要由用户手动添加。

◎操作解析

下面以在"会议签到表"文档中设置当表格跨页时自动重复表格前 4 行为例，讲解设置自动重复标题行的相关操作。

◎下载/初始文件/第 11 章/会议签到表.docx　　　◎下载/最终文件/第 11 章/会议签到表.docx

Step01 打开素材文件，❶选择需要在跨页时自动重复的行，这里选择表格的前 4 行，❷单击"表格工具 布局"选项卡，❸在"数据"组中单击"重复标题行"按钮即可，如图 11-19 所示。

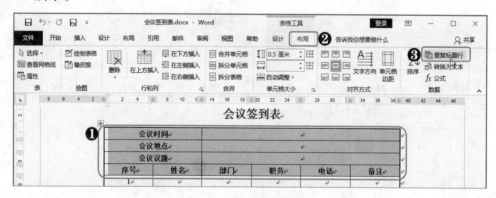

图 11-19　单击"重复标题行"按钮

Step02 此时会发现"重复标题行"按钮颜色变深，表示当表格跨页时，系统会自动将所选的需要重复的行添加到下一页表格的起始位置，如图 11-20 所示。

图 11-20　自动重复标题行效果

11.3.2 如何将表格快速转换为文本

◎应用说明

在 Word 文档中，其实许多表格的内容大部分是文本，表格也只是作为容纳这些文本的容器而已，并不会使用到表格的数据处理功能。在某些情况下，这类表格是完全可以用文本来代替的，甚至比使用表格更加合适。

Word 中提供了一项功能，可以帮助用户快速将表格转换为文本，节省了用户手动提取表格内容的时间。

◎操作解析

下面以在"日程安排"文档中将表格转换成文本为例，讲解其相关操作。

◎下载/初始文件/第 11 章/日程安排.docx　　◎下载/最终文件/第 11 章/日程安排.docx

Step01 打开素材文件，❶单击文档中表格左上角的全选按钮⊞，❷在"表格工具 布局"选项卡的"数据"组中单击"转换为文本"按钮，如图 11-21 所示。

图 11-21　单击"转换为文本"按钮

Step02 ❶在打开的"表格转换成文本"对话框中选择合适的文字分隔符，如选中"制表符"单选按钮，❷单击"确定"按钮即可，如图 11-22 所示。

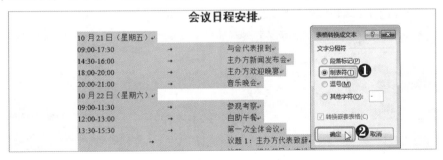

图 11-22　单击"确定"按钮

11.3.3　如何为文档中的表格进行排序

◎应用说明

Word 文档中的表格虽然没有 Excel 电子表格那么强大的数据处理能力，但也具备了一些简单的数据处理功能，排序就是其一。

顺序对于阅读也是有比较大的影响的。一般情况下，在文档中使用表格时，会将比较重要的内容放在前面。而对于一些根据数据大小来比较数据重要性的表格，使用排序就可以快速将表格中的内容按重要性排列。

◎操作解析

下面以在"网络购物渗透率"文档中将表格按照北京的渗透率进行降序排列为例，讲解为文档中的表格进行排序的相关操作。

◎下载/初始文件/第 11 章/网络购物渗透率.docx　　　◎下载/最终文件/第 11 章/网络购物渗透率.docx

Step01 打开素材文件，❶将文本插入点定位到表格的任意单元格中，❷在"表格工具 布局"选项卡的"数据"组中单击"排序"按钮，如图 11-23 所示。

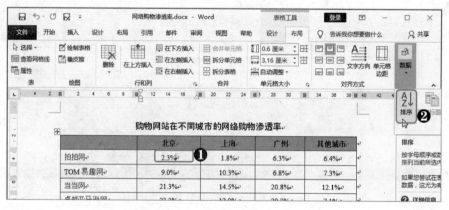

图 11-23　单击"排序"按钮

Step02 ❶在打开的"排序"对话框中选择"北京"选项为主要关键字，❷在其右侧选中"降序"单选按钮，❸单击"确定"按钮即可，如图 11-24 所示。

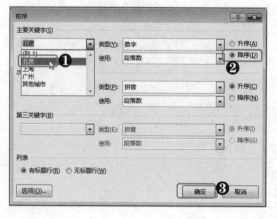
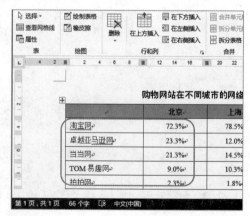

图 11-24　设置排序方式

第 12 章
Excel 数据管理与处理技巧

Excel 作为一款强大的表格制作与数据处理软件，其许多的使用技巧都等待用户去发掘与掌握。学习基础知识和操作主要是为了能够使用 Excel 完成表格制作与数据处理工作，而学习使用技巧则旨在以更加简单、快速的方式去完成这些工作。

|本|章|要|点|
· Excel 数据录入与编辑技巧
· 公式与函数的使用技巧
· 数据分析与管理技巧

12.1 Excel 数据录入与编辑技巧

在 Excel 中，有些数据的录入并不是直接输入即可，有的数据则可以用更加快捷的输入方式，而有的数据则可以让系统自动输入。因此，为了能够在 Excel 中正确、高效地输入与编辑数据，掌握一些 Excel 中的数据录入与编辑技巧是非常必要的。

12.1.1 如何输入并完整显示身份证号码

◎应用说明

在 Excel 中，单元格中的数字最多不能超过 11 位数，当超过 11 位数字时，单元格中会以科学计数法显示。如在单元格中输入 18 位数字的身份证号码后，单元格中显示为 "4.30923E+17"。显然，身份证号码以这种方式显示是不合理的，且这种科学计数法会将从第 16 位数字开始的所有数字以 0 代替。因此，当输入身份证号码后，不仅单元格中是以科学计数法显示，在编辑栏中也无法正确显示身份证号码。

解决这一问题的方法即是将需要输入身份证号码的单元格区域的数字格式设置为文本，从而让系统无法将身份证号码识别为数字并进行相应处理。

◎操作解析

下面以在 "客户信息登记表" 工作簿中设置数字格式为文本，从而完整显示身份证号码为例，讲解相关操作方法。

◎下载/初始文件/第 12 章/客户信息登记表.xlsx   ◎下载/最终文件/第 12 章/客户信息登记表.xlsx

Step01 打开素材文件，❶选择需要输入身份证号码的列，❷在 "开始" 选项卡的 "数字" 组中单击 "数字格式" 下拉按钮，❸在下拉列表中选择 "文本" 选项即可，如图 12-1 所示。

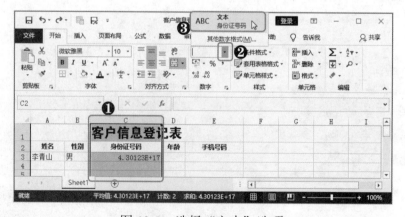

图 12-1　选择 "文本" 选项

Step02 ❶选择已输入身份证号码但显示不正确的单元格，❷在编辑栏中将身份证号码后 3 位修改正确即可，如图 12-2 所示。

图 12-2　修改身份证号码后 3 位被 0 代替的数字

12.1.2　自定义数字格式的巧妙应用

◎应用说明

Excel 中系统内置的数字格式毕竟有限，在一些特殊情况下，并不能找到完全合适的数字格式。因此需要用户自定义数字格式，从而让数据显示为需要的格式。

◎操作解析

下面以在"车间产量统计表"工作簿中通过自定义数字格式使系统自动在"编号"列将编号补充完整、在"总计"列的数据后添加单位为例，讲解相关操作方法。

◎下载/初始文件/第 12 章/车间产量统计表.xlsx　　　◎下载/最终文件/第 12 章/车间产量统计表.xlsx

Step01 打开素材文件，❶选择需要自动补充完整编号的单元格区域，❷在"数字"组中单击"对话框启动器"按钮，❸在打开的"设置单元格格式"对话框的"数字"选项卡中的"分类"列表框中选择"自定义"选项，❹在"类型"文本框中输入"XT2018000#"，如图 12-3 所示，然后单击"确定"按钮即可。

图 12-3　使用自定义数字格式补充编号

Step02 ❶选择"总计"列中需要添加单位的单元格区域，❷在"自定义"选项的"类型"文本框中输入"#件",如图 12-4 所示,然后单击"确定"按钮。

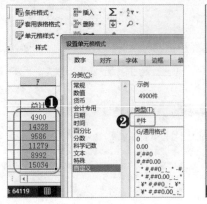

图 12-4 使用自定义数字格式添加单位

12.1.3 怎样在不连续单元格输入相同数据

◎**应用说明**

在表格中录入数据时,可能有许多单元格的数据是相同的,但这些单元格又不连续,无法使用自动填充功能来快速输入数据。这时,大部分用户可能会将数据复制,然后逐个粘贴到其他单元格中。这种方式比逐个重复输入数据快了许多,但还是过于麻烦。

作为商务办公人员,效率是最重要的。那么,如何在不连续的单元格中快速地输入相同的数据呢?

◎**操作解析**

下面以"员工能力考评表"工作簿中一次性在多个不连续的单元格中输入相同数据为例,讲解快速在不连续单元格中输入相同数据的相关操作方法。

◎下载/初始文件/第 12 章/员工能力考评表.xlsx ◎下载/最终文件/第 12 章/员工能力考评表.xlsx

Step01 打开素材文件,❶选择需要输入相同数据的单元格(按住【Ctrl】键进行选择),❷在编辑栏中输入数据,如图 12-5 所示。

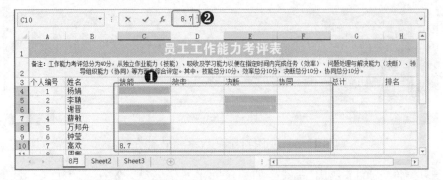

图 12-5 选择不连续单元格并在编辑栏输入数据

Step02 数据输入完成后，按【Ctrl+Enter】组合键即可将数据快速输入到所选择的多个不连续单元格中，如图 12-6 所示。

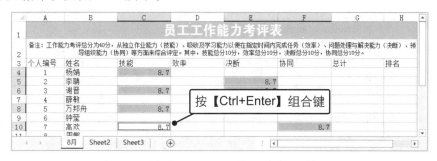

图 12-6　按【Ctrl+Enter】组合键后效果图

12.1.4 快速将行与列之间的数据互换

◎**应用说明**

在一些特殊情况下，可能需要将表格行和列的数据互换，即将表格的行变成列、列变为行。完成这个要求其实不难，通过 Excel 的"剪贴板"组即可完成。

◎**操作解析**

下面以在"产品销量表"工作簿中通过复制和选择性粘贴操作将行和列的数据互换为例，讲解相关操作方法。

◎下载/初始文件/第 12 章/产品销量表.xlsx　　　◎下载/最终文件/第 12 章/产品销量表.xlsx

Step01 打开素材文件，❶选择需要行和列互换数据的单元格区域，❷在"剪贴板"组中单击"复制"按钮（或按【Ctrl+C】组合键），❸选择工作表中任意空白单元格，❹单击"粘贴"下拉按钮，❺在弹出的下拉菜单中选择"选择性粘贴"命令，如图 12-7 所示。

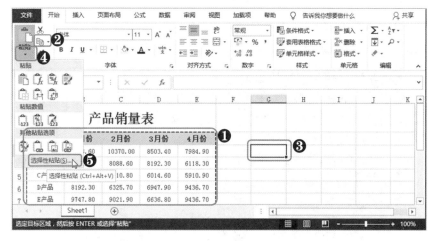

图 12-7　选择"选择性粘贴"命令

Step02 ❶在打开的"选择性粘贴"对话框中选中"转置"复选框，❷单击"确定"按钮即可完成行和列数据互换，如图 12-8 所示。

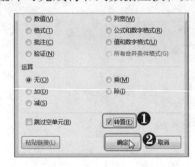

图 12-8 完成转置

12.2 公式与函数的使用技巧

公式与函数是 Excel 中计算和处理数据非常重要的工具。为了更加深刻地理解公式与函数的用法，灵活使用公式与函数，下面介绍一些常用的使用技巧。

12.2.1 如何引用其他工作表的单元格

◎应用说明

在使用公式或函数时，引用单元格或单元格区域是必不可少的。但是，当需要的数据在另外的工作表时，应该如何引用呢？

◎操作解析

下面以在"个人销售统计"文件的"季度汇总"工作表中引用"个人销售统计"工作表的单元格区域为例，讲解引用其他工作表单元格的相关操作方法。

◎下载/初始文件/第 12 章/个人销售统计.xlsx　　　◎下载/最终文件/第 12 章/个人销售统计.xlsx

Step01 打开素材文件，❶在"季度汇总"工作表中选择 B3 单元格，❷在编辑栏插入 SUM()函数，❸在工作表标签组中选择"个人销售统计"工作表，如图 12-9 所示。

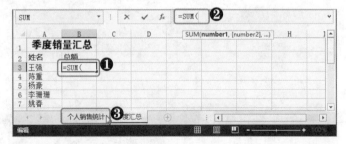

图 12-9 在工作表标签组选择"个人销售统计"工作表

Step02 ❶在"个人销售统计"工作表中选择需要引用的单元格区域，❷在编辑栏单击"输入"按钮 ✓（或按【Enter】键），如图 12-10 所示。然后使用快速填充将其他数据填充完成即可。

图 12-10　选择需要引用的单元格区域

12.2.2　如何为公式定义名称

◎应用说明

如果工作表中使用了比较复杂的公式，可能时间久了就会忘记该公式的作用。为公式定义名称可以很好地解决这一问题，定义名称不仅可以明确地说明该公式的作用，还可以直接使用定义的名称来完成公式的计算。

◎操作解析

下面以在"销售业绩评定"文件中为公式定义名称并使用名称来完成计算为例，讲解定义公式名称的相关操作方法。

◎下载/初始文件/第 12 章/销售业绩评定.xlsx　　　◎下载/最终文件/第 12 章/销售业绩评定.xlsx

Step01 打开素材文件，❶选择 L3 单元格，❷在"公式"选项卡的"定义的名称"组中单击"定义名称"按钮，❸在打开的"新建名称"对话框中的"名称"文本框输入公式名称，❹在"引用位置"文本框中输入公式"=IF(K3>=200000,"优秀",IF(K3<150000,"一般",IF(K3>=150000,"良好",)))"，❺单击"确定"按钮，如图 12-11 所示。

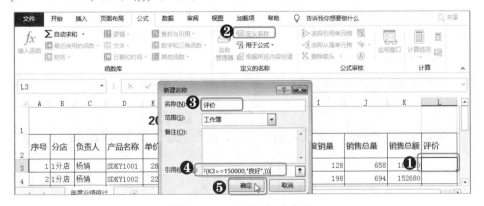

图 12-11　定义公式名称

Step02 ❶单击"用于公式"下拉按钮，❷在弹出的下拉菜单中选择新定义的名称，这里选择"评价"选项，❸在编辑栏单击"输入"按钮，然后使用快速填充功能将其他单元格填充数据即可，如图 12-12 所示。

图 12-12　使用定义的公式名称进行计算

12.2.3　如何根据身份证号码自动识别性别

◎应用说明

　　身份证号码中其实是包含了性别信息的（身份证号码倒数第 2 位，即第 17 位数字是奇数则为男性，偶数则为女性）。因此，在制作员工信息表、客户信息表等这类需要填写身份证号码和性别等信息的表格时，可以利用函数和公式来提取性别信息并输入到单元格中。

◎操作解析

　　下面以在"员工档案表"文件中使用公式根据身份证号码自动输入员工性别为例，讲解根据身份证号码自动识别性别的相关操作方法。

◎下载/初始文件/第 12 章/员工档案表.xlsx　　　◎下载/最终文件/第 12 章/员工档案表.xlsx

Step01 打开素材文件，❶选择需要输入性别的单元格，这里选择 C3 单元格，❷在编辑栏中输入公式"=TEXT(MOD(MID(K3,17,1),2),"[=0]女；[=1]男")"，❸单击"输入"按钮，如图 12-13 所示。

编号	姓名	性别	年龄	出生日期	学历	参工时间	所属部门	联系电话	老身份证号	新身份证号
001	鱼家羊	1]男")	58	1960年10月23日	本科	2004年9月	客服	139****7372	511×××196010235001	511×××196010235001
002	秋引春		38	1980年11月20日	本科	2004年9月	后勤	135****5261	511×××198011205723	511×××198011205723
003	那娜		37	1981年03月11日	大专	2004年11月	市场	139****6863	511×××198103113825	511×××198103113825
004	杨恒露		70	1948年11月13日	本科	2003年6月	市场	133****0269	511×××194811134314	511×××194811134314
005	许阿		52	1966年06月06日	大专	1999年9月	客服	135****4563	511×××196606066972	511×××196606066972

图 12-13　在 C3 单元格插入识别性别的公式

Step02 通过快速填充为"性别"列填入该公式即可完成根据身份证号码自动识别并输入性别的操作，如图 12-14 所示。

	A	B	C	D	E	F	G	H	I	J	K
11	009	柳飘飘	女	43	1975年12月02日	本科	2002年12月	市场	135****7233	511×××751202192	511×××19751202192X
12	010	林零七	男	49	1969年01月03日	本科	1999年7月	财务	133****2589	511×××196901032334	511×××196901032334
13	011	周旺财	男	68	1950年05月25日	本科	2004年5月	客服	139****9080	511×××195005254515	511×××195005254515
14	012	张小强	男	38	1980年05月25日	本科	2004年5月	客服	138****5222	511×××198005253332	511×××198005253332
15	013	柏古今	男	59	1959年04月26日	高中	2005年10月	后勤	138****2314	511×××195904263771	511×××195904263771
16	014	余邸子	女	33	1985年08月08日	本科	2005年12月	财务	135****7264	511×××198508086646	511×××198508086646
17	015	吴 名	男	41	1977年02月30日	硕士	2006年4月	后勤	133****8554	511×××197702306330	511×××197702306330
18											

图 12-14　自动识别性别效果图

◎**公式说明**

本例使用的公式为"=TEXT(MOD(MID(K3,17,1),2),"[=0]女；[=1]男")"，可以看到，其由 3 个函数嵌套而成，下面对其含义进行讲解。

MID()函数的作用是从文本字符串指定的起始位置返回指定长度的字符。因此，MID(K3,17,1)表示从 K3 单元格的文本中从第 17 位开始取 1 个长度的字符，即只取身份证号码的第 17 位数。

MOD()函数是取余函数，以第一个参数除以第 2 个参数，然后返回余值。因此，嵌套函数 MOD(MID(K3,17,1),2)表示以身份证号码的第 17 位数除以 2 取余。

TEXT()函数则用于将指定的数值转换为文本。所以，本例中使用的自动识别公式其实就是将身份证号码的第 17 位数除以 2 取余，然后将余数转换为文本。即当余数为 0 时，将 0 转换为"女"；余数为 1 时，将 1 转换为"男"。

12.3　数据分析与管理技巧

对于商务办公用户而言，数据分析和管理是需要重点掌握的。在学习了数据分析与管理的基本知识后，掌握一些实用的技巧能够让数据分析与管理变得更加简单。

12.3.1　隐藏饼图中所占比例接近于 0 的数据标签

◎**应用说明**

在饼图中，某一数据所占比例非常小时，其在饼图中可能会显示为一条缝隙，而其数据标签则会显示在饼图的外侧。对于这种近乎 0 的、可以忽略不计的数据，可以将其隐藏，从而使整个图表更加美观、布局更为合理。

◎**操作解析**

下面以在"电热风扇销量表"文件中将饼图的 4 月份到 8 月份的数据标签隐藏为例，

讲解隐藏饼图数据标签的相关操作方法。

◎下载/初始文件/第 12 章/电热风扇销量表.xlsx   ◎下载/最终文件/第 12 章/电热风扇销量表.xlsx

Step01 打开素材文件，❶选择饼图的所有数据标签并右击，❷在弹出的快捷菜单中选择 "设置数据标签格式" 命令，❸在右侧打开的 "设置数据标签格式" 任务窗格的 "标签选项" 选项卡中展开 "数字" 选项，❹在 "类别" 下拉列表框中选择 "自定义" 选项，如图 12-15 所示。

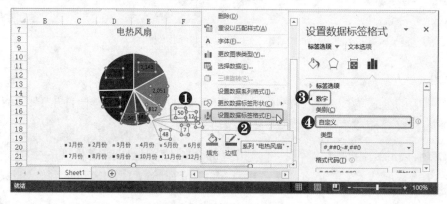

图 12-15　选择 "自定义" 选项

Step02 ❶在 "格式代码" 文本框中输入 "[<0.01]"";0%" 代码，❷单击其右侧的 "添加" 按钮，❸在展开的 "标签选项" 选项中选中 "百分比" 复选框，❹取消选中 "值" 复选框，❺单击 "关闭" 按钮即可，如图 12-16 所示。

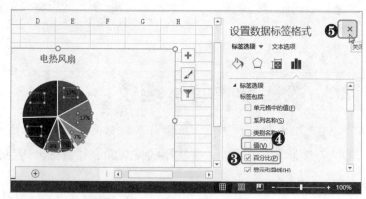

图 12-16　完成隐藏百分比趋近于 0 的数据标签

12.3.2　将分类汇总数据进行自动分页

◎**应用说明**

一般情况下，创建分类汇总后，所有数据都在一个页面中，这种情况有时候并不适合打印。如果要将分类汇总的数据按照各组分页打印，就需要将分类汇总进行分页处理。

◎操作解析

下面以在"销售统计表"文件中将分类汇总按组进行分页为例，讲解将分类汇总数据进行自动分页的相关操作方法。

◎下载/初始文件/第 12 章/销售统计表.xlsx　　◎下载/最终文件/第 12 章/销售统计表.xlsx

Step01 打开素材文件，❶在"数据"选项卡的"分级显示"组中单击"分类汇总"按钮，❷在打开的"分类汇总"对话框中完成相应的设置后选中"每组数据分页"复选框，❸单击"确定"按钮，如图 12-17 所示。

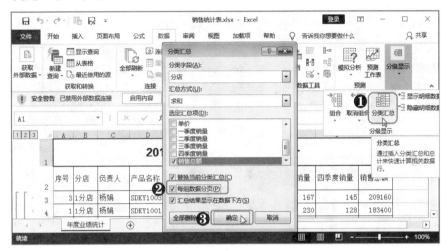

图 12-17　选中"每组数据分页"复选框

Step02 在分页预览视图中即可查看自动分页后的分类汇总打印效果，如图 12-18 所示。

序号	分店	负责人	产品名称	单价	一季度销量	二季度销量	三季度销量	四季度销量	销售总额
					2018年产品年度销售业绩统计				
3	1分店	杨娟	SDKY1003	315	192	250	167	145	209160
1	1分店	杨娟	SDKY1001	280	150	147	230	128	183400
2	1分店	杨娟	SDKY1002	220	158	200	138	198	152680
	1分店	汇总							545240
4	2分店	马英	SDKY1001	280	150	210	160	135	183400
6	2分店	马英	SDKY1003	315	186	187	120	110	183330
5	2分店	马英	SDKY1002	220	182	198	145	126	143220
	2分店	汇总							509950
9	3分店	张炜	SDKY1003	315	197	200	126	199	227430
7	3分店	张炜	SDKY1001	280	240	185	193	187	217000
8	3分店	张炜	SDKY1002	220	110	190	110	115	115500
	3分店	汇总							559930

图 12-18　分类汇总分页打印效果

12.3.3　通过组合功能隐藏数据

◎应用说明

当表格中的数据过多时，对数据的查看就会造成一定的影响。为了更容易查看需要的数据，可以将一些暂时不需要的数据隐藏起来。通过组合的方式，可以将不需要显示的数据组合在一起，然后将其隐藏。

◎操作解析

　　下面以在"产品生产记录"文件中将各车间的生产数据隐藏，只显示总产量为例，讲解使用组合功能隐藏数据的相关操作方法。

◎下载/初始文件/第 12 章/产品生产记录.xlsx　　　◎下载/最终文件/第 12 章/产品生产记录.xlsx

Step01 打开素材文件，❶选择需要隐藏的数据所在列的任意单元格，❷在"数据"选项卡的"分级显示"组中单击"组合"按钮，❸在打开的"组合"对话框中选中"列"单选按钮，❹单击"确定"按钮即可，如图 12-19 所示。

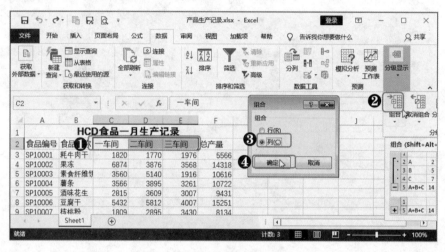

图 12-19　组合需要隐藏的列

Step02 创建列的组合之后，在列标签的上方单击█按钮即可将组合的列隐藏起来，如图 12-20 所示。

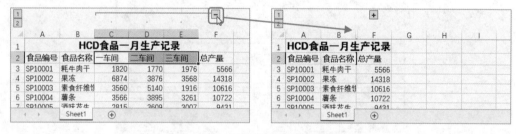

图 12-20　隐藏组合列的效果

知识延伸　*快速清除数据的组合*

　　如果工作表中的行或列创建了组合，而现在已经不需要组合或者有部分行或列需要取消组合，则可以执行如下操作。

Step01 ❶选择需要退出组合的列的任意单元格，❷在"分级显示"组中单击"取消组合"下拉按钮，❸在弹出的下拉菜单中选择"取消组合"命令即可将该列从组合中删除，❹在打开的"取消组合"对话框中选中"列"单选按钮，❺单击"确定"按钮，如图 12-21 所示。

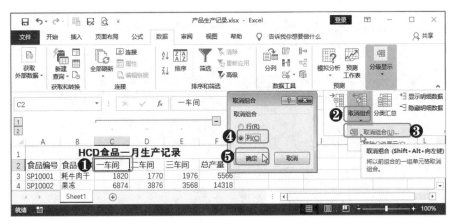

图 12-21　取消部分组合

Step02 如果要将工作表中的所有组合全部清除，则在"取消组合"下拉菜单中选择"清除分级显示"选项即可，如图 12-22 所示。

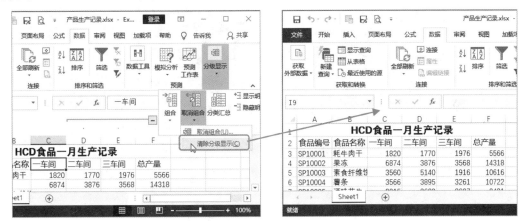

图 12-22　取消全部组合

12.3.4 添加辅助列快速将数据恢复为排序前的顺序

◎应用说明

对表格进行了排序后，其原有的顺序就会被打乱。如果排序之后还进行了许多其他的操作，则使用撤销操作也可能无法让表格变为排序前的顺序。其实，在对表格进行排序之前，可以添加一个辅助列。之后如果想恢复为排序前的顺序，只需要按辅助列进行排序即可。

◎操作解析

下面以在"员工考评"文件中在按排名排序之前添加辅助列，并通过辅助列恢复顺序为例，讲解其相关操作方法。

◎下载/初始文件/第 12 章/员工考评.xlsx　　　◎下载/最终文件/第 12 章/员工考评.xlsx

Step01 打开素材文件，❶表格右侧添加辅助列(即输入一组连续的数字，如 1、2、3……)，
❷以"排名"列对表格进行升序排序，如图 12-23 所示。

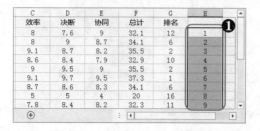

图 12-23　在排序之前添加辅助列

Step02 以添加的辅助列进行升序排序即可将表格的顺序恢复为排序之前的顺序，如图 12-24 所示。

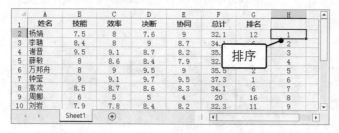

图 12-24　恢复顺序

第13章
PowerPoint 商务演示技巧

制作演示文稿是非常简单的，但制作出精美而专业的演示文稿却是相对困难的。掌握 PowerPoint 的基础知识能够让用户快速学会演示文稿的制作，而掌握 PowerPoint 的各种技巧则能够让用户制作出的演示文稿更加美观而独特。

|本|章|要|点|
- 幻灯片编辑技巧
- PowerPoint 动画制作技巧
- 演示文稿的放映技巧

13.1 幻灯片编辑技巧

幻灯片是演示文稿中最重要的部分，如何高效地制作美观的幻灯片，是制作演示文稿的用户要解决的问题，而学习一些实用的幻灯片编辑技巧无疑是一个很好的办法。

13.1.1 怎样在同一演示文稿中使用多个主题

◎应用说明

在制作演示文稿时，应该不难发现，当在"主题"列表框中选择一个主题后，该主题将会自动应用到所有幻灯片中，确实非常方便。但某些时候，需要在不同幻灯片中添加不同的主题，那么怎样才能在同一个演示文稿中使用多个主题呢？

◎操作解析

下面以在"销售技能培训"演示文稿中使用多个主题为例，讲解在同一个演示文稿使用多个主题的相关操作方法。

◎下载/初始文件/第 13 章/销售技能培训.pptx　　◎下载/最终文件/第 13 章/销售技能培训.pptx

Step01 打开素材文件，❶选择第 1 张幻灯片，❷在"设计"选项卡的"主题"组中需要使用的主题上右击，❸在弹出的快捷菜单中选择"应用于选定幻灯片"命令，如图 13-1所示。

图 13-1　选择"应用于选定幻灯片"命令

Step02 ❶选择最后一张幻灯片，❷在"主题"组中需要使用的主题上右击，❸选择"应用于选定幻灯片"命令，如图 13-2 所示。

图 13-2　为最后一张幻灯片使用不同的主题

13.1.2 如何对幻灯片中的文本框内容进行分栏

◎应用说明

在制作幻灯片时，如果文本内容较多，许多用户可能会使用多个文本框来容纳这些文本，使这些文本区分开来，方便阅读。但是这需要多次插入文本框、多次进行格式和样式编辑等，降低了制作效率。

其实，幻灯片中的文本框也可以进行分栏，如 Word 文档的分栏一样，并可以调整栏与栏之间的间距，从而使文本框中的内容更容易阅读。

◎操作解析

下面以在"新员工培训"演示文稿中为第 11 张幻灯片的文本框进行分栏为例，讲解相关的操作方法。

◎下载/初始文件/第 13 章/新员工培训.pptx　　◎下载/最终文件/第 13 章/新员工培训.pptx

Step01 打开素材文件，❶选择第 11 张幻灯片，❷选择需要分栏的文本框，❸在"开始"选项卡的"段落"组中单击"添加或删除栏"下拉按钮，❹选择"更多栏"命令，❺在打开的"栏"对话框中设置栏数和间距，❻单击"确定"按钮即可，如图 13-3 所示。

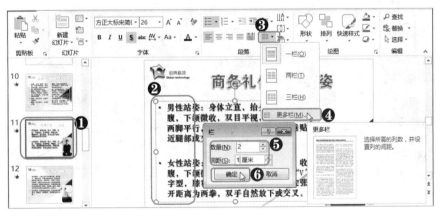

图 13-3　设置分栏数和间距

Step02 为文本框分栏后，调整文本框大小和位置，使之重新适应当前幻灯片即可，如图 13-4 所示。

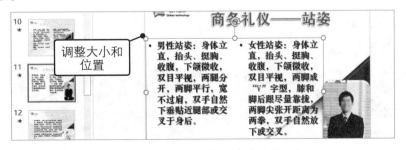

图 13-4　调整文本框大小和位置

13.1.3 如何更改视频文件的默认显示画面

◎应用说明

在幻灯片中插入视频文件后，视频图标的默认显示画面为视频的第一个画面。大多数情况下，视频的第一个画面无论是在美观，还是内容等各方面都不是作为显示画面最合适的选择。

因此，在插入视频文件后，还需要对幻灯片中的视频图标显示画面进行更改，从而让幻灯片更加美观，且让视频文件展示出与演示文稿联系更为密切的画面。

◎操作解析

下面以在"凤凰古城风景展示"演示文稿中为第 9 张幻灯片的视频文件更改默认显示画面为例，讲解相关的操作方法。

◎下载/初始文件/第 13 章/凤凰古城风景展示.pptx   ◎下载/最终文件/第 13 章/凤凰古城风景展示.pptx

Step01 打开素材文件，❶选择第 9 张幻灯片，❷单击"播放/暂停"按钮播放视频文件并在需要作为显示画面的位置暂停播放，如图 13-5 所示。

图 13-5　播放视频文件至需要作为显示画面的位置

Step02 ❶在"视频工具 格式"选项卡的"调整"组中单击"海报框架"下拉按钮，❷在弹出的下拉菜单中选择"当前帧"选项即可，如图 13-6 所示。

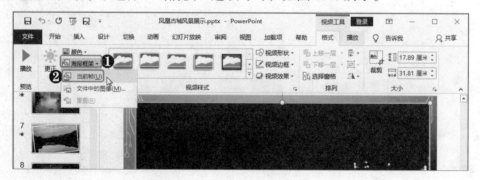

图 13-6　选择"当前帧"选项

13.2 PowerPoint 动画制作技巧

使用 PowerPoint 制作出近乎视频效果的动画也是不难的，但多数用户只能使用一些简单的动画效果和动作路径。这就是掌握动画制作技巧与只掌握基础知识的区别，下面介绍一些实用动画技巧，提升用户对于动画制作的熟练度。

13.2.1 如何编辑动作路径的顶点

◎应用说明

如果幻灯片对象使用了路径动画，但其动作路径不够合适时，多数用户会选择重新选择动作路径或重新绘制自定义动作路径。但有些时候其实只是稍微有点偏差，动作路径整体不需要太多改变，这种情况下即使重新选择或绘制也可能依旧存在些许偏差，无法做到恰到好处。

因此，当只需要对动作路径进行小幅度的修改时，可以通过编辑动作路径顶点的方式对其进行调整，从而达到要求。

◎操作解析

下面以在"销售技巧"演示文稿中对动作路径的顶点进行编辑从而使动作路径更为合适为例，讲解编辑动作路径顶点的相关操作方法。

◎下载/初始文件/第 13 章/销售技巧.pptx　　◎下载/最终文件/第 13 章/销售技巧.pptx

Step01 打开素材文件，❶单击"动画"选项卡，❷选择需要进行编辑的动作路径，❸在其上右击并选择"编辑顶点"命令，如图 13-7 所示。

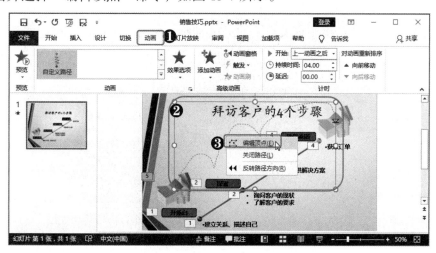

图 13-7　选择"编辑顶点"命令

Step02 ❶将鼠标光标移至需要编辑的顶点，待鼠标光标变为 ⊕ 形状时按住鼠标左键拖动即可调整顶点，❷拖动其他需要调整的顶点完成动作路径的编辑，如图 13-8 所示。

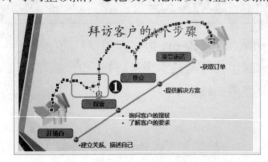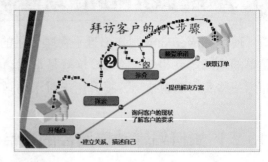

图 13-8　编辑顶点

13.2.2　用时间轴快速调整动画时间

◎**应用说明**

在制作幻灯片动画效果时，调整动画效果的时间可以在"动画"选项卡的"计时"组中直接输入时间，也可以通过拖动时间轴的方式进行设置。

当幻灯片中的动画效果较多时，逐个去为动画效果输入持续时间和延迟时间是很耗时的，而使用拖动时间轴的方式则要节省很多时间。

◎**操作解析**

下面以在"工艺品销售推广"演示文稿中通过拖动时间轴快速为多个动画设置持续时间和延迟时间为例，讲解相关操作方法。

◎下载/初始文件/第 13 章/工艺品销售推广.pptx　　　◎下载/最终文件/第 13 章/工艺品销售推广.pptx

Step01 打开素材文件，❶单击"动画"选项卡中的"动画窗格"按钮，❷将鼠标光标移至"动画窗格"任务窗格中需要设置时间的动画效果对应的时间轴的右侧边（或左侧边）上，此时鼠标光标变为↔形状，❸按住鼠标左键拖动即可调整动画的持续时间，如图 13-9 所示。

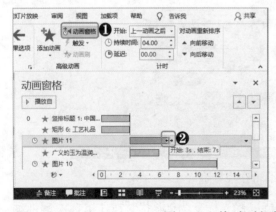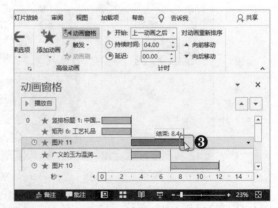

图 13-9　拖动时间轴设置动画持续时间

Step02 ❶将鼠标光标移至动画效果时间轴中，此时鼠标光标变为➡形状，❷按住鼠标左键拖动即可调整动画的延迟时间（即开始播放的时间），如图 13-10 所示。

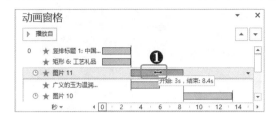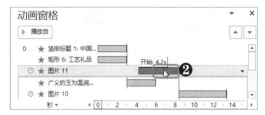

图 13-10　拖动时间轴设置动画开始时间

13.2.3　使用触发器巧妙控制动画播放

◎应用说明

在制作演示文稿时，往往要考虑得比较全面，才能将演示文稿可能会放映的内容都编辑完成。动画效果也是如此，演示文稿制作者会将可能需要的动画全部制作到幻灯片中。但实际上，根据场合的不同、观众的不同等，需要播放的动画效果也可能不同。而根据不同情况制作多份演示文稿又会严重浪费时间，那么怎样才能解决这一问题？

为动画效果添加触发器是一个很好的方法，当需要播放某个动画时，就单击对应的触发器；而不需要播放的动画，不去单击则不会播放。

◎操作解析

下面以在"销售技能培训 1"演示文稿中为动画添加触发器为例，讲解使用触发器控制动画播放的相关操作方法。

◎下载/初始文件/第 13 章/销售技能培训 1.pptx　　◎下载/最终文件/第 13 章/销售技能培训 1.pptx

Step01 打开素材文件，❶选择第 5 张幻灯片并单击"动画"选项卡的"动画窗格"按钮，❷选择需要用触发器控制的动画效果，❸在"高级动画"组中单击"触发"下拉按钮，❹选择"通过单击"命令，❺选择合适的幻灯片对象作为触发器，如图 13-11 所示。

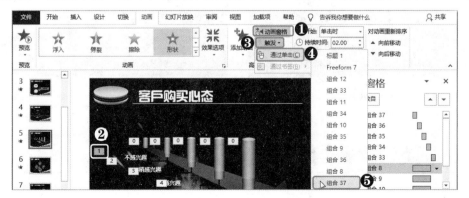

图 13-11　为动画添加触发器

> ⚡ **提个醒：为什么要打开"动画窗格"任务窗格**
>
> 由图 13-11 可知，在选择幻灯片对象作为触发器时，在"通过单击"命令的子菜单中只能根据幻灯片对象的名称来选择。但是在幻灯片中又无法查看对象名称，而通过"动画窗格"任务窗格可以侧面地了解到对象对应的名称（在幻灯片中选择对象后，"动画窗格"任务窗格中对应的动画效果同样会被选择，颜色变深，如本例中选择的对象名称为"组合 8"），从而辅助我们准确地选择作为触发器的对象。

Step02 以上述相同的方法为其他需要使用触发器控制的动画添加对应的触发器，如图 13-12 所示，添加了触发器的动画效果其动画标签由原来的数字变成 ⚡ 符号。

图 13-12　为其他动画添加触发器

Step03 放映演示文稿时，单击相应的触发器即可播放与之对应的动画效果，如图 13-13 所示。

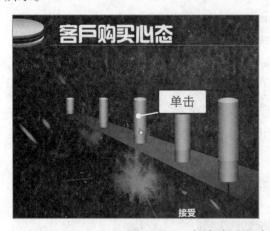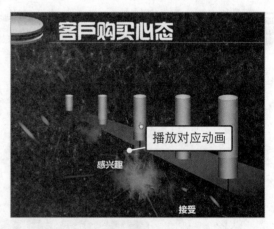

图 13-13　在放映过程中单击触发器控制动画播放

13.3　演示文稿的放映技巧

制作演示文稿的最终目的就是为了放映出来，将内容展示给观众。掌握一些演示文稿的放映技巧，可以更好地、更为熟练地放映演示文稿。

13.3.1 在放映过程中快速跳转到指定幻灯片

◎应用说明

在放映演示文稿时，经常会需要从当前放映的幻灯片跳转到其他幻灯片进行放映，如需要放映已经被放映过的幻灯片或在当前幻灯片后面放映不相邻的幻灯片等。这些情况下，大多数用户会直接退出放映状态，然后选择需要放映的幻灯片再进行放映。其实大可不必如此麻烦，在放映过程中就可以直接跳转到指定的幻灯片继续放映。

◎操作解析

下面以在"基本商务礼仪"演示文稿的放映过程中跳转到到指定幻灯片继续放映为例，讲解相关操作方法。

◎下载/初始文件/第 13 章/基本商务礼仪.pptx　　◎下载/最终文件/第 13 章/无

Step01 打开素材文件并放映演示文稿，在放映过程中右击并在弹出的快捷菜单中选择"查看所有幻灯片"命令，如图 13-14 所示。

图 13-14　选择"查看所有幻灯片"命令

Step02 此时演示文稿的所有幻灯片会以缩略图的形式显示，选择需要播放的幻灯片即可快速跳转到该幻灯片进行放映，如图 13-15 所示。

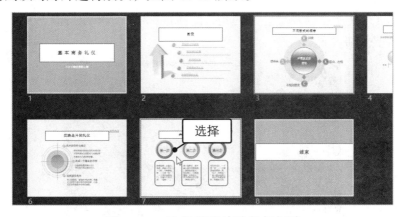

图 13-15　选择需要放映的幻灯片

13.3.2 如何在放映时隐藏鼠标光标

◎应用说明

默认情况下，放映演示文稿的过程中如果移动鼠标，鼠标光标也会显示出来。但某些情况下，在放映演示文稿时不希望显示鼠标光标，这就需要手动设置将鼠标光标隐藏起来。

◎操作解析

下面以设置"新员工培训 1"演示文稿在放映时不显示鼠标光标为例，讲解隐藏鼠标光标的操作方法。

◎下载/初始文件/第 13 章/新员工培训 1.pptx　　◎下载/最终文件/第 13 章/无

Step01 打开素材文件并放映演示文稿，❶在放映过程中右击，在弹出的快捷菜单中选择"指针选项"命令，❷选择"箭头选项"命令，❸在其子菜单中选择"永远隐藏"命令即可，如图 13-16 所示。

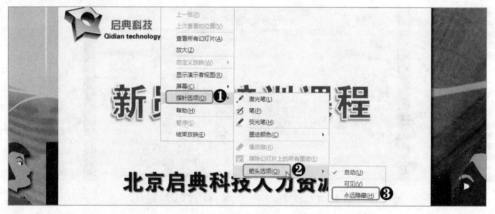

图 13-16　选择"永远隐藏"命令

Step02 设置鼠标光标隐藏之后，在本次放映过程中对鼠标进行任何操作都不会显示鼠标光标，如图 13-17 所示。需要注意的是，隐藏鼠标的设置只在本次放映过程中生效，下次放映时需要重新设置。

图 13-17　鼠标光标被隐藏的效果图

13.3.3 不打开文件直接放映演示文稿

◎应用说明

　　如果不需要对演示文稿进行任何编辑，只需要进行放映，其实是没必要将其打开的。与其他文件不同，演示文稿不用打开文件也可进行放映。这样既可以更加快速地对演示文稿进行放映，也不需要在退出放映状态后手动进行关闭程序的操作。

◎操作解析

　　下面以不打开文件就直接放映"新员工培训 2"演示文稿为例，讲解快速放映演示文稿的操作方法。

◎下载/初始文件/第 13 章/新员工培训 2.pptx　　　◎下载/最终文件/第 13 章/无

Step01 ❶选择需要放映的演示文稿文件，❷在其上右击并选择"显示"命令，如图 13-18 所示。

图 13-18　选择"显示"命令

Step02 此时将会直接开始放映该演示文稿，与打开文件后在 PowerPoint 中放映演示文稿效果一致，如图 13-19 所示。放映结束或按【Esc】键退出放映后，直接返回到电脑桌面，不需要进行任何关闭演示文稿的操作。

图 13-19　不打开文件放映演示文稿效果

13.3.4 将演示文稿转换为自放映文件

◎应用说明

对于一些比较重要的演示文稿，往往不希望其他用户对其进行编辑，而只允许放映。这时可以将演示文稿的类型进行更改，让其打开文件即可直接进入放映状态。

◎操作解析

下面以将"基本商务礼仪 1"演示文稿更改为自放映文件为例，讲解其相关的操作方法。

◎下载/初始文件/第 13 章/基本商务礼仪 1.pptx　　　◎下载/最终文件/第 13 章/基本商务礼仪 1.ppsx

Step01 打开素材文件，❶在"文件"选项卡中单击"导出"选项卡，❷在右侧界面中单击"更改文件类型"选项卡，❸在列表框中选择"PowerPoint 放映"选项，❹单击"另存为"按钮，如图 13-20 所示。

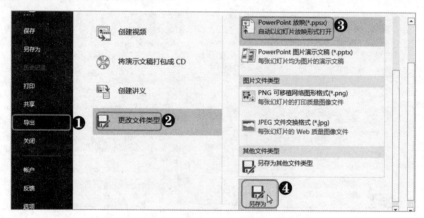

图 13-20　单击"另存为"按钮

Step02 ❶在打开的"另存为"对话框中选择保存位置，❷单击"保存"按钮，如图 13-21所示。

图 13-21　保存为自放映文件

第14章
商务实战之 Word 综合应用

学习 Word 的目的在于将其应用到生活和工作当中。在学习了 Word 的各种基础知识和操作后，就需要通过实战来验证是否已经将其掌握，同时也可以加深对 Word 的理解。

本章将通过两个实战案例来对 Word 的综合使用进行讲解，从而让用户了解使用 Word 制作文档的完整流程。

|本|章|案|例|
· 制作一份广告宣传单
· 制作"质量管理制度"文档

14.1 制作一份广告宣传单

广告宣传单是一种推销和宣传产品较为普遍的媒介，一份优秀的广告宣传单能够对产品的宣传和销售起到很好的推动作用。制作宣传单的重点在于内容精简、语意明确和有良好的视觉效果，让客户有阅读兴趣。

14.1.1 案例简述和效果展示

根据需要宣传的产品不同，广告宣传单自然是各不相同，但其制作方法却是殊途同归。本案例以制作一份用于宣传 3D 打印产品的文档为例，讲解制作广告宣传单的具体操作，其制作完成后的最终效果如图 14-1 所示。

◎下载/初始文件/第 14 章/宣传单 　　　◎下载/最终文件/第 14 章/宣传单.docx

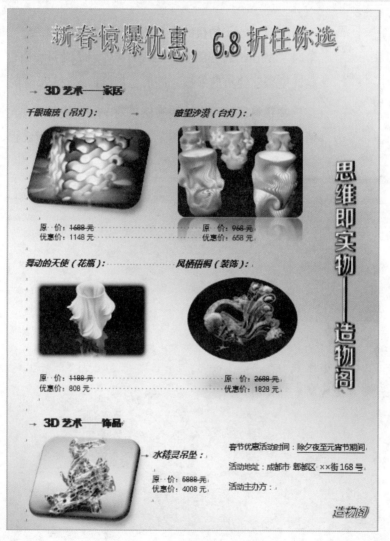

图 14-1　"宣传单"效果图

14.1.2 案例制作过程分析

在制作宣传单之前应确定纸张大小，再添加图片和文本等内容，这样才能使内容恰好适合纸张。本案例将制作宣传单分为 6 个步骤，其具体的制作流程以及涉及的知识分析如图 14-2 所示。

图 14-2　"宣传单"制作流程

14.1.3 新建"宣传单"空白文档

制作广告宣传单的首要工作自然是新建一份空白文档，然后将其保存到合适的位置并命名为"宣传单"，下面对具体的操作步骤进行介绍。

Step01 打开 Word 程序，❶在打开的界面中选择"空白文档"选项，❷在新建的空白文档的快速访问工具栏单击"保存"按钮，如图 14-3 所示。

图 14-3　新建空白文档并单击"保存"按钮

Step02 ❶在打开的"另存为"界面中单击"浏览"按钮，❷在打开的"另存为"对话框中选择文件保存位置，❸在"文件名"文本框中将文件重命名为"宣传单"，❹单击"保存"按钮即可，如图 14-4 所示。

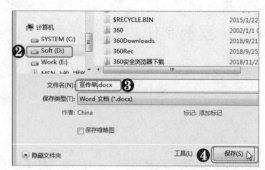

图 14-4 保存为"宣传单"文档

14.1.4 对宣传单页面进行设置

文档创建完成后，便需要对页面的纸张大小和页边距进行设置，避免在添加内容之后再对页面进行较大的调整，而造成内容布局发生较大改变。以下是对宣传单进行页面设置的具体操作步骤。

Step01 ❶单击"布局"选项卡，❷在"页面设置"组中单击"纸张大小"下拉按钮，❸选择合适的选项即可，这里选择"A4"选项，❹单击"纸张方向"下拉按钮，❺选择"纵向"选项，如图 14-5 所示。

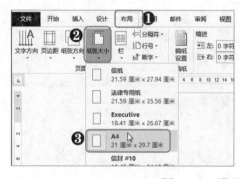

图 14-5 设置纸张大小和方向

Step02 ❶在"页面设置"组中单击"对话框启动器"按钮，❷在打开的"页面设置"对话框的"页边距"选项卡中将所有边距设置为"1 厘米"，如图 14-6 所示，然后单击"确定"按钮即可。

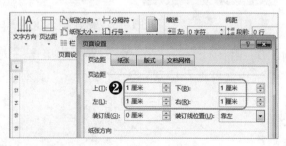

图 14-6 设置页面的页边距

14.1.5 设置宣传单背景

页面的大小、边距等设置好以后，接下来是为页面设置合适的背景。宣传单这一类型的文档，要求有良好的视觉效果，能够提起客户的阅读兴趣。因此，页面背景需要美观、舒适且符合意境。下面对设置宣传单背景的具体操作进行介绍。

Step01 ❶单击"设计"选项卡，❷在"页面背景"组中单击"页面颜色"下拉按钮，❸在弹出的下拉菜单中选择"填充效果"命令，如图 14-7 所示。

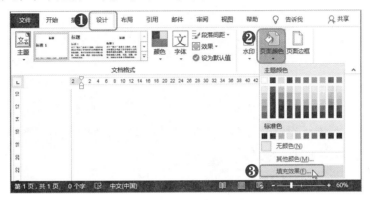

图 14-7　选择"填充效果"命令

Step02 ❶在打开的"填充效果"对话框的"渐变"选项卡中的"颜色"栏选中"双色"单选按钮，❷单击"颜色 1"下拉按钮，❸选择"其他颜色"命令，❹在打开的"颜色"对话框中选择合适的颜色，❺单击"确定"按钮，如图 14-8 所示。

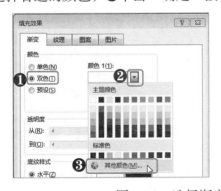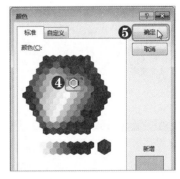

图 14-8　选择渐变背景的颜色

> **提个醒：为什么选择"双色"单选按钮**
>
> 渐变色是指颜色从明到暗、由深转浅。单色的渐变色效果欠佳，只有一个颜色深浅的转变；而双色渐变色则是由一种颜色过渡到另一种颜色的过程，变幻无穷。

Step03 ❶在"颜色 2"下拉列表框中选择"白色，背景 1"选项，❷在"底纹样式"栏中选中"斜下"单选按钮，❸在"变形"栏中选择合适的渐变样式，❹单击"确定"按钮，如图 14-9 所示。

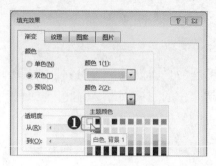
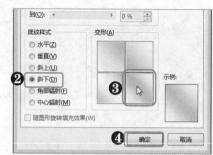

图 14-9　选择渐变背景的另一种颜色

14.1.6　编辑宣传单主题名称

宣传单的页面基本制作完成后，便可以开始输入和编辑宣传单的内容了。而在此之前需要确定宣传的主题是什么，才能着手制作宣传单的其他内容。所以应先将宣传单的主题输入到文档中并进行设置，以时刻提醒自己在文档制作过程中围绕主题进行。以下是输入并设置主题名称的具体操作。

Step01 ❶在"插入"选项卡的"文本"组中单击"艺术字"下拉按钮，❷在弹出的下拉列表中选择合适的艺术字样式，❸在插入的艺术字文本框中输入主题名称，如图 14-10 所示。

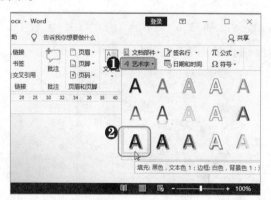
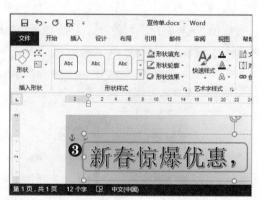

图 14-10　插入艺术字并输入主题名称

Step02 ❶在"绘图工具 格式"选项卡的"排列"组中单击"位置"下拉按钮，❷选择"顶端居中"选项，❸在"艺术字样式"组中单击"文字效果"下拉按钮，❹在弹出的下拉菜单中选择"转换"命令，❺在其子菜单的"弯曲"栏中选择"三角：倒"选项，如图 14-11 所示。

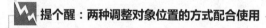

提个醒：两种调整对象位置的方式配合使用

使用"位置"下拉按钮可以快速将对象移动到文档指定的位置，但是并不一定是完全合适的位置。因此，在使用此方式将对象快速移动到大致合适的位置后，还需要手动进行拖动调整。

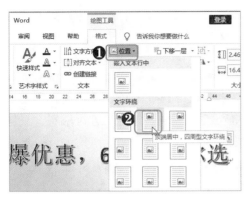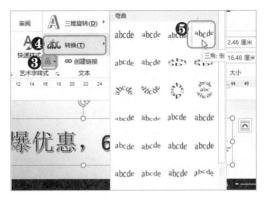

图 14-11　调整主题位置和文字效果

Step03 ❶单击"艺术字样式"组中的"文本填充"下拉按钮，❷选择"其他填充颜色"命令，❸在打开的"颜色"对话框的"自定义"选项卡中设置合适的颜色，❹单击"确定"按钮，❺再次插入一个艺术字文本框并输入文本，❻在"文本"组中单击"文字方向"下拉按钮，❼选择"垂直"选项，如图 14-12 所示。

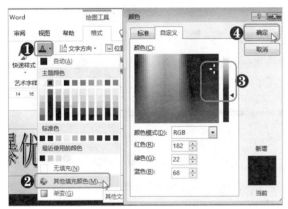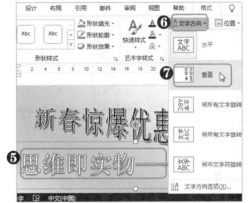

图 14-12　选择"垂直"选项

Step04 ❶在"位置"下拉菜单中将第 2 个艺术字文本框的位置设置为"中间居右"，❷以上述同样的方法在"文字效果"下拉菜单中设置艺术字文字效果，❸在"开始"选项卡的"字体"组中将字体设置为"方正正大黑简体"，如图 14-13 所示。

图 14-13　设置副标题位置、文字效果和字体

14.1.7 插入与编辑宣传图片

作为一份产品的广告宣传单，自然是少不了产品图片展示。产品图片不仅需要在拍摄时进行处理和美化，在插入到宣传单之后同样需要进行各种编辑，以确保能够适合文档并很好地展示产品。接下来便开始在文档中插入产品图片，并对其进行编辑，具体操作如下。

Step01 ❶在"插入"选项卡的"插图"组中单击"图片"按钮，❷在打开的"插入图片"对话框中选择需要插入的产品图片，❸单击"插入"按钮，如图 14-14 所示。

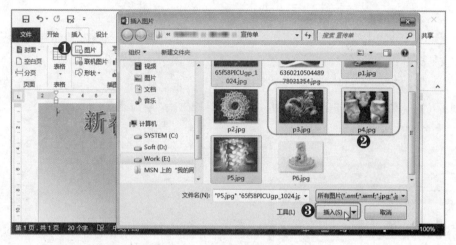

图 14-14　插入产品图片

Step02 ❶选择插入的图片，❷单击右侧的"布局选项"按钮，❸在弹出的下拉菜单中选择"浮于文字上方"选项，❹拖动图片四角的控制点等比例调整图片大小，如图 14-15 所示。

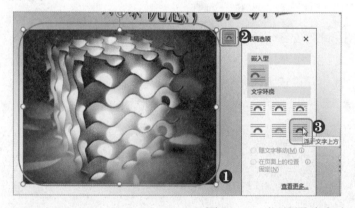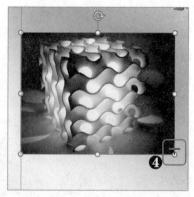

图 14-15　调整图片大小

Step03 以同样的方法将插入到宣传单文档中的图片全部设置为浮于文字上方，并调整为合适的大小，然后通过拖动的方式将图片移动到大概合适的位置，如图 14-16 所示。

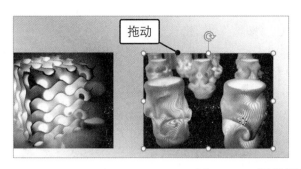
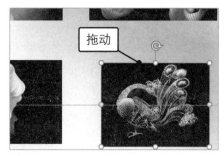

图 14-16　调整图片位置

Step04 ❶选择大致处于同一水平线的两张图片，❷在"图片工具 格式"选项卡的"排列"组中单击"对齐"下拉按钮，❸在弹出的下拉菜单中选择"垂直居中"选项，❹选择处于同一垂直线上的图片，❺以同样的操作步骤设置为"水平居中"对齐方式，如图 14-17 所示。

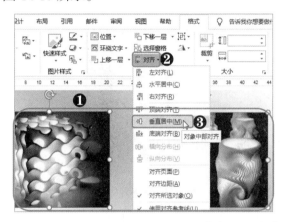
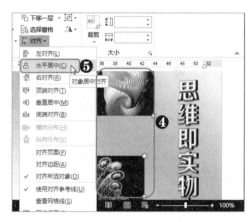

图 14-17　将各图片在水平或垂直方向上对齐

Step05 ❶选择第 1 张图片，❷在"图片工具 格式"选项卡的"图片样式"组中单击"其他"按钮，❸在弹出的下拉列表中选择一个合适的图片样式，如图 14-18 所示。然后，以同样的方法为其他图片设置合适的样式。

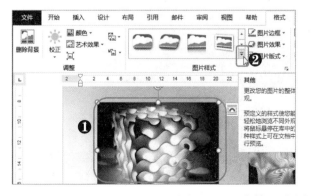
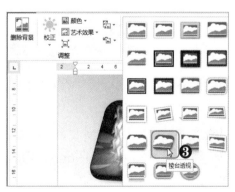

图 14-18　为第 1 张图片设置样式

Step06 ❶选择需要调整颜色的图片，❷在"图片工具 格式"选项卡的"调整"组中单击"颜色"下拉按钮，❸在弹出的下拉菜单中的"色调"栏中选择"色温：5900 K"选项，如图 14-19 所示。以同样的方法对其他需要调整的图片进行颜色调整。

图 14-19　调整图片颜色

14.1.8　完善宣传单内容并设置格式

到了这一步，宣传单的制作也已经完成了一半了。现在要做的就是对宣传单进行完善，如对各产品的价格和优惠进行介绍、对活动时间和地点等进行明确说明等，其操作步骤如下。

Step01 ❶在文档中需要输入文本的位置双击，将文本插入点定位到该位置，❷输入文本内容，❸以同样的方式在文档合适的位置输入文本，如图 14-20 所示。

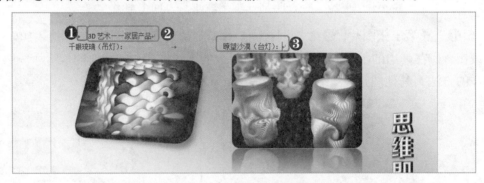

图 14-20　在文档中合适的位置输入文本

Step02 ❶选择产品类型文本，❷在"开始"选项卡的"字体"组中设置字体为"方正正大黑简体"、字号为"三号"，❸单击"加粗"按钮，❹选择产品名称文本，❺在"字体"组中设置字体为"微软雅黑"、字号为"四号"，❻单击"加粗"按钮和"倾斜"按钮，如图 14-21 所示。

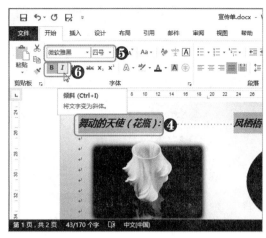

图 14-21 设置文本格式

Step03 以上述同样的步骤对其他文本进行格式设置，由于对文本设置格式后，其大小、间距等发生变化，因此还需要再对文档中的图片、文本等位置做一些适度调整，使文档整体更加美观，如图 14-22 所示。

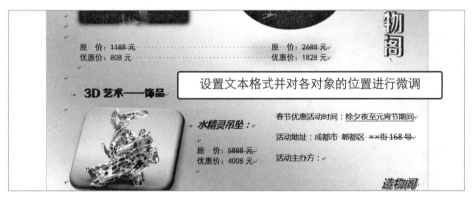

图 14-22 完善文档格式和布局

14.2 制作"质量管理制度"文档

质量管理制度是公司众多管理制度之一，是监督和保证公司产品质量的准则。制作此类文档应注重内容严谨、格式规范，文档整体应该是严肃的风格。

14.2.1 案例简述和效果展示

质量管理制度这类的文档主体内容就是文本，一般不会涉及图片、图形等对象。因此，本案例主要涉及的是文本的编辑与处理操作以及页面的设置操作等。本案例以制作一份质量管理制度为例，对文本和页面的编辑与处理操作进行综合讲解，其制作完成后的最终效果如图 14-23 所示。

◎下载/初始文件/第 14 章/无　　◎下载/最终文件/第 14 章/质量管理制度.docx

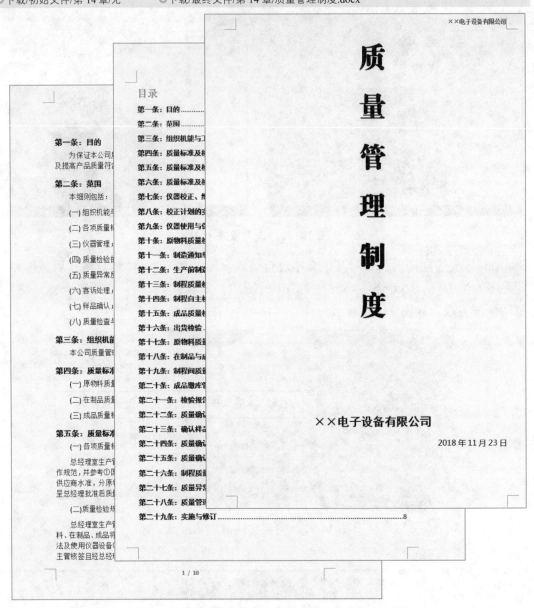

图 14-23　"质量管理制度"效果图

14.2.2 案例制作过程分析

　　纯文本类文档的制作相对比较简单，只需要在文档中输入文本并将格式设置正确，然后对页面的格式进行设置，最后进行检查和修改即可。本案例将质量管理制度文档的制作分为 6 个步骤，其具体的制作流程以及涉及的知识分析如图 14-24 所示。

图 14-24   "质量管理制度"制作流程

14.2.3 新建"质量管理制度"文档并输入内容

新建文档自然是所有文档制作的第一个步骤。对于纯文本文档而言，新建文档后便可以直接在文档中输入文本内容，下面对具体的操作步骤进行介绍。

Step01 ❶新建一份"质量管理制度"Word 文档，❷将文本插入点定位到编辑区中页面第一行，❸输入文本内容，如图 14-25 所示。

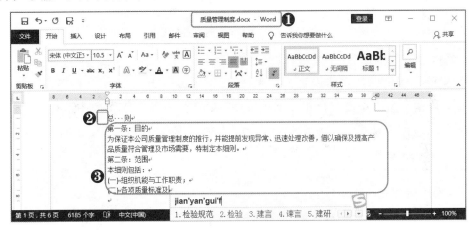

图 14-25   在文档中输入相关文本内容

Step02 将"质量管理制度"文档涉及的文本内容全部输入到文档中，如图 14-26 所示。

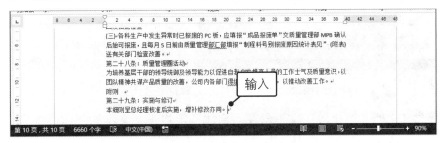

图 14-26   完成全部内容的输入

14.2.4 设置管理制度文本的格式

文档的内容输入完成后，就要对内容的格式进行设置，如字体、字号等字体格式，对齐方式、行距等段落格式，下面对具体的操作步骤进行介绍。

Step01 ❶选择文档的主标题，这里选择"总则"二字所在的行，❷在"开始"选项卡的"字体"组将主标题的字体设置为"方正大标宋简体"、字号设置为"一号"，❸单击"加粗"按钮，❹在"段落"组中单击"居中"按钮，如图 14-27 所示。

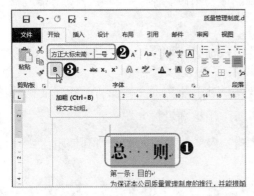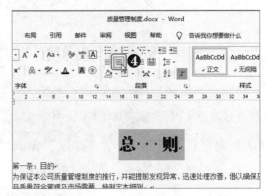

图 14-27　设置主标题格式

Step02 ❶选择文档的第 1 个二级标题，这里选择"第一条：目的"文本所在行，❷在"字体"组将二级标题的字体设置为"黑体"、字号设置为"小四"，❸单击"加粗"按钮，❹在"段落"组中单击"行距"下拉按钮，❺在弹出的下拉菜单中选择"行距选项"命令，❻在打开的对话框中设置大纲级别为"1级"，❼设置行距为"1.5 倍行距"，如图 14-28 所示，然后单击"确定"按钮即可。

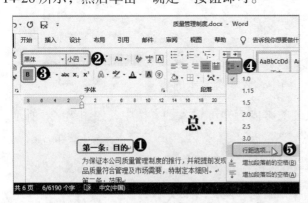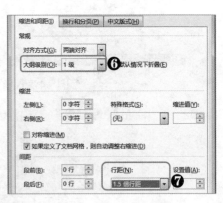

图 14-28　设置第 1 个二级标题的格式

Step03 ❶选择文档的第 1 段正文，❷在"字体"组将正文文本的字体设置为"宋体"、字号为"11"，❸在"段落"组中单击"对话框启动器"按钮，❹在打开的"段落"对话框中的"缩进"栏中设置段落为首行缩进 2 个字符，❺在"间距"栏中设置段后间距为0.5 行，如图 14-29 所示。

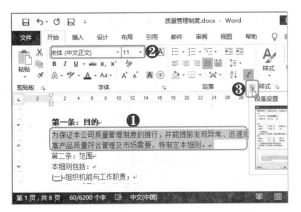 

图 14-29　设置第 1 段正文的文本格式

Step04 ❶选择文档的第 1 个项目分类副标题，这里选择"仪器管理"所在行，❷在"字体"组将其字体设置为"方正大标宋简体"、字号为"四号"，❸在"段落"组中单击"项目符号"下拉按钮，❹在弹出的下拉菜单中选择合适的项目符号，如图 14-30 所示。

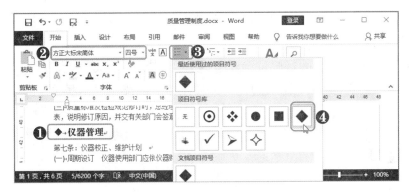

图 14-30　设置第 1 个项目分类副标题的文本格式并添加项目符号

Step05 ❶选择已经设置好格式的二级标题，❷在"剪贴板"组中双击"格式刷"按钮，❸当鼠标光标变为形状后选择需要设置同样格式的二级标题，❹用格式刷为所有二级标题设置格式后单击"格式刷"按钮即可退出格式刷状态，如图 14-31 所示。

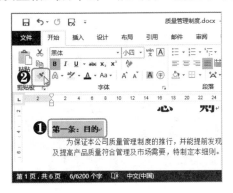 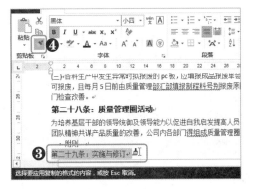

图 14-31　使用格式刷为所有二级标题设置格式

Step06 以同样的方式使用格式刷为其他未设置格式的文本快速设置格式。如使用格式刷复制第 1 段正文的格式，为文档所有正文设置相同格式；用格式刷复制第 1 个项目分类副标题的格式，为所有副标题设置与其相同的格式，如图 14-32 所示。

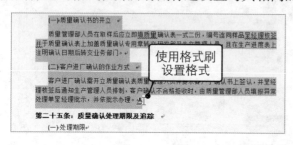
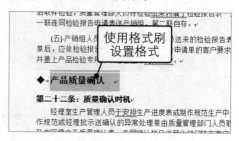

图 14-32　为所有文本设置格式

14.2.5　在页眉和页脚分别添加公司信息和页码

作为公司的质量管理制度文档，公司名称等信息必然是要标注清楚的，这样才能更加彰显其严谨性与严格性。以下是在"质量管理制度"文档中添加公司信息和页码的具体操作步骤。

Step01 ❶在文档任意页面的页眉位置双击，❷再次双击选择页眉的段落标记，❸在"开始"选项卡的"段落"组中单击"边框"下拉按钮，❹选择"无框线"选项即可去掉页眉的边框线，如图 14-33 所示。

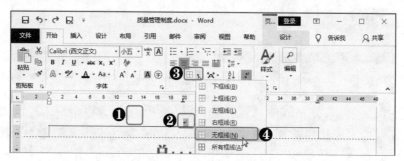

图 14-33　取消页眉边框线

Step02 ❶在页眉中输入公司名称，❷在"段落"组中单击"右对齐"按钮，❸将文本插入点定位到文本之前并按【Enter】键将文本移至下一行，❹选择文本并在"字体"组中单击"加粗"按钮，如图 14-34 所示。

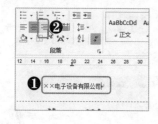
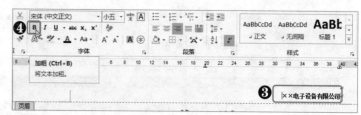

图 14-34　设置页眉格式

Step03 ❶在"页眉和页脚工具 设计"选项卡的"页眉和页脚"组中单击"页码"下拉按钮，❷在弹出的下拉菜单中选择"页面底端"命令，❸选择一种合适的页码样式即可在页脚插入页码，如图 14-35 所示。

图 14-35　在页脚插入页码

14.2.6　检查内容错误并修改

文本的格式设置完成、页眉和页脚也编辑完成后，文档的制作也就基本完成了。之后要做的便是检查文档的内容是否存在错误，如错别字、输入时漏字等。下面通过 Word 的拼写检查功能对文档进行全面的检查并对错误进行修改，具体操作如下。

Step01 ❶将文本插入点定位到文档内容的起始位置，❷在"审阅"选项卡的"校对"组中单击"拼写和语法"按钮，此时文档会自动跳转至第一个可能存在错误的位置，检查相应内容是否存在错误，❸若无错误，则在打开的"语法"任务窗格中单击"忽略"按钮，如图 14-36 所示，然后系统会自动跳转至下一处可疑位置。

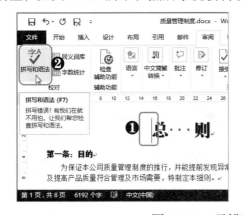

图 14-36　无错误时单击"忽略"按钮

Step02 ❶如果发现有错误需要修改，则直接在编辑区进行修改，❷修改完成后，在"语法"任务窗格中单击"继续"按钮，以同样的方式检查文档全部内容并进行修改，❸在打开的提示检查完成的对话框中单击"确定"按钮即可，如图 14-37 所示。

图 14-37　修正错误后单击"继续"按钮

14.2.7　查找并替换内容

在使用拼写检查功能对文档进行检查时，发现文档中"填写"这个词被多次写成了"填立"。如果通过拼写检查功能去逐个发现并修改，会很大程度影响文档制作效率。下面通过查找和替换功能快速将文档中的"填立"替换为"填写"，具体操作如下。

Step01 ❶在"开始"选项卡的"编辑"组中单击"替换"按钮，❷在打开的"查找和替换"对话框的"替换"选项卡中的"查找内容"文本框输入"填立"，❸在"替换为"文本框中输入"填写"，❹单击"全部替换"按钮，如图 14-38 所示。

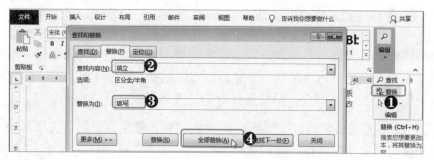

图 14-38　单击"全部替换"按钮

Step02 ❶在打开的提示对话框中单击"确定"按钮，❷返回到"查找和替换"对话框中单击"关闭"按钮即可，如图 14-39 所示。

图 14-39　单击"关闭"按钮

14.2.8　为管理制度文档插入目录

文档的主体内容编辑和校对完成后，便可以提取目录并插入到文档，其具体操作步骤如下。

Step01 ❶将文本插入点定位到文档起始位置，❷在"引用"选项卡的"目录"组中单击"目录"下拉按钮，❸在弹出的下拉菜单中选择一个合适的自动目录样式即可快速在文档中插入目录，如图 14-40 所示。

图 14-40　选择合适的自动目录样式

Step02 继续将文本插入点定位到文档起始位置，❶在"布局"选项卡的"页面设置"组中单击"分隔符"下拉按钮，❷在弹出的下拉菜单的"分节符"栏中选择"下一页"选项，❸在文档的主体内容任意页面双击页脚位置，❹在"导航"组中单击"链接到前一节"按钮将其取消选中，❺在"页眉和页脚"组中单击"页码"下拉按钮，❻选择"设置页码格式"命令，❼在打开的对话框中选中"起始页码"单选按钮，❽单击"确定"按钮，如图 14-41 所示。

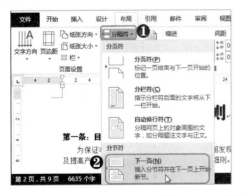

图 14-41　重新对文档的页码进行排序

Step03 ❶将目录页的页脚页码删除，❷在"关闭"组中单击"关闭页眉和页脚"按钮即可，如图 14-42 所示。

> **提个醒：分节符的作用**
>
> 　　本例如果不在目录和主体内容之间插入分节符，就无法只将目录页面的页码删除，而是会全部删除文档的页码。所以必须使用分节符分隔开来，并将主体内容的"链接到前一节"状态取消。

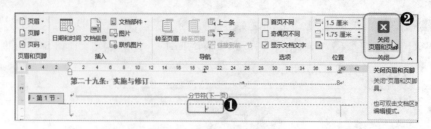

图 14-42　删除目录页面的页码

14.2.9　制作质量管理制度封面

质量管理制度文档到此也就只剩最后一步，即制作封面了。对于管理制度类文档而言，封面主要用于注明文档材料的名称、公司信息和时间等，使用简单的白色 A4 纸张即可。以下是为质量管理制度插入封面的操作步骤。

Step01 ❶将文本插入点定位到目录页的起始位置，❷在"插入"选项卡的"页面"组中单击"空白页"按钮即可在目录之前插入一页空白页面，❸在页面中输入需要在封面显示的文本，如图 14-43 所示。

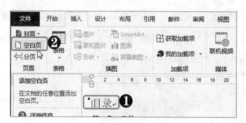
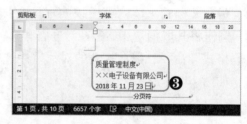

图 14-43　插入封面并输入内容

Step02 ❶选择"质量管理制度"文本所在行，❷在"字体"组中设置字体为"方正大标宋简体"、字号为"初号"，❸单击"加粗"按钮，❹在"段落"组中单击"居中"按钮，❺在每个文字之间按【Enter】键，如图 14-44 所示。再将公司名称和时间信息的文本格式设置完成即可。

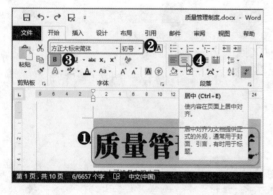

图 14-44　设置封面内容文本格式

第15章
商务实战之 Excel 综合应用

员工工资管理是企业管理中一项非常重要的工作，一般需要通过制作多张相应的表格来帮助管理。产品年度销售情况表是企业对过去一年内的销售情况进行的总结，是分析销售情况、总结经验以及为下一年做计划的重要依据。

本章通过员工工资管理和分析产品年度销售情况表两个案例，来巩固前面所学知识，让用户更加熟练地使用 Excel。

|本|章|案|例|
· 员工工资管理
· 分析产品年度销售情况表

15.1 员工工资管理

员工工资表能对公司所有员工的工资进行统计，方便管理者掌握公司员工每个月的基本情况，以便做出合理的分析和计划。员工工资表的制作需要依赖考勤管理表、社保代扣表等多张表格。另外，工资表制作完成后还需要制作工资条。以上这些就是员工工资管理需要进行的工作。

15.1.1 案例简述和效果展示

本案例需要制作考勤管理表、绩效工资表、社保代扣表、员工工资表和工资条等表格，主要涉及公式和函数的使用、设置单元格格式、快速制作工资条等知识。此案例以某企业销售部员工工资管理为例讲解相关操作，其制作完成的最终效果如图 15-1 所示。

◎下载/初始文件/第 15 章/无　　　◎下载/最终文件/第 15 章/员工工资管理.xlsx

考勤管理表

员工编号	姓名	迟到	事假	病假	旷工	考勤工资
KJ00101	李聘	0	0	0	0	¥100.00
KJ00102	李青山	0	0	1	0	(¥50.00)
KJ00103	杨娟	0	1	0	0	
KJ00104	马英	3	0	0	0	
KJ00105	周晓红	1	0	0	0	
KJ00106	薛敏	0	0	2	0	
KJ00107	祝苗	0	1	0	0	
KJ00108	周纳	1	1	0	0	
KJ00201	杨慧峰	0	1	0	0	
KJ00202	薛子涵	1	0	0	0	

社保代扣表

员工编号	姓名	养老保险	医疗保险	失业保险	总计
KJ00101	李聘	¥208.00	¥66.00	¥6.50	¥280.50
KJ00102	李青山	¥288.00	¥70.00	¥8.00	¥366.00
		208.00	¥66.00	¥8.00	¥282.00
		76.00	¥44.00	¥4.50	¥224.50
		76.00	¥50.00	¥6.50	¥232.50
		76.00	¥44.00	¥4.50	¥224.50
		76.00	¥50.00	¥6.50	¥232.50
		76.00	¥44.00	¥4.50	¥224.50
		76.00	¥44.00	¥4.50	¥224.50
		76.00	¥44.00	¥4.50	¥224.50

绩效工资表

员工编号	姓名	业绩	提成比率	绩效工资
KJ00101	李聘	¥80,000.00	¥0.13	¥10,400.00
KJ00102	李青山	¥560,000.00	¥0.05	¥28,000.00
KJ00103	杨娟	¥95,000.00	¥0.15	¥14,250.00
KJ00104	马英	¥5,000.00	¥0.10	¥500.00
KJ00105	周晓红	¥65,000.00	¥0.10	¥6,500.00

员工工资表

员工编号	姓名	基本工资	绩效工资	奖金	住房补贴	交通补贴	话费补贴	社保扣除	考勤工资	应发工资	个税扣除	实发工资
KJ00203	宋琦	¥4,000.00	¥31,725.00	¥500.00	¥250.00	¥500.00	¥300.00	(¥366.00)	¥100.00	¥37,009.00	(¥5,342.25)	¥31,666.75
KJ00102	李青山	¥4,500.00	¥28,000.00	¥700.00	¥250.00	¥500.00	¥300.00	(¥366.00)	(¥50.00)	¥33,834.00	(¥4,548.50)	¥29,285.50
KJ00207	杜康	¥3,800.00	¥15,750.00	¥400.00	¥250.00	¥150.00	¥100.00	(¥282.00)	(¥220.00)	¥19,948.00	(¥1,579.60)	¥18,368.40
KJ00103	杨娟	¥4,000.00	¥14,250.00	¥500.00	¥250.00	¥500.00	¥300.00	(¥282.00)	(¥80.00)	¥19,438.00	(¥1,477.60)	¥17,960.40
KJ00101	李聘	¥3,000.00	¥10,400.00	¥300.00	¥200.00	¥150.00	¥100.00	(¥280.50)	¥100.00	¥13,969.50	(¥686.95)	¥13,282.55
KJ00205	刘欢	¥3,600.00	¥9,100.00	¥400.00	¥200.00	¥150.00	¥100.00	(¥280.50)	(¥40.00)	¥13,229.50	(¥612.95)	¥12,616.55
KJ00105	周晓红	¥2,800.00	¥6,500.00	¥300.00	¥200.00	¥150.00	¥100.00	(¥232.50)	(¥20.00)	¥9,797.50	(¥269.75)	¥9,527.75
KJ00107	祝苗	¥2,800.00	¥5,000.00	¥300.00	¥200.00	¥150.00	¥100.00	(¥232.50)	(¥80.00)	¥8,237.50	(¥113.75)	¥8,123.75
KJ00210	艾玲玲	¥2,600.00	¥3,500.00	¥300.00	¥200.00	¥150.00	¥100.00	(¥231.20)	(¥160.00)	¥6,458.80	(¥43.76)	¥6,415.04

	姓名	基本工资	绩效工资	奖金	住房补贴	交通补贴	话费补贴	社保扣除	考勤工资	应发工资	个税扣除	实发工资
	李青山	¥4,500.00	¥28,000.00	¥700.00	¥250.00	¥500.00	¥300.00	(¥366.00)	(¥50.00)	¥33,834.00	(¥4,548.50)	¥29,285.50

	姓名	基本工资	绩效工资	奖金	住房补贴	交通补贴	话费补贴	社保扣除	考勤工资	应发工资	个税扣除	实发工资
	杜康	¥3,800.00	¥15,750.00	¥400.00	¥250.00	¥150.00	¥100.00	(¥282.00)	(¥220.00)	¥19,948.00	(¥1,579.60)	¥18,368.40

	姓名	基本工资	绩效工资	奖金	住房补贴	交通补贴	话费补贴	社保扣除	考勤工资	应发工资	个税扣除	实发工资
	杨娟	¥4,000.00	¥14,250.00	¥500.00	¥250.00	¥500.00	¥300.00	(¥282.00)	(¥80.00)	¥19,438.00	(¥1,477.60)	¥17,960.40

姓名	基本工资	绩效工资	奖金	住房补贴	交通补贴	话费补贴	社保扣除	考勤工资	应发工资	个税扣除	实发工资
李聘	¥3,000.00	¥10,400.00	¥300.00	¥200.00	¥150.00	¥100.00	(¥280.50)	¥100.00	¥13,969.50	(¥686.95)	¥13,282.55

姓名	基本工资	绩效工资	奖金	住房补贴	交通补贴	话费补贴	社保扣除	考勤工资	应发工资	个税扣除	实发工资
刘欢	¥3,600.00	¥9,100.00	¥400.00	¥200.00	¥150.00	¥100.00	(¥280.50)	(¥40.00)	¥13,229.50	(¥612.95)	¥12,616.55

姓名	基本工资	绩效工资	奖金	住房补贴	交通补贴	话费补贴	社保扣除	考勤工资	应发工资	个税扣除	实发工资
周晓红	¥2,800.00	¥6,500.00	¥300.00	¥200.00	¥150.00	¥100.00	(¥232.50)	(¥20.00)	¥9,797.50	(¥269.75)	¥9,527.75

姓名	基本工资	绩效工资	奖金	住房补贴	交通补贴	话费补贴	社保扣除	考勤工资	应发工资	个税扣除	实发工资
祝苗	¥2,800.00	¥5,000.00	¥300.00	¥200.00	¥150.00	¥100.00	(¥232.50)	(¥80.00)	¥8,237.50	(¥113.75)	¥8,123.75

姓名	基本工资	绩效工资	奖金	住房补贴	交通补贴	话费补贴	社保扣除	考勤工资	应发工资	个税扣除	实发工资
艾玲玲	¥2,600.00	¥3,500.00	¥300.00	¥200.00	¥150.00	¥100.00	(¥231.20)	(¥160.00)	¥6,458.80	(¥43.76)	¥6,415.04

图 15-1　"员工工资管理"文件效果图

15.1.2 案例制作过程分析

员工工资表一般需要包含员工的基本工资、当月业绩、奖金、补助、考勤工资和个税扣除等数据。因此，在此案例中需要先将基本表格制作完成，再制作工资表，然后根据工资表制作工资条。本案例将制作"员工工资管理"文件分为5个步骤，其具体的制作流程以及涉及的知识分析如图 15-2 所示。

图 15-2　"员工工资管理"文件制作流程

15.1.3 新建"员工工资管理"文件并制作基本表格

工作表必须依赖于工作簿，本案例也必须由新建"员工工资管理"工作簿开始，然后再制作表格，以下是具体的操作步骤。

Step01 ❶新建 Excel 文件，并将其命名为"员工工资管理"，❷在表格的 A1 单元格中输入表标题"考勤管理表"，❸从 A2 单元格开始在第 2 行输入工资表表头，即员工信息字段，❹从 A3 单元格开始依次输入对应的员工考勤数据，❺在工作表标签组中将工作表名称"Sheet1"重命名为"11 月考勤管理表"，如图 15-3 所示。

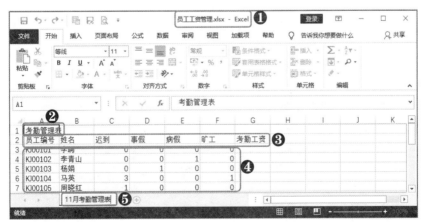

图 15-3　新建工作簿并制作考勤表

Step02 ❶选择需要计算考勤工资的单元格，即选择 G3 单元格，❷在编辑栏输入公式"=IF(SUM(C3:F3),-C3*20-D3*80-E3*50-F3*120,100)"，❸单击"输入"按钮，❹通过快速填充功能将公式填充到"考勤工资"列需要进行计算的单元格中，如图 15-4 所示。

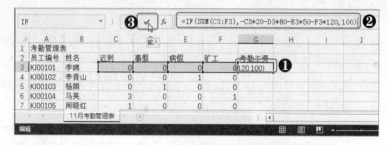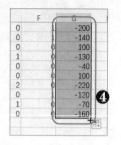

图 15-4　计算考勤工资

Step03 ❶按住【Ctrl】键在工作表标签组中拖动"11 月考勤管理表"，❷将复制的工作表重命名为"11 月绩效工资表"，❸删除多余的列并将需要的数据补充完整，完成绩效工资表的制作，如图 15-5 所示。

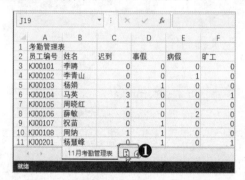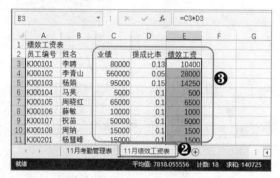

图 15-5　制作绩效工资表

Step04 以同样的方法创建"11 月社保代扣表"工作表，并录入相应的数据，如图 15-6 所示。

	A	B	C	D	E	F	G	H	I	J	K	L
1	社保代扣表											
2	员工编号	姓名	养老保险	医疗保险	失业保险	总计						
3	KJ00101	李聘	208	66	6.5	280.5						
4	KJ00102	李青山	288	70	8	366						
5	KJ00103	杨娟	208	66	8	282						
6	KJ00104	马英	176	44	4.5	224.5						
7	KJ00105	周晓红	176	50	6.5	232.5						
8	KJ00106	薛敏	176	44	4.5	224.5						
9	KJ00107	祝苗	176	50	6.5	232.5						
10	KJ00108	周纳	176	44	4.5	224.5						
11	KJ00201	杨慧峰	176	44	4.5	224.5						

图 15-6　制作社保代扣表

15.1.4　制作员工工资表

考勤管理表等基本表格制作完成后，便可以根据这些表格来制作员工工资表，其具体操作步骤如下。

Step01 ❶任意复制一张工作表，如复制"11月社保代扣表"工作表并重命名为"11月工资表"，❷修改表标题为"员工工资表"，❸删除多余列并输入工资表需要的表头，❹录入可以直接输入的数据，如图 15-7 所示。

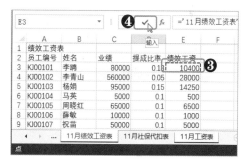

图 15-7　创建工资表并输入基本数据

Step02 ❶选择 D3 单元格，❷在编辑栏输入"="，❸在"11 月绩效工资表"工作表中选择 E3 单元格，❹单击"输入"按钮即可引用绩效工资表的数据，如图 15-8 所示。然后使用快速填充功能将工资表中的"绩效工资"列数据补充完整即可。

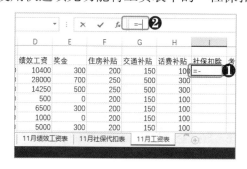

图 15-8　引用绩效工资表中的数据

Step03 ❶选择 I3 单元格，❷在编辑栏输入"=-"，❸在"11 月社保代扣表"工作表中选择 F3 单元格，❹单击"输入"按钮即可引用社保代扣表的数据，如图 15-9 所示。然后使用快速填充功能将工资表中的"社保扣除"列数据补充完整即可。

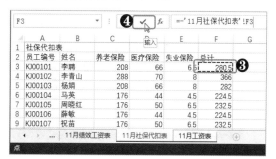

图 15-9　引用社保代扣表中的数据

Step04 以同样的方法将"11 月考勤管理表"中的"考勤工资"列的数据引用到工资表的"考勤工资"列中，如图 15-10 所示。

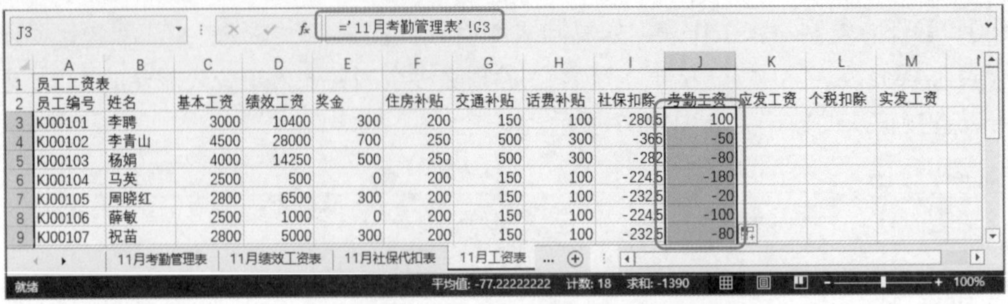

图 15-10　引用考勤管理表中的数据

Step05 ❶选择 K3 单元格，❷在编辑栏输入函数"=SUM(C3:J3)"，❸单击"输入"按钮，
❹使用快速填充功能为"应发工资"列需要使用函数的单元格填充该函数，如图 15-11
所示。

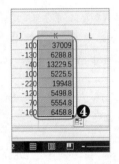

图 15-11　计算应发工资

Step06 ❶选择 L3 单元格，❷在编辑栏输入"=-ROUND(IF((K3-5000)>80000,(K3
-5000)*0.45-15160,IF((K3-5000)>55000,(K3-5000)*0.35-7160,IF((K3-5000)>35000,(K3-50
00)*0.3-4410,IF((K3-5000)>25000,(K3-5000)*0.25-2660,IF((K3-5000)>12000,(K3-5000)*0.
2-1410,IF((K3-5000)>3000,(K3-5000)*0.1-210,IF((K3-5000)>0,(K3-5000)*0.03,0)))))))),2)"，
❸单击"输入"按钮，如图 15-12 所示，然后将公式填充到其他需要计算的单元格中。

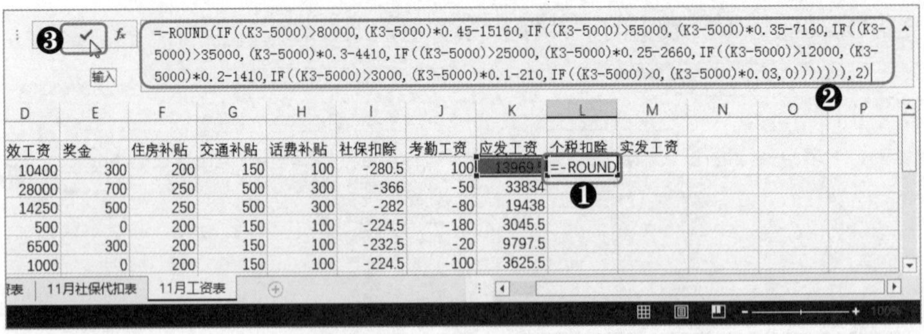

图 15-12　计算个人所得税

Step07 ❶选择 M3 单元格，❷在编辑栏输入函数"=SUM(K3:L3)"，❸单击"输入"按
钮，❹使用快速填充功能为"实发工资"列需要使用函数的单元格填充该函数，如图 15-13
所示。

图 15-13　计算实发工资

15.1.5　对员工工资管理的各表格进行美化

各表格数据输入和计算完成后，为了让工作表更加美观、规范，当然要对文本格式、单元格格式等进行设置，其具体操作步骤如下。

Step01 ❶选择"11 月工资表"工作表的 A1 单元格，❷在"开始"选项卡的"字体"组中设置表标题的字体为"方正大黑简体"、字号为"20"，❸选择 A1:M1 单元格区域，❹在"对齐方式"组中单击"合并后居中"按钮，如图 15-14 所示。

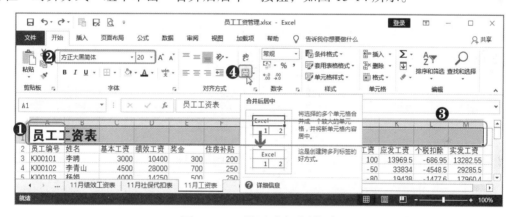

图 15-14　设置表标题格式

Step02 ❶选择 A2:M2 单元格区域，❷在"字体"组中设置表头的字体为"微软雅黑"、字号为"12"，❸在"对齐方式"组中单击"居中"按钮，如图 15-15 所示。

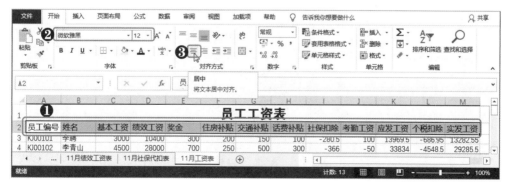

图 15-15　设置表头格式

Step03 ❶选择所有需要输入或已经输入员工数据的单元格区域，这里选择 A3:M20 单元格区域，❷在"字体"组中设置员工数据信息的字体为"宋体"、字号为"11"，❸选择整个表格所在的单元格区域，❹在"字体"组中单击"边框"下拉按钮，❺选择"所有框线"选项，如图 15-16 所示。

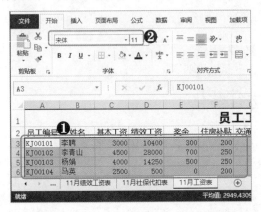
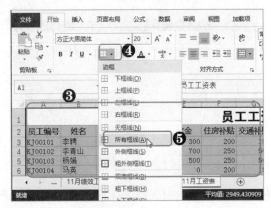

图 15-16　设置表格内容的格式并为表格添加边框

Step04 ❶选择数据为金额的所有单元格，❷在"数字"组中单击"数字格式"下拉按钮，❸选择"货币"选项，❹在"对其方式"组中单击"居中"按钮，如图 15-17 所示。

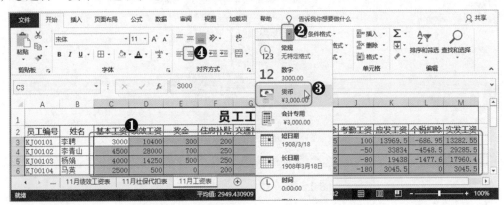

图 15-17　设置数字格式为"货币"格式

Step05 以同样的方法为其余几张工作表设置合适的格式，如图 15-18 所示。

图 15-18　设置各表格的格式

15.1.6 按员工的业绩进行排序

业绩是衡量员工为公司所做贡献的非常重要的一个数据，从业绩的多少基本可以判断这个员工对于公司的价值。而工资同样如此，工资越高，自然就意味着员工能力越强。因此，这里将工资表按照员工的绩效工资和实发工资进行降序排序，从而更容易在工资表中提取潜在信息，其具体的操作步骤如下。

Step01 选择"11 月工资表"工作表中任意单元格，❶在"数据"选项卡的"排序和筛选"组中单击"排序"按钮，❷在打开的"排序"对话框中的主要关键字对应的"列"下拉列表框中选择"绩效工资"选项，❸在"次序"下拉列表框中选择"降序"选项，如图 15-19 所示。

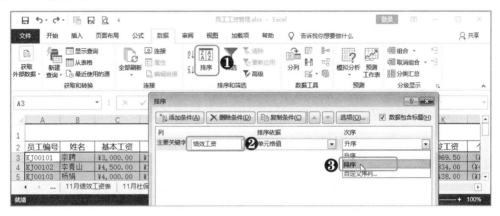

图 15-19　设置排序的主要关键字

Step02 ❶在"排序"对话框中单击"添加条件"按钮，❷在次要关键字对应的"列"下拉列表框中选择"实发工资"选项，❸在"次序"下拉列表框中选择"降序"选项，❹单击"确定"按钮即可，如图 15-20 所示。

图 15-20　设置排序的次要关键字

15.1.7 制作工资条

工资条是发给员工的包含其个人工资数据的表格，其数据可以与工资表完全相同，但不需要除该员工以外的其他员工的工资数据。下面对快速制作工资条的具体操作步骤进行介绍。

Step01 ❶单击工作表标签组右侧的"新工作表"按钮，❷将新建的工作表重命名为"11月工资条"，❸在"11月工资表"工作表中选择表头，❹在"剪贴板"组中单击"复制"按钮，如图 15-21 所示。

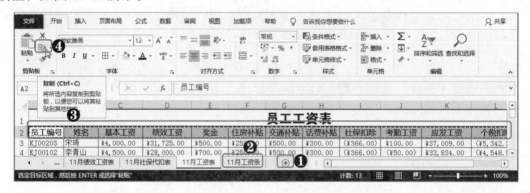

图 15-21　新建"11月工资条"工作表

Step02 ❶选择"11月工资条"工作表中的 A1 单元格，❷在"剪贴板"组中单击"粘贴"按钮，❸通过快速填充功能生成与员工数量相同行数的表头，这里员工为 18 人，故需要生成 18 行表头，如图 15-22 所示。

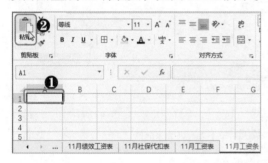

图 15-22　复制 18 行工资表表头

Step03 ❶在"11月工资表"工作表中选择所有员工数据并复制到剪贴板，❷选择"11月工资条"工作表中的 A19 单元格，❸在"剪贴板"组中单击"粘贴"下拉按钮，❹选择"值和源格式"选项，如图 15-23 所示。

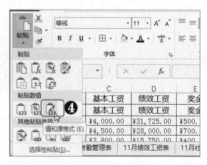

图 15-23　复制工资表中的员工数据到"11月工资条"工作表

> **提个醒：复制 18 行工资表表头的原因**
>
> 工资条发给员工之前一般都会以两行为单元进行裁剪，再发给对应的员工，其中只包含该员工的工资信息。因此，本案例中必须复制 18 行表头，以保证每张工资条都有表头。

Step04 ❶在 18 行表头右侧添加从 1 到 18 的辅助序列，❷在员工数据右侧添加同样的序列，如图 15-24 所示。以同样的方式在辅助列下方再添加一个从 1 到 18 的序列。

图 15-24　添加辅助序列

Step05 ❶选择辅助列中任意单元格，❷在"数据"选项卡的"排序和筛选"组中单击"升序"按钮，❸在"开始"选项卡的"单元格"组中单击"删除"下拉按钮，❹选择"删除工作表列"选项，如图 15-25 所示。

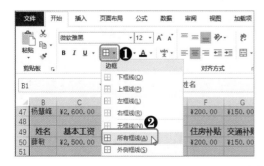
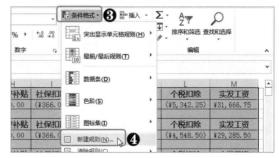

图 15-25　以辅助列进行升序排序后删除辅助列

Step06 选择工资条表格所在单元格区域，❶在"字体"组中单击"边框"下拉按钮，❷在弹出的下拉菜单中选择"所有框线"选项，❸在"样式"组中单击"条件格式"下拉按钮，❹选择"新建规则"命令，如图 15-26 所示。

图 15-26　选择"新建规则"命令

Step07 ❶在打开的"新建格式规则"对话框中选择"只为包含以下内容的单元格设置格式"选项，❷在下拉列表框中选择"空值"选项，❸单击"格式"按钮，❹在打开的"设置单元格格式"对话框的"边框"选项卡的"边框"栏单击上边框和下边框对应的按钮，❺依次单击"确定"按钮即可，如图 15-27 所示。

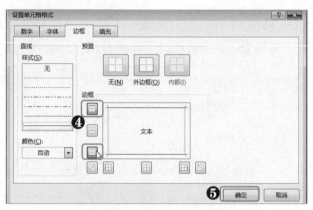

图 15-27　取消空白单元格竖直边框

15.2　分析产品年度销售情况表

大部分公司在年末都会对本年度公司各方面的情况做一个统计，从而对公司本年度的工作进行总结和分析。产品年度销售情况表就是众多年度统计表之一，主要对公司本年度的产品销售情况进行统计和分析，方便公司总结本年度在销售方面的得失，从而更好地做出下一年的销售计划。

15.2.1　案例简述和效果展示

本案例主要涉及套用表格格式和图表的创建与编辑等知识，其中以编辑图表为重点。此案例以制作"2018 年产品年度销售情况表"和"产品年度销售分析图"为例对相关操作进行讲解，其制作完成后的最终效果如图 15-28 所示。

◎下载/初始文件/第 15 章/无　　◎下载/最终文件/第 15 章/产品年度销售情况表.xlsx

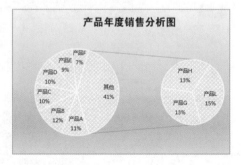

图 15-28　"产品年度销售情况表"效果图

15.2.2 案例制作过程分析

产品年度销售情况表一般按季度进行统计，即将一年分为 4 个季度进行分别统计，再进行年度总销售量统计。表格制作完成后，根据年度总销量的数据创建一个合适的图表即可进行分析。本案例的制作过程分为 5 个步骤，其具体的制作流程以及涉及的知识分析如图 15-29 所示。

图 15-29 "产品年度销售情况表"制作流程

15.2.3 制作"2018 年产品年度销售情况表"

要使用图表对年度销售情况进行分析必须要有数据源，所以本案例首先要做的就是创建工作簿并制作产品年度销售情况表，以为创建图表提供数据源，其操作步骤如下。

Step01 ❶新建 Excel 文件，并将其命名为"产品年度销售情况表"，❷在表格的 A1 单元格中输入表标题"2018 年产品年度销售情况表"，❸从 A2 单元格开始在第 2 行输入相应的表头，❹输入各产品的各季度销售数据，将工作表重命名为"2018 销售数据"，如图 15-30 所示。

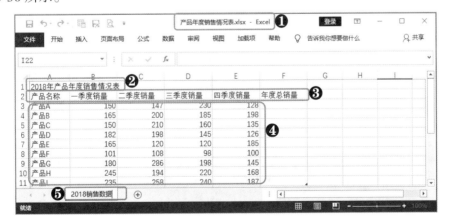

图 15-30 重命名工作表

Step02 ❶选择 A1:F1 单元格区域，❷在"开始"选项卡的"对齐方式"组中单击"合并后居中"按钮，❸在"字体"组中设置字体为"方正大黑简体"、字号为"18"，如图 15-31 所示。

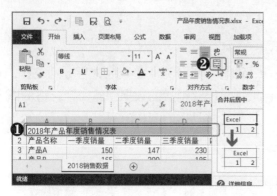

图 15-31 设置表标题格式

Step03 ❶选择 A2:F2 单元格区域，❷在"字体"组中设置字体为"微软雅黑"、字号为"11"，❸单击"加粗"按钮，如图 15-32 所示。以同样的方法将产品数据所在单元格区域的字体设置为"宋体"、字号为"10"。

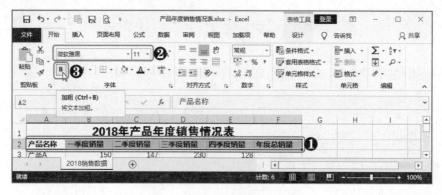

图 15-32 设置表头格式

Step04 ❶选择 B2:F11 单元格区域，❷在"对齐方式"组中单击"居中"按钮，❸在"单元格"组中单击"格式"下拉按钮，❹选择"行高"命令，❺在打开的"行高"对话框的文本框中输入需要设置的行高，❻单击"确定"按钮即可，如图 15-33 所示。

图 15-33 设置对齐方式和行高

Step05 ❶选择 F3 单元格，❷在编辑栏输入函数"=SUM(B3:E3)"，❸单击"输入"按钮，❹将函数快速填充到其他需要的单元格中，如图 15-34 所示。

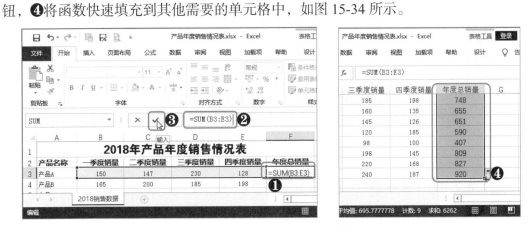

图 15-34　计算年度总销量

Step06 ❶选择表格中任意单元格，❷在"样式"组中单击"套用表格格式"下拉按钮，❸选择合适的表格样式，❹在打开的"套用表格式"对话框确认数据源是否正确（不正确则重新设置），❺单击"确定"按钮，如图 15-35 所示。

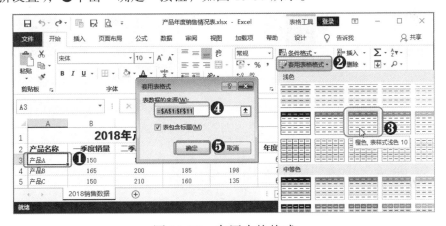

图 15-35　套用表格格式

15.2.4　创建"产品年度销售分析图"图表

"2018 年产品年度销售情况表"制作完成后，便可以根据此表创建图表进行数据分析。这里依据年度总销量数据创建图表，对各产品在 2018 年度的销售总量进行比较，其具体操作步骤如下。

Step01 ❶选择表格中任意单元格，❷在"插入"选项卡的"图表"组中单击"对话框启动器"按钮，❸在打开的"插入图表"对话框的"所有图表"选项卡中单击"饼图"选项卡，❹选择合适的饼图，如图 15-36 所示，然后单击"确定"按钮即可。

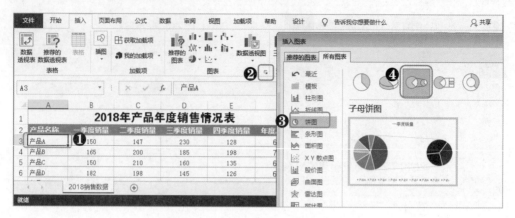

图 15-36　插入"子母饼图"图表

Step02 ❶选择图表标题文本，❷输入"产品年度销售分析图"文本，如图 15-37 所示。

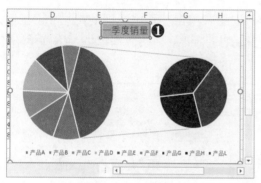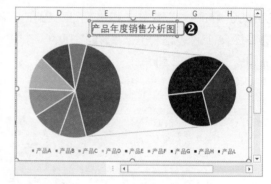

图 15-37　输入图表标题

15.2.5　为图表选择数据并添加数据标签

由于饼图只能显示一个数据系列，在创建"产品年度销售分析图"图表后，其默认显示的数据为"一季度销量"字段的数据。如果我们需要显示其他字段的数据，则需要重新选择数据。这里，需要显示的数据系列为"年度总销量"字段的数据，则应重新选择数据，其操作步骤如下。

Step01 选择图表，❶在"图表工具 设计"选项卡的"数据"组中单击"选择数据"按钮，❷在打开的"选择数据源"对话框的"图例项"栏取消选中不需要显示的数据系列对应的复选框，❸选中"年度总销量"复选框，❹单击"确定"按钮，如图 15-38 所示。

 小技巧：利用"图表筛选器"选择数据

　　选择图表之后，其右侧会出现"图表筛选器"按钮 ▼，单击此按钮，在弹出的下拉菜单的"数值"选项卡的"系列"栏中选中需要显示的数据系列对应的单选按钮，如选择"年度总销量"单选按钮即可达到同样的效果。

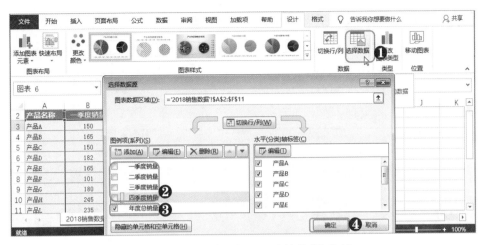

图 15-38　选择需要显示的数据系列

Step02 选择图表，❶在其右侧单击"图表元素"按钮，❷在弹出的下拉菜单中单击"数据标签"复选框右侧的展开按钮▶，❸在其子菜单中选择"更多选项"命令，如图 15-39 所示。

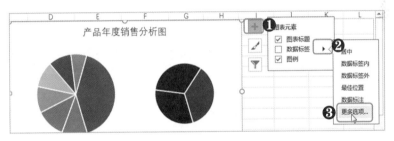

图 15-39　选择"更多选项"命令

Step03 ❶在打开的"设置数据标签格式"任务窗格中选中"百分比"复选框，❷取消选中"值"复选框，❸单击"关闭"按钮，如图 15-40 所示。

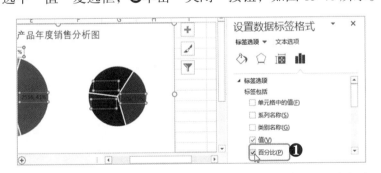

图 15-40　设置数据标签显示方式

15.2.6　美化"产品年度销售分析图"图表

为了让图表更加美观，数据展现得更加清晰，还需要对图表进行一系列的美化。可以直接套用内置的图表样式，快速完成美化设置；也可以手动对需要进行美化的元素进行设置。以下是手动对图表进行美化的具体操作步骤。

Step01 ❶在图表区双击，❷在打开的"设置图表区格式"任务窗格的"填充"栏中选中"渐变填充"单选按钮，❸单击"预设渐变"下拉按钮，❹选择合适的渐变颜色，如图 15-41 所示。

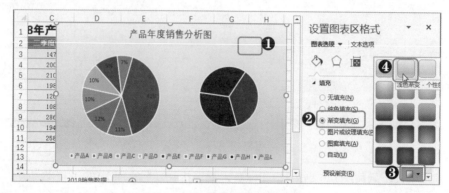

图 15-41　设置图表区填充色

Step02 ❶选择图表中的数据系列（即饼图），❷在打开的"设置数据系列格式"任务窗格中选中"图案填充"单选按钮，❸在"图案"栏中选择合适的图案，如图 15-42 所示。

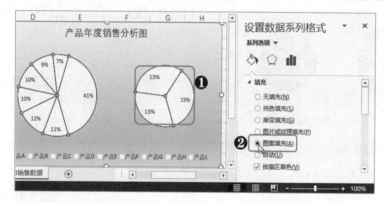

图 15-42　设置数据系列图案填充

Step03 ❶单击"图表工具 设计"选项卡，❷在"图表布局"组中单击"快速布局"下拉按钮，❸选择一种合适的布局方式，❹拖动在饼图外的数据标签，将其移动到饼图合适的位置，如图 15-43 所示。

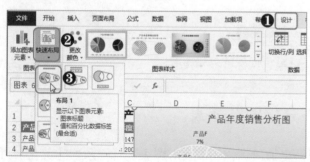
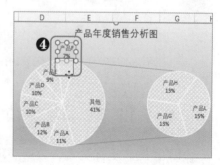

图 15-43　调整图表布局

Step04 ❶选择图表标题，❷在"开始"选项卡的"字体"组中设置字体为"方正大黑简体"、字号为"16"，❸选择所有数据标签，❹设置字体为"微软雅黑"、字号为"8"，如图 15-44 所示。

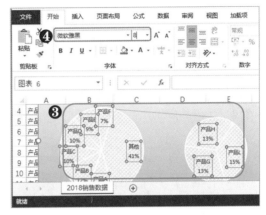

图 15-44 设置图表的字体格式

15.2.7 将图表移动到新工作表中

一般情况下，为了更好地管理数据和图表，会将制作好的图表移动到单独的工作表中存放，其操作步骤如下。

Step01 ❶选择需要移动的图表，❷在"图表工具 设计"选项卡的"位置"组中单击"移动图表"按钮，如 15-45 左图所示。（也可以在图表区右击，然后在弹出的快捷菜单中选择"移动图表"命令，如 15-45 右图所示。）

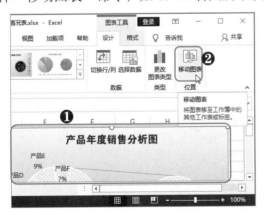

图 15-45 单击"移动图表"按钮

Step02 ❶在打开的"移动图表"对话框中选中"新工作表"单选按钮，❷在其右侧的文本框中输入工作表名称，如输入"2018 销售分析"，❸单击"确定"按钮，如图 15-46 所示。

图 15-46　移动图表到新工作表

Step03 将图表移动到单独的工作表后，无法对图表进行大小调整，只能通过缩放视图比例来调整整个图表的大小比例，如图 15-47 所示。

图 15-47　单独存放在工作表中的图表

Step04 由于将图表移动到新工作表后会被放大，但是图表中的字体却无法放大，导致字体因字号太小而显示不清晰。用户可以继续对图表进行一系列的美化操作，如图 15-48 所示。

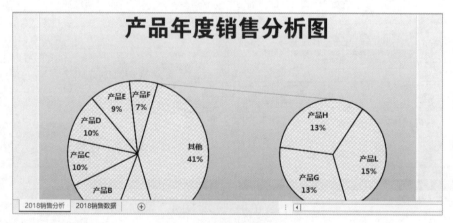

图 15-48　继续美化图表

第16章
商务实战之
PowerPoint 综合应用

任何企业在招聘新员工后，都需要对其进行相关的培训，而将培训内容制作为演示文稿无疑是非常好的选择。旅游景点宣传演示文稿也是大部分旅游公司经常需要用到的，是吸引游客的重要方式。

因此，本章以制作"公司新员工培训"演示文稿和制作"旅游景点宣传"演示文稿两个比较大众化、典型的案例，来对前面所学的 PowerPoint 知识进行综合演练，从而让用户更为深入地熟悉 PowerPoint。

|本|章|案|例|
· 制作"公司新员工培训"演示文稿
· 制作旅游景点宣传演示文稿

16.1 制作"公司新员工培训"演示文稿

员工培训这类演示文稿一般偏向于内容严谨、格式规范和干净简洁的风格，不需要那些华丽的动画效果及切换效果等。因此，本案例主要涉及的内容是以模板新建演示文稿、设置文本格式、图形对象的使用、设置页眉和页脚以及添加切换效果等。

16.1.1 案例简述和效果展示

对于新员工而言，公司所有的人和事都是比较陌生的。因此，在公司新员工培训演示文稿中需要对公司进行介绍，对公司各部门的管理者进行介绍，然后还需要介绍对员工的要求，其次才是技能培训。本案例以制作某企业销售部新员工培训演示文稿为例对相关操作进行讲解，其制作完成后的最终效果如图 16-1 所示。

◎下载/初始文件/第 16 章/公司新员工培训　　◎下载/最终文件/第 16 章/公司新员工培训.pptx

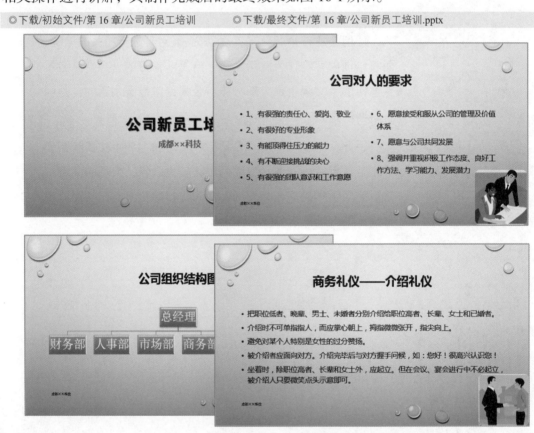

图 16-1　"公司新员工培训"演示文稿效果图

16.1.2 案例制作过程分析

本案例将以模板创建演示文稿，然后在其中制作新员工培训的幻灯片。而幻灯片的制作主要包括文本内容的输入和编辑、公司结构图的制作等。此案例将"公司新员工培训"演示文稿的制作过程分为 6 个步骤进行，其具体的制作流程以及涉及的知识分析如图 16-2 所示。

图 16-2　"公司新员工培训"演示文稿制作流程

16.1.3 以模板新建"公司新员工培训"演示文稿

PowerPoint 中的幻灯片模板非常多，包含各种风格和类型。以模板来创建演示文稿是一种非常方便快捷的方式，且创建的演示文稿也比较美观。以下是根据模板新建"公司新员工培训"演示文稿的具体操作步骤。

Step01 打开 PowerPoint 程序，❶在打开的程序主界面的搜索框中输入需要的模板的名称或类型，❷单击"搜索"按钮，❸在搜索得到的模板列表中选择需要的模板，如图 16-3 所示。

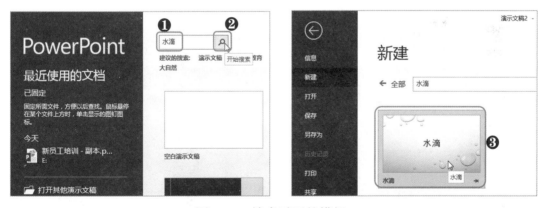

图 16-3　搜索需要的模板

> **提个醒：单击模板类型对应的超链接搜索模板**
>
> 　除了在搜索框输入模板类型或名称进行搜索外，也可以直接单击搜索框下方的"建议的搜索："文本右侧的模板类型对应的超链接进行搜索。

Step02 ❶在打开的对话框中选择模板的样式，❷单击"创建"按钮，❸创建完成后在

"文件"选项卡中单击"另存为"选项卡，❹在右侧界面中单击"浏览"按钮，❺在打开的"另存为"对话框中选择文件保存位置，❻在"文件名"文本框中输入"公司新员工培训"，如图 16-4 所示，然后单击"保存"按钮即可。

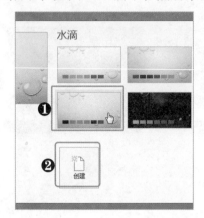
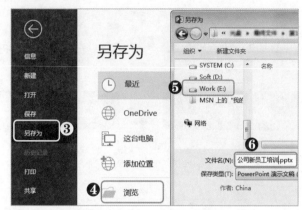

图 16-4 保存新建的演示文稿

16.1.4 编辑新员工培训的文本内容

演示文稿创建完成后，便可以开始幻灯片的制作了。演示文稿的第一张幻灯片一般只用于点明演示文稿的标题，其余内容则放在其他幻灯片之中。以下是输入并编辑公司新员工培训文本内容的具体操作步骤。

Step01 ❶在第一张幻灯片中单击主标题文本框，❷输入演示文稿的标题，即"公司新员工培训"，❸单击副标题文本框，❹输入公司信息，这里输入"成都××科技"，如图 16-5 所示。

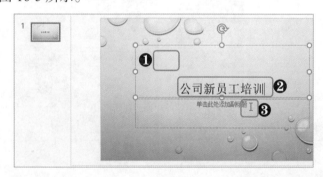

图 16-5 在标题幻灯片输入文本

Step02 ❶在"开始"选项卡的"幻灯片"组中单击"新建幻灯片"下拉按钮，❷在弹出的下拉菜单中选择合适的版式，❸在第 2 张幻灯片中的标题文本框中输入文本"公司简介"，❹在内容文本框中输入公司简介的内容文本，如图 16-6 所示。

Step03 以上述步骤继续新建幻灯片并在其中输入相关的文本内容，将"公司新员工培训"演示文稿的文本内容完善。

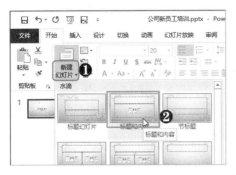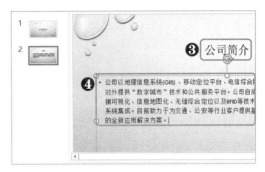

图 16-6　新建幻灯片并输入文本

Step04 ❶在第 1 张幻灯片中选择主标题文本，❷在"开始"选项卡的"字体"组中设置字体为"方正大黑简体"、字号为"48"，❸单击"文字阴影"按钮，❹选择副标题文本，❺设置字体为"微软雅黑"、字号为"24"，❻单击"加粗"按钮，如图 16-7 所示。

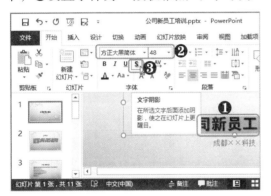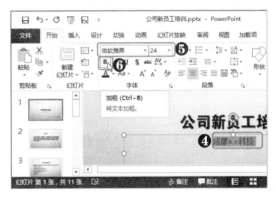

图 16-7　设置标题幻灯片的文本格式

Step05 ❶在第 2 张幻灯片中选择标题文本，❷在"开始"选项卡的"字体"组中设置字体为"微软雅黑"、字号为"36"，❸单击"加粗"按钮，❹选择内容文本，❺设置字体为"微软雅黑"、字号为"22"，如图 16-8 所示。

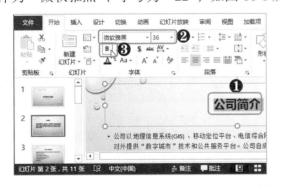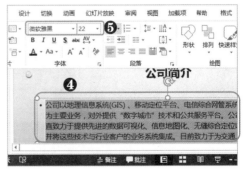

图 16-8　设置内容幻灯片的文本格式

Step06 以相同的方法为整个演示文稿的文本设置合适的字体格式。

16.1.5 制作公司组织结构图

对新员工进行培训，需要让其对公司的组织结构有一定的了解。在演示文稿中制作公司组织结构图可以比较形象地对公司组织结构进行展示，其操作步骤如下。

Step01 ❶选择第 6 张幻灯片，❷在其中单击"插入 SmartArt 图形"图标，❸在打开的"选择 SmartArt 图形"对话框中单击"层次结构"选项卡，❹选择合适的 SmartArt 图形，如图 16-9 所示，然后单击"确定"按钮即可。

 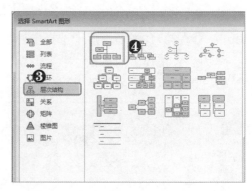

图 16-9　在幻灯片中插入 SmartArt 图形

Step02 ❶在 SmartArt 图形的各个形状中输入相应的文本，❷选择需要添加形状的位置前面的形状，❸右击并选择"添加形状"命令，❹在其子菜单选择"在后面添加形状"命令，❺在新添加的形状中输入文本，如图 16-10 所示。以同样的方法完成公司组织结构图的制作。

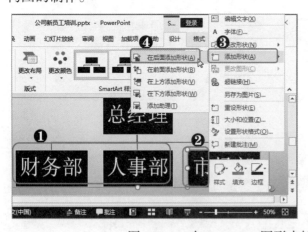 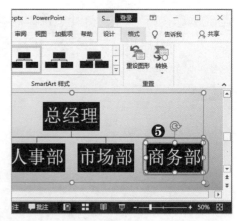

图 16-10　在 SmartArt 图形中输入文本并添加形状

Step03 选择整个公司组织结构图，❶在激活的"SmartArt 工具 设计"选项卡的"SmartArt 样式"组中单击"更改颜色"下拉按钮，❷在弹出的下拉菜单中选择合适的颜色，❸单击"其他"按钮，❹在弹出的下拉列表中选择合适的样式，如图 16-11 所示。

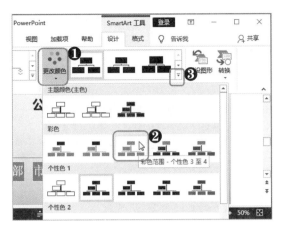
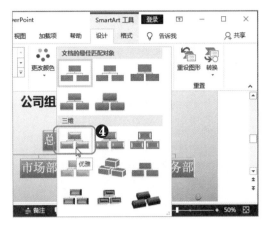

图 16-11 设置公司组织结构图颜色和样式

16.1.6 在幻灯片中使用图片

为了让幻灯片内容更加丰富，避免由于演示文稿全是文本内容而乏味，也可以在幻灯片中插入一些图片，其操作步骤如下。

Step01 ❶选择需要插入图片的幻灯片，❷在"插入"选项卡的"图像"组中单击"图片"按钮，❸在打开的"插入图片"对话框中选择需要插入的图片，❹单击"插入"按钮即可，如图 16-12 所示。

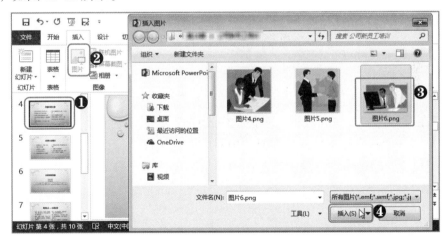

图 16-12 单击"插入"按钮

Step02 ❶拖动图片到幻灯片中合适的位置，❷在"图片工具 格式"选项卡的"图片样式"组中选择合适的图片样式，如图 16-13 所示。

Step03 以相同的方法在其他需要插入图片的幻灯片中插入合适的图片，然后对图片进行位置调整和样式设置。

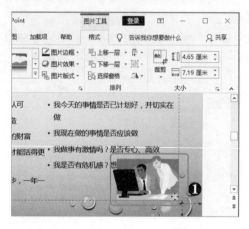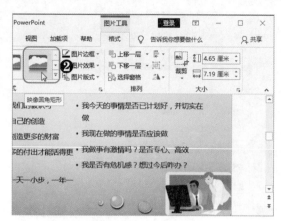

图 16-13　设置图片位置和样式

16.1.7　在页脚添加公司信息

对于公司内部文件，一般都会注明公司信息，本案例制作的"公司新员工培训"演示文稿同样需要注明公司信息。这里在演示文稿的页脚中添加公司名称，具体操作步骤如下。

Step01 ❶单击"插入"选项卡，❷在"文本"组中单击"页眉和页脚"按钮，如图 16-14 所示。

图 16-14　单击"页眉和页脚"按钮

Step02 ❶在打开的"页眉和页脚"对话框中选中"页脚"复选框（如果需要添加日期和时间以及幻灯片编号等信息，只需要选中对应的复选框进行设置即可），❷在文本框中输入公司信息，❸选中"标题幻灯片中不显示"复选框，❹单击"全部应用"按钮即可，如图 16-15 所示。

图 16-15　将页脚全部应用到演示文稿

16.1.8　添加幻灯片切换效果

虽然员工培训类演示文稿不需要那些华丽、复杂的切换效果，但也可以为其添加一些比较简单的切换效果，让幻灯片的切换不那么生硬。以下是为各幻灯片添加切换效果的操作步骤。

Step01 ❶在"切换"选项卡的"切换到此幻灯片"组中单击"其他"按钮，❷在弹出的下拉列表中选择合适的切换效果，如图 16-16 所示。

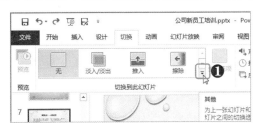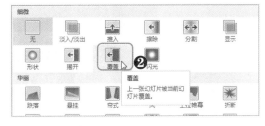

图 16-16　选择幻灯片切换效果

Step02 ❶单击"效果选项"下拉按钮，❷在弹出的下拉列表中选择"自底部"选项，❸在"计时"组中单击"应用到全部"按钮，如图 16-17 所示。

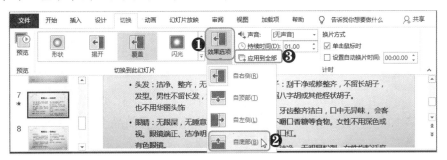

图 16-17　单击"应用到全部"按钮

16.2　制作旅游景点宣传演示文稿

作为旅游景点宣传演示文稿，应该做到外观精美、内容精要而富有感染力，且展现出景点与众不同之处。本案例主要涉及图片的编辑、制作精美的动画效果、添加切换效果、背景音乐添加和使用排练计时等知识。

16.2.1　案例简述和效果展示

本案例是制作一份旅游推广演示文稿，对旅游景点进行介绍，旨在展现旅游景点的魅力，吸引游客前往。在此案例中，将以精美的幻灯片、灵动的动画效果增加演示文稿的感染力，也通过这份演示文稿的制作，对 PowerPoint 的使用方法进行综合介绍。如

图 16-18 所示为"橘子洲旅游介绍"演示文稿制作完成后的最终效果。

图 16-18　"橘子洲旅游介绍"演示文稿效果图

16.2.2　案例制作过程分析

制作产品宣传演示文稿可以先对页面进行设置，然后完善幻灯片内容，这样才能确保幻灯片的内容不会超出页面；幻灯片内容编辑完成后，再为需要添加动画效果的对象添加合适的动画；当所有幻灯片制作完成后，便可以使用排练计时功能为演示文稿的放映设置时间。此案例将"橘子洲旅游介绍"演示文稿的制作过程分为 6 个步骤进行，其具体的制作流程以及涉及的知识分析如图 16-19 所示。

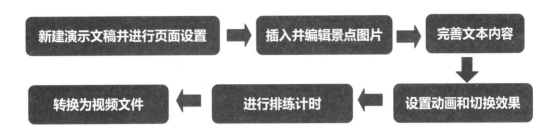

图 16-19 "橘子洲旅游介绍"演示文稿制作流程

16.2.3 新建"橘子洲旅游介绍"演示文稿并进行页面设置

新建空白演示文稿后，其页面大小默认为"宽屏"的比例，即 16:9 的页面比例，而幻灯片下方也会默认显示备注栏。因此，新建演示文稿后，还需要对页面进行一系列的设置，其操作步骤如下。

Step01 ❶新建"橘子洲旅游介绍"演示文稿，❷在"设计"选项卡的"自定义"组中单击"幻灯片大小"下拉按钮，❸选择"标准（4:3）"选项，❹在打开的对话框中单击"确保适合"按钮，如图 16-20 所示。

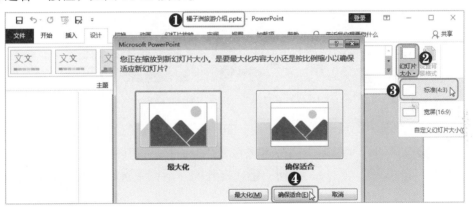

图 16-20 设置幻灯片大小

Step02 ❶在"视图"选项卡的"显示"组中单击"备注"按钮，❷在编辑区单击即可添加第 1 张幻灯片，如图 16-21 所示。

图 16-21 取消显示幻灯片备注并添加幻灯片

16.2.4 在旅游介绍幻灯片中插入并编辑图片

幻灯片的页面大小设置完成后，便可以开始制作旅游介绍幻灯片了。作为旅游景点介绍演示文稿，自然是以展示景点的图片为主。以下是在幻灯片中插入与编辑图片的具体操作步骤。

Step01 ❶在"设计"选项卡的"自定义"组中单击"设置背景格式"按钮，❷在打开的"设置背景格式"任务窗格中选中"图片或纹理填充"单选按钮，❸在"插入图片来自"栏中单击"文件"按钮，❹在打开的"插入图片"对话框中选择需要插入的图片，❺单击"插入"按钮，如图 16-22 所示。

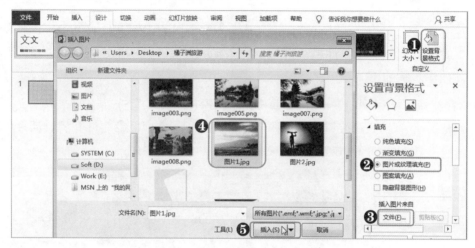

图 16-22　为标题幻灯片添加背景图

Step02 ❶在"开始"选项卡的"幻灯片"组中单击"新建幻灯片"按钮，❷选择第 2 张幻灯片，❸选择幻灯片中多余的文本框按【Delete】键将其删除，❹在"插入"选项卡的"图像"组中单击"图片"按钮，❺在打开的对话框中选择图片，❻单击"插入"按钮，如图 16-23 所示。

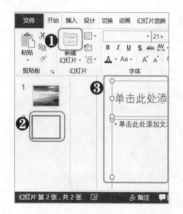

图 16-23　在第 2 张幻灯片中插入装饰图片

Step03 ❶拖动图片 4 个角的控制点调整图片到合适大小，❷将图片拖动到合适的位置，如图 16-24 所示。

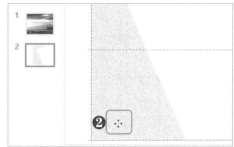

图 16-24 调整图片大小和位置

Step04 ❶继续插入装饰图片并调整其大小和位置，❷插入旅游景点的风景图片并在其上右击，❸在弹出的快捷菜单中选择"置为底层"命令，如图 16-25 所示。

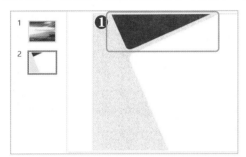

图 16-25 选择"置为底层"命令

Step05 ❶等比例调整景点图片的大小，使其高度与幻灯片相等，❷在"图片工具 格式"选项卡的"大小"组中单击"裁剪"按钮，❸拖动图片四周的控制柄对图片进行裁剪，❹裁剪完成后再次单击"裁剪"按钮或单击幻灯片空白位置即可，如图 16-26 所示。

图 16-26 裁剪图片

Step06 以同样的方法继续添加新建幻灯片并完成图片的插入和编辑操作。

16.2.5 完善橘子洲旅游介绍的内容

当橘子洲旅游介绍的图片编辑完成后，就需要在幻灯片中添加文本进行说明。而为了让文本更加美观，添加文本后还需要对文本的格式进行设置。以下是完善演示文稿内容的具体操作步骤。

Step01 ❶选择第 1 张幻灯片，❷在标题文本框中输入文本"橘子洲旅游介绍"，❸选择输入的文本，❹在"开始"选项卡的"字体"组中设置字体为"方正大黑简体"、字号为"48"，如图 16-27 所示。

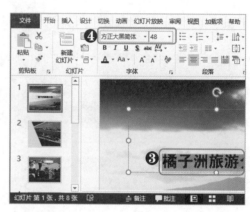

图 16-27　输入标题并设置格式

Step02 选择第 2 张幻灯片，❶在"插入"选项卡的"文本"组中单击"文本框"下拉按钮，❷选择"竖排文本框"选项，❸在幻灯片中绘制文本框，❹在文本框中输入文本，如图 16-28 所示。

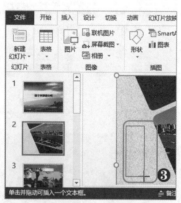
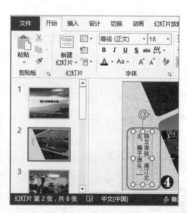

图 16-28　插入文本框并输入文本

Step03 ❶在"字体"组中设置文本的格式为微软雅黑字体、24 字号和加粗显示，❷拖动文本框四周的控制点调整其长度，❸拖动文本框到合适的位置，如图 16-29 所示。

Step04 以同样的方法在幻灯片中添加竖排或横排文本框，输入相关的文本并完成格式的设置和位置的调整。

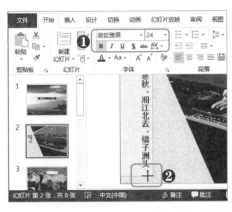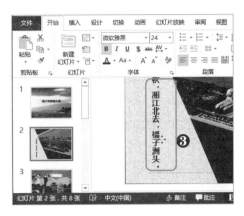

图 16-29　设置文本格式并调整文本框大小和位置

16.2.6　为旅游介绍幻灯片添加切换效果

切换效果可以让幻灯片之间的切换显得更加自然，让演示文稿显得更为专业。以下是为"橘子洲旅游介绍"演示文稿各幻灯片添加不同切换效果的具体操作步骤。

Step01 ❶选择第 1 张幻灯片，❷在"切换"选项卡的"切换到此幻灯片"组中单击"其他"按钮，❸在弹出的下拉列表中选择"帘式"选项，如图 16-30 所示。

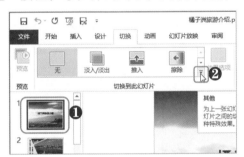

图 16-30　设置第 1 张幻灯片的切换效果

Step02 ❶选择第 2 张幻灯片，❷在"切换到此幻灯片"组中通过单击"向下滑动"按钮找到"飞机"切换效果，❸选择"飞机"选项，❹单击"效果选项"下拉按钮，❺选择需要的效果，如图 16-31 所示。

图 16-31　设置第 2 张幻灯片的切换效果

Step03 以相同的方法为其他幻灯片设置合适的切换效果。

16.2.7 为幻灯片中的对象添加动画效果

幻灯片对象的动画效果是演示文稿的灵魂，合适的动画效果可以让整个演示文稿
"活"起来。为幻灯片对象添加动画效果的操作步骤如下。

Step01 ❶选择第 1 张幻灯片中的标题文本框，❷在"动画"选项卡的"动画"组中单
击"其他"按钮，❸在弹出的下拉菜单的"进入"栏中选择"弹跳"选项（或者选择"更
多进入效果"命令，然后在打开的对话框中选择合适的动画效果），如图 16-32 所示。

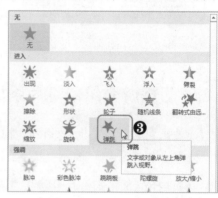

图 16-32　设置标题的进入动画效果

Step02 ❶选择第 3 张幻灯片左侧的图片，❷在"高级动画"组中单击"添加动画"下
拉按钮，❸在弹出的下拉菜单中选择"更多进入效果"命令，❹在打开的"添加进入效
果"对话框中选择合适的动画效果，❺单击"确定"按钮，如图 16-33 所示。

图 16-33　为风景图片添加进入效果

Step03 ❶再次单击"添加动画"下拉按钮，❷在弹出的下拉菜单中选择"更多退出效
果"命令，❸在打开的"添加退出效果"对话框中选择合适的动画效果，❹单击"确定"
按钮，如图 16-34 所示。

图 16-34 　为风景图片添加退出效果

Step04 以上述同样的方法为演示文稿所有需要添加动画效果的幻灯片对象添加进入、强调或退出动画效果。

Step05 ❶单击"高级动画"组中的"动画窗格"按钮，❷在打开的"动画窗格"任务窗格中拖动动画效果调整播放顺序，❸在"计时"组中的"持续时间"数值框中输入动画效果持续时间，❹在"延迟"数值框中输入延迟播放的时间，如图 16-35 所示。

图 16-35 　设置动画效果播放顺序和计时

Step06 以同样的方法为演示文稿的所有动画效果设置合适的顺序、计时和延迟等。

16.2.8 为橘子洲旅游介绍插入背景音乐

为了让旅游介绍演示文稿观赏性更高，可以添加背景音乐来营造氛围，从而吸引观众注意力。为演示文稿添加背景音乐的操作步骤如下。

Step01 ❶选择第 1 张幻灯片，❷在"插入"选项卡的"媒体"组中单击"音频"下拉按钮，❸选择"PC 上的音频"命令，❹在打开的"插入音频"对话框中选择音频文件，

❺单击"插入"按钮，如图 16-36 所示。

图 16-36　插入背景音乐

Step02 ❶在"音频工具 播放"选项卡的"编辑"组中单击"剪裁音频"按钮，❷在打开的"剪裁音频"对话框中的"开始时间"数值框输入音频的播放起始位置的时间，❸在"结束时间"数值框输入结束位置的时间（也可以拖动时间轴上的控制柄进行剪裁），❹单击"确定"按钮，如图 16-37 所示。

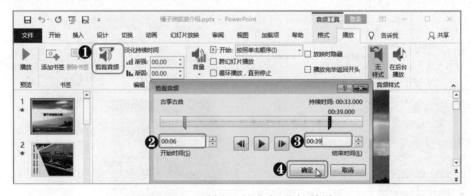

图 16-37　对插入的音频进行剪裁

Step03 ❶将音频文件的图标移动到合适的位置，❷在"音频工具 播放"选项卡的"音频选项"组中选中"跨幻灯片播放"复选框、"放映时隐藏"复选框和"循环播放，直到停止"复选框，❸在"开始"下拉列表框中选择"自动"选项，❹在"音量"下拉列表中设置合适的音量，如图 16-38 所示。

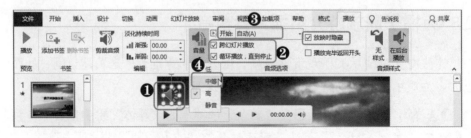

图 16-38　设置音频播放选项

16.2.9 使用排练计时设置放映时间

宣传类演示文稿一般会以自动播放的放映形式在许多场所进行播放，这就需要为演示文稿各个对象设置合理的放映时间。通过排练计时功能可以一次性为演示文稿设置各幻灯片对象的放映时间，其具体操作步骤如下。

Step01 在"幻灯片放映"选项卡的"设置"组中单击"排练计时"按钮，❶此时开始放映演示文稿，其左上角出现"录制"对话框开始记录幻灯片放映时间，❷手动对演示文稿进行一次完整的放映，放映结束时在打开的提示对话框中单击"是"按钮，如图16-39所示。

图 16-39　对演示文稿进行排练

Step02 在"视图"选项卡的"演示文稿视图"组中单击"幻灯片浏览"按钮，即可在编辑区查看各幻灯片的放映时间，如图16-40所示。

图 16-40　查看各幻灯片放映时间

16.2.10 将"橘子洲旅游介绍"演示文稿转换为视频文件

演示文稿制作完成后，可以将其导出为视频文件，以便于在各种播放器上进行播放，其具体操作步骤如下。

Step01 ❶在"文件"选项卡中单击"导出"选项卡，❷选择"创建视频"选项，❸在其右侧界面中单击"创建视频"按钮，如图 16-41 所示。

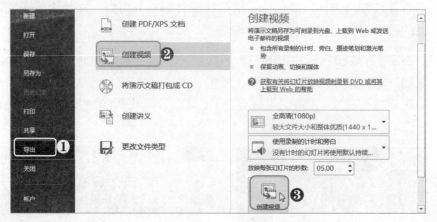

图 16-41 单击"创建视频"按钮

Step02 ❶在打开的"另存为"对话框中选择视频文件的保存位置，❷单击"保存"按钮，此时 PowerPoint 界面的状态栏会显示视频制作进度，如图 16-42 所示。

图 16-42 开始制作视频文件

第17章
WPS 办公文档的录入与编排

在前面的章节中介绍了 Office 办公软件中的 Word、Excel 和 PowerPoint 三大组件在商务办公中的基本操作、实用技巧以及综合应用。而在实际的办公过程中，也有很多职场人士习惯于使用 WPS 软件来办公。

从本章开始，将介绍如何使用 WPS 软件制作商务文档、处理表格数据以及创建演示文稿。首先是对使用 WPS 软件进行办公文档的录入与编排进行讲解。但是，在此之前，首先要对 WPS 软件有一定的了解，在此基础上才能更好地使用它来进行办公。

|本|章|要|点|
· WPS 2019 软件快速入门
· 创建办公文档并录入内容
· 文档格式的基本设置与打印操作
· 制作图文混排的办公文档

17.1 WPS 2019 软件快速入门

　　WPS 2019 是由金山软件股份有限公司自主研发的一款办公软件套装。由于该软件具有内存占用低、运行速度快、体积小巧等特点，因此有越来越多的人开始选择使用 WPS 软件来进行办公。对于初学者而言，在使用该软件之前，需要对其软件界、功能特性以及基本设置等进行初步了解。

　　【注意】WPS 软件与 Microsoft Office 同作为办公软件，它们有各自的优点，由于 WPS 软件是免费使用，而 Microsoft Office 是收费使用，从功能上讲，Microsoft Office 的功能更加强大和齐全，因此，对办公软件各功能特性要求较高，有一定专业性的用户来说，还是会选择 Microsoft Office。而对于习惯于使用 WPS，以及对办公专业性要求不高的用户来说，一般选择 WPS 软件。对于普通办公事务的处理，二者在使用上差别不大。从本书第 17 章开始，我们单独针对 WPS 软件的常用操作方法进行了专项讲解，对于有需要专门学习 WPS 软件使用的用户，可以单独学习。对于 Microsoft Office 软件的用户可以选择性了解。

17.1.1 WPS 2019 软件有哪些改进

　　WPS 2019 软件相较于之前版本的 WPS 软件，在界面和功能等多方面有较大的提升。全新的标签管理系统、WPS 账号的整合、保证数据的安全、多人协作更方便、内置网页浏览器等，都使得 WPS 的工作能力越来越强大，可以更加高效地帮助用户完成相关工作。

（1）全新的标签管理系统

　　WPS 2019 软件对传统的三大办公组件（WPS 文字、WPS 表格和 WPS 演示）进行整合，形成全新的标签管理系统。整合后不仅可以实现在同一个窗口中放置任意文档和服务类型的标签，还能方便不同类型文件的配合使用，从而不用再多开一个窗口，如图 17-1 所示。

图 17-1　不同类型文件在同一窗口中展示

　　这些不同文件类型的标签太多，会显得十分凌乱，不方便管理。此时只需将不同类型的标签拖出即可在一个新窗口显示它们，从而实现分窗口分类型地显示文件，如图 17-2 所示。

图 17-2　分窗口分类型地显示文件

（2）WPS 账号的整合

WPS 2019 软件对需要应用的相关账号进行了整合，通过登录 WPS 账号，用户可以随时随地通过多台设备访问自己的办公环境。

比如，通过 WPS 云文档服务，用户可以跨设备访问自己最近使用的文档和各种工作数据。使用 WPS 账号还可以直接登录使用"WPS 便签"、"秀堂 H5"、"稻壳模板"等各种在线办公服务，提升办公效率。

不仅如此，WPS 的各个账号的数据都是独立加密存储，充分保障用户私密数据的安全。同时，WPS 2019 软件中的流程图、脑图以及 H5 等功能都需要用户先登录 WPS 账号，才能使用。

> **提个醒：WPS 2019 的登录方式有哪些**
>
> WPS 2019 有多种登录方式，除了直接注册登录外，其他的登录方式还包括微信登录、钉钉登录、QQ 登录、微博登录、小米登录以及企业邮箱等。用户拥有这些账户，就可以直接进行第三方登录。

（3）保证数据的安全

WPS 2019 采取了全新的程序框架，使整个系统更加稳定可靠。同时新增的隔离功能可以将不同的文档应用隔离开，避免部分文档崩溃时影响其他文档的数据。

为了保证用户数据的安全，WPS 还新增了独立备份中心，支持云端备份，方便用户随时随地轻松找回在不同设备上备份的数据，如图 17-3 所示。

图 17-3　备份中心

（4）多人协作更方便

为了更加方便多个用户高效协同办公，WPS 2019 软件简化了操作流程，并设置了一键切换协同编辑的模式，方便用户快速进入协作状态。

多人实时在线协作，在一定程度上避免了文件来回流转产生的版本冲突问题，提高了工作效率，降低了出错的可能性。多人协同编辑功能主要基于 Web 的协作环境，任何设备都能加入编辑，文档格式完全兼容。只需要在登录账号后，单击"特色功能"选项卡中的"在线协作"按钮即可开启该功能，如图 17-4 所示。

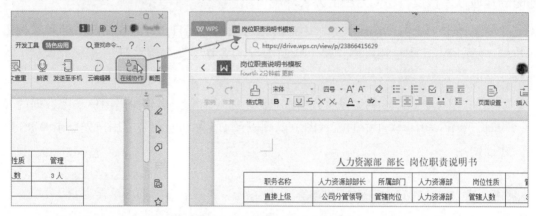

图 17-4　开启多人协作功能

（5）内置网页浏览器

WPS 2019 软件内置了一个简单的网页浏览器。如果用户的文档中有网页地址，此时用户可以直接按住【Ctrl】键，单击对应的网页地址，程序即可自动默认使用内置浏览器打开链接内容，如图 17-5 所示为在 WPS 中打开的视觉中国官网。

图 17-5　使用内置浏览器打开网页

该内置浏览器拥有基本的浏览器功能，如执行前进、后退操作，在地址栏中输入网址访问网页，以及拥有下载工具，可以将网页添加到 WPS 首页，也可将网页另存为 PDF 文件。

17.1.2　WPS 软件界面认识

默认情况下，将 WPS 2019 软件安装成功后，在桌面只可以看到一个 WPS 2019 图标，通过双击该图标可以启动 WPS 软件，从而创建对应的文档、表格、演示文稿等，即在这一版本中，程序自动将所有的组件程序整合到了一起，该模式相较于之前的版本而言是一个较大的改变。

启动 WPS 2019 软件后首先进入到的是 WPS 软件的主界面，该界面中主要包括标签栏、功能选项栏、快速访问区域、消息中心和全局搜索框等构成，如图 17-6 所示。

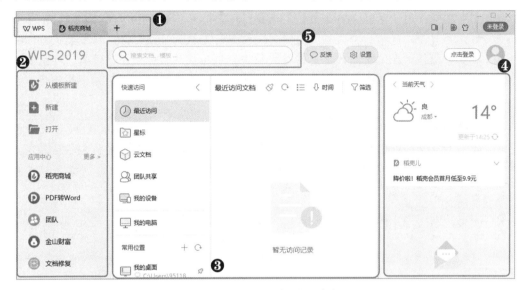

图 17-6　WPS 主界面介绍

❶标签栏　　　❷功能选项栏　　　❸快速访问区域　　　❹消息中心　　　❺全局搜索框

下面分别对主界面中的各组成部分进行介绍。

◆ **标签栏**：用于存放用户在使用过程中打开或新建的工作项目，通过单击对应的标签，即可实现工作项目的切换，单击"+"按钮即可快速打开"新建"标签。

◆ **功能选项栏**：该栏除了包含常用的打开、新建等功能以外，还包含一个应用中心，该中心主要存放了与办公相关的工作软件，方便用户下载使用。

◆ **快速访问区域**：该区域是显示了用户常用文档的位置以及最近访问的文档列表，当用户登录 WPS 账号后，还可以显示云端的数据或是在其他设备上最近使用的文件。

◆ **消息中心**：主要显示软件中的通知信息以及天气状况等。

◆ **全局搜索框**：用户使用全局搜索框可以全局搜索本地电脑中的文件（首次使用时需要等候索引），也可以搜索稻壳商城里的模板文件。

17.1.3　WPS 2019 六大功能简介

前面介绍了 WPS 2019 软件整合了三大常用的办公组件，除此之外，在 WPS 2019 中还整合了流程图、脑图和 H5 功能，用户只需在主界面单击"新建"按钮，即可在打开的"新建"标签界面查看到这六大主要功能对应的选项卡，如图 17-7 所示。

图 17-7　WPS 软件的六大功能

下面分别对这六大功能组件进行介绍。

◆ **文字功能**：用于新建 Word 文档；支持 doc、docx、dot、dotx、wps 和 wpt 等文件格式的打开，包括加密文档；支持对文档进行查找、替换、修订、字数统计、拼写检查等操作；在编辑模式下支持对文档进行编辑操作，如文字、段落、对象属性的设置以及插入图片等；在阅读模式下支持对文档页面进行放大、缩小等操作；支持批注、公式、水印、OLE 对象的显示。

◆ **表格功能**：用于新建 Excel 文档；支持 xls、xlt、xlsx、xltx、et 以及 ett 等文件格式的查看，包括加密文档；支持 Sheet 切换、行/列筛选、显示隐藏的 Sheet/行/列；支持高亮显示活动单元格所在的行/列；在表格中可自由调整行高与列宽，使其能完整显示表格内容；在平板电脑上查看表格时，支持双指放缩页面。

◆ **演示功能**：用于新建 PPT 幻灯片；支持 ppt、pptx、pot、potx、pps、dps 以及 dpt 等文件格式的打开和播放，包括加密文档；全面支持 PPT 各种动画效果、声音和视频的播放；在编辑模式下支持对幻灯片内容进行编辑操作，如文字、段落、对象属性的设置等；在阅读模式下支持对文档页面进行放大、缩小等操作；共享播放，与其他设备链接，可同步播放当前幻灯片。

◆ **流程图功能**：该功能可以实现新建流程图、组织结构图、BPMN、UML、VENN 图、EPC 事件过程链图以及 EVC 企业价值链图；每一种流程图都提供了相应的模板，供用户下载使用。完成流程图的创建后，还可对流程图进行编辑。

◆ **脑图功能**：脑图功能主要用于创建思维导图、逻辑图、组织结构图以及树状组织结构图。创建完成后同样可以对图形进行编辑。

◆ **H5 功能**：又叫 "秀堂 H5"，它是 WPS 针对移动社交产品趋势，倾力打造了一款面向普通用户的 H5 制作软件。秀堂提供海量 H5 模板，用户通过简单图文替换，即可实现图文音乐的自由组合，快速生成具备丰富动画效果的在线 HTML5 页面，并且支持一键分享到社交网络。

【**注意**】WPS 软件自身创建的文档、表格和演示的文件格式默认为.wps、.et 和.dps，但是目前大多数的职场用户使用的是 Microsoft Office 软件进行办公。为了让纯 WPS 用户可以更好更兼容地处理由 Office 软件制作的文件，本书后面的所有讲解和操作演示均是基于 Office 格式的文件。

知识延伸　*文字、表格及演示三大组件中的特色应用*

在 WPS 软件的文字、表格及演示组件中，系统提供了强大的文件输出转换功能，每个组件的主界面中都有一个"特色应用"选项卡，单击该选项卡，在切换到的界面中即可查看到 WPS 中提供的各种特色应用，如 PDF 转 Word、PDF 转 PPT、PDF 转 Excel、输出为图片、论文查重、截取文字以及全文翻译等（此处以 Word 为例），如图 17-8 所示。

图 17-8　特色应用

【注意】由于是特色应用，所以在第一次使用时，有的需要先进行下载和配置，然后才能正常使用。

17.1.4　WPS 软件的基本设置

在前面介绍 WPS 软件界面时可发现，界面上存在一个"设置"按钮，用户通过该按钮即可对软件的整体效果进行设置。该按钮可以实现的设置主要包括：切换窗口管理模式、网页浏览器的设置、文件备份的设置、配置和修复工具以及皮肤和外观的设置等。

（1）切换窗口管理模式

WPS 2019 软件更新了工作界面，又将常用的三大组件进行了整合，这样一来，很多老用户可能不习惯这样的界面。但 WPS 非常人性化地提供了切换窗口管理模式的功能，通过该功能可以实现将 WPS 三大组件进行分离，从而方便老用户的使用。

其具体的操作是：在 WPS 主界面单击"设置"按钮，在弹出的下拉菜单中选择"设置"命令，在打开的"设置中心"标签中单击"其他"栏中的"切换窗口管理模式"按钮，在打开的"切换窗口管理模式"对话框中选中"多组件模式"单选按钮，单击"确定"按钮，如图 17-9 所示。

图 17-9　切换为多组件模式

在打开的提示对话框中单击"确定"按钮，返回到电脑桌面即可发现原来的 WPS 2019 主程序图标变为了 WPS 文字、WPS 演示、WPS 表格以及金山 PDF 这 4 个应用程序，如图 17-10 所示。

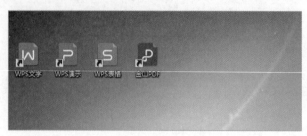

图 17-10　多组件模式效果

提个醒：重新将多组件模式更改为整合模式

如果用户需要将各个 WPS 程序重新整合在一起，只需要打开任意一个组件，通过"设置中心"标签打开"切换窗口管理模式"对话框，在其中选中"整合模式"单选按钮，依次单击"确定"按钮。完成后关闭当前的应用程序，返回桌面即可发现多个组件又变成了 WPS 2019 这一个组件。

（2）网页浏览器的设置

网页浏览器是 WPS 中一个非常实用的功能，它可以在不借助外部浏览器的情况下进行网页浏览。对 WPS 浏览器进行设置主要是更改下载文件默认的保存位置和清除浏览数据等。只需要在"设置中心"标签中单击"工作环境"栏中的"网页浏览设置"按钮，在打开的界面中即可进行相关设置，如图 17-11 所示。

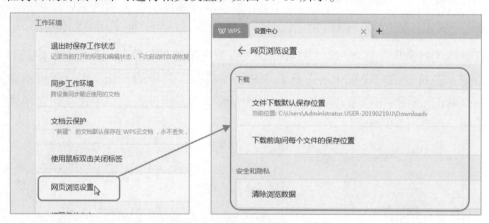

图 17-11　网页浏览器的设置

（3）文件备份的设置

文件备份功能是 WPS 中十分重要的功能。对文件时时备份可以帮助用户更好地保护文件的安全。其操作与网页浏览器设置的操作相似，用户只需在"设置中心"标签中单击"打开备份中心"按钮，即可打开备份中心。在该界面中可以进行本地备份、云端备份、一键恢复以及相关设置，如图 17-12 所示。

图 17-12　文件备份的设置

（4）配置和修复工具

用户在使用 WPS 的过程中，如果出现文档错误、格式不兼容或文件损坏等问题，可以通过配置和修复工具进行解决。

只需要在主界面单击"设置"按钮，在弹出的下拉菜单中选择"配置和修复工具"命令，在打开的对话框中单击"开始修复"按钮即可进行修复，如 17-13 左图所示；单击"高级"按钮，在打开的对话框中即可对 WPS 进行，可以进行兼容设置、备份清理、重置修复、升级设置以及其他选项等设置，如 17-13 右图所示。

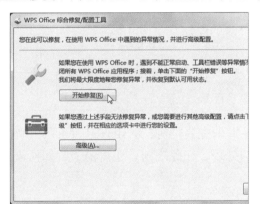

图 17-13　修复和配置工具介绍

> **小技巧：取消软件推荐和广告推送**
>
> WPS 2019 软件虽然功能非常强大，特别适合用户进行日常办公，但其中会包含一部分软件推荐以及广告推送，有的用户可能不太喜欢这类推送，此时就可以将其关闭。只需要在"WPS Office 配置工具"对话框中单击"其他选项"选项卡，取消选中该选项卡下所有的复选框，单击"确定"按钮即可关闭对应的软件推荐和广告推送，如图 17-14 所示。

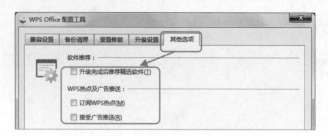

图 17-14　取消软件推荐和广告推送

（5）皮肤和外观的设置

通过皮肤和外观的设置，用户可以定制属于自己的工作界面。其具体操作是：单击"设置"按钮，在弹出的下拉菜单中选择"皮肤和外观"命令，在打开的"皮肤中心"对话框中即可进行皮肤设置、自定义外观以及格式图标的选择，如图 17-15 所示。

图 17-15　皮肤和外观的设置

17.2　创建办公文档并录入内容

在对 WPS 2019 软件有了一定的了解后，接下来主要是对三大组件进行讲解。首先要介绍的是使用文字组件对办公文档进行编辑与处理。在此之前，还需要了解如何创建办公文档并在其中录入内容。

17.2.1　新建与保存空白文档

使用 WPS 新建空白文档的方式有多种，操作都比较简单。主要包括单击"新建"按钮新建、通过新建文档文件新建、通过快捷键新建和通过"文件"按钮新建。下面分别对这几种新建文档的方式进行介绍。

◆ **单击"新建"按钮新建**：这是最常用的一种新建空白文档的方式，其操作是：在打开的 WPS 主界面中单击"新建"按钮，在打开的"新建"标签中单击"文字"选项卡，选择"新建空白文档"选项即可新建空白文档，如图 17-16 所示。

图 17-16　选择"新建"选项新建空白文档

◆ **通过新建文档文件新建**：这也是非常常用的一种新建空白文档的方式，用户只需要在需要新建文档的位置右击，在弹出的快捷菜单中选择"新建"命令，在其子菜单中选择合适的格式即可，这里选择"DOCX 文档"命令，如图 17-17 所示。

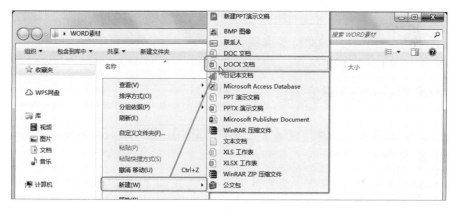

图 17-17　通过新建文档文件新建文档

◆ **通过快捷键新建**：如果用户当前有打开的文档，则可以通过按【Ctrl+N】组合键快速新建一个空白文档。

◆ **通过"文件"按钮新建**：如果用户当前有打开的文档，则可以单击"文件"按钮，在弹出的下拉菜单中选择"新建/新建"命令，如 17-18 左图所示，再在打开的"新建"标签中进行新建文档操作即可。也可以单击"文件"按钮右侧的下拉按钮，在弹出的下拉菜单中选择"文件/新建"命令即可新建一个空白文档，如 17-18 右图所示。

图 17-18　通过"文件"按钮新建文档

保存文件的操作相对来说较简单，完成新建文档后，需要保存文档时只需单击"保存"按钮，由于是直接新建的文档，没有确定保存位置，所以会自动打开"另存为"对话框，在其中选择保存位置，输入文件名，选择文件类型，单击"确定"按钮即可，如图 17-19 所示。

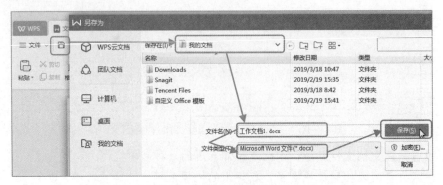

图 17-19　保存文件操作

如果已经保存过的文档再次打开编辑后需要保存，只需要直接单击"保存"按钮，或是直接按【Ctrl+S】组合键即可快速保存。

17.2.2　使用模板新建文档

在 WPS 中提供了许多既精美又实用的模板供用户使用，使用模板可以快速新建页面效果优秀的文档。

【注意】WPS 中提供的模板大多是需要付费的，如果用户需要使用，可以登录自己的账户进行购买或是开通会员进行使用。

下面以根据"企业宣传册封面，工作报告"模板新建文档为例进行介绍，登录 WPS 账号（账号已开通会员），在"新建"标签中单击"文字"选项卡，直接在需要的模板中单击"使用该模板"按钮即可快速下载该模板，如图 17-20 所示。

图 17-20　根据模板新建文档

下载完毕后，程序自动创建对应的模板文件，如图 17-21 所示，此时用户只需要在模板文档中进行稍加修改即可快速完成新文档的创建。

图 17-21　新建的模板文档

17.2.3　文档编辑界面介绍

　　完成了文档的新建后，就可以开始编排文档了。不过，在这之前还需要对文档的编辑界面有一定的了解。文档编辑界面主要由标题栏、"文件"按钮、快速访问工具栏、功能区、状态栏、视图栏、文档编辑区以及任务窗格，如图 17-22 所示。

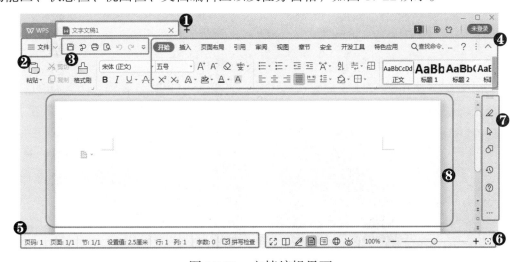

图 17-22　文档编辑界面

❶标题栏　　❷"文件"按钮　　❸快速访问工具栏　　❹功能区

❺状态栏　　❻视图栏　　❼任务窗格　　❽编辑区

以下是文档编辑界面中各组成部分的介绍。

- **标题栏**：又称标签栏，用于显示文件的名称等信息。

- **"文件"按钮**：在"文件"按钮中包含了常用的各菜单项，比如"新建"、"打开"、"保存"以及"输出为PDF"等。

- **快速访问工具栏**：可以将一些常用操作以按钮的形式显示在快速访问工具栏，以便于用户使用。在默认情况下，快速访问工具栏只有"保存"、"输出为PDF"、"打印"、"打印预览"、"撤销"以及"恢复"按钮。

- **功能区**：功能区有多个选项卡，各个选项卡内又可细分为多个组，软件中具有共性或联系的操作被分类归纳在这些组中。

- **状态栏和视图栏**：在界面底端，左侧为状态栏，用于显示当前文档的页面、字数以及信息检查等信息；右侧为视图栏，用于设置文档的视图模式、页面缩放比例以及最佳显示比例等信息。

- **任务窗格**：任务窗格中主要包含了一些用户在进行文档编辑的过程中会使用到的各种工具。

- **编辑区**：编辑区便是用户进行文档编辑的主要工作区域，是文档编辑界面中最大的区域。用户对文档进行的各种操作，都会在编辑区显示出来。

17.2.4　在文档中输入文本

文本输入是 WPS 文档编辑的基础，而文本的输入又分为多种类型的输入，如普通文本的输入、日期和时间的输入、符号的输入，下面具体介绍各种类型的文本输入方式。

（1）普通文本的输入

通常情况下，用户在文本编辑界面中输入的文本大多是普通文本。用户只需要将文本插入点定位到要输入的位置，使用输入法进行输入即可。

打开要输入文本的文件或是新建一个空白的文件，此时会看到一个闪烁的黑色竖线，该竖线就是文本插入点，直接输入文本即可将其显示在编辑区中，如图 17-23 所示。

图 17-23　普通文本的输入

（2）日期和时间的输入

用户在日常编辑文档的过程中，可能会遇到日期或时间输入错误或格式不正确的时候，且手动输入较为麻烦，会浪费大量时间。

WPS 中提供了快速录入时间和日期的功能，可以帮助用户高效、准确地录入当前日期和时间，并且提供了多种不同的格式供用户使用。下面具体介绍快速录入日期和时间的具体操作。

将文本插入点定位到要输入日期或时间的位置，单击"插入"选项卡下的"日期"按钮，在打开的"日期和时间"对话框中的"语言"下拉列表框中选择需要的语言，这里选择"中文"选项，在"可用格式"列表框中选择需要的日期或时间选项，再单击"确定"按钮即可快速插入日期或时间，如图 17-24 所示。

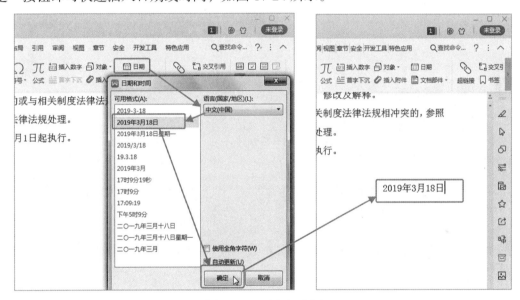

图 17-24　插入日期

> **提个醒：如何设置时间和日期实时更新**
>
> 如果用户需要让文档中的时间或日期实时更新，可以在打开的"日期和时间"对话框中选中"自动更新"复选框，确认后即可完成设置。

（3）符号的输入

在文档的编辑过程中，很多时候会需要输入特殊符号。例如在一行文本前输入五角星表示强调该内容等。通过键盘能直接输入的符号较少，此时可以使用 WPS 中提供的插入符号功能完成。

将文本插入点定位到要插入特殊符号的位置，单击"插入"选项卡下的"符号"下拉按钮，在弹出的下拉菜单中选择"其他符号"命令，在打开的"符号"对话框中的"子集"下拉列表框中选择"零杂丁贝符"选项，在列表框中选择五角星符号，单击"插入"
按钮即可，如图 17-25 所示。

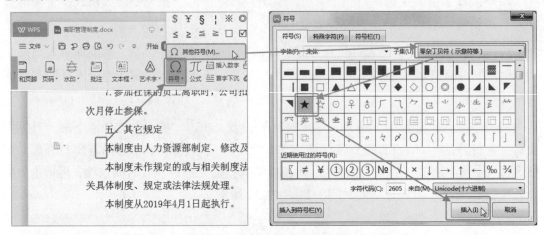

图 17-25　插入特殊符号

提个醒：插入公式

在编辑文档的过程中，有时需要在文档中插入公式，此时只需要单击"插入"选项卡下的"公式"
按钮，在打开的"公式编辑器"对话框中编辑需要的公式即可，如图 17-26 所示，在该对话框中还可
以对尺寸、视图比例等进行调整。

图 17-26　公式的编辑

17.3　文档格式的基本设置与打印操作

如果在文档中仅仅输入了文本，所有的文本都是一模一样，不方便对文档内容进行
查阅。为了让文档更加规范、美观，可以为文档设置相应的格式，主要是字体格式和段
落格式的设置。完成文档的格式设置后，有时还需要将文档打印出来，方便传阅。

17.3.1　文本的选择方式

在对文档设置格式之前，需要知道如何选择文本，只有这样才能精准地给目标文本

设置相应的格式。选择文本的方式分为选择连续文本、选择不连续文本、选择一行文本、选择一段文本以及选择全部文本等，下面分别进行介绍。

◆ **选择连续文本**：将鼠标光标移动到需要选择文本的起始位置，按下鼠标左键，拖动到结束位置释放鼠标左键即可。

◆ **选择不连续文本**：先选择第一部分连续文本，按住【Ctrl】键不放，继续选择第二段文本即可选择不连续文本，如 17-27 左图所示。

◆ **选择一行文本**：将鼠标光标移动到要选择那行文本的左侧空白区域，当鼠标光标变为指向右上方的箭头形状时，单击鼠标左键即可选择一行文本，如 17-27 右图所示。

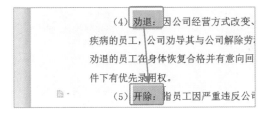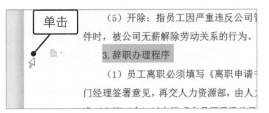

图 17-27　选择不连续文本和选择一行文本

◆ **选择一段文本**：将鼠标光标移动到该段文本的左侧靠近编辑区边缘的空白区域，当鼠标光标变为指向右上方的箭头形状时，双击鼠标左键即可选择一段文本，如 17-28 左图所示。

◆ **选择全部文本**：将鼠标光标移动到要选择那段文本的左侧靠近编辑区边缘的空白区域，当鼠标光标变为指向右上方的箭头形状时，快速三击鼠标左键即可选择全部文本；按【Ctrl+A】组合键也可进行全选，如 17-28 右图所示。

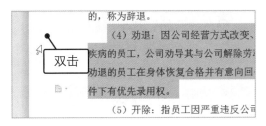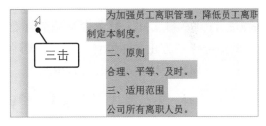

图 17-28　选择一段文本和选择全部文本

17.3.2　字体格式的设置

字体格式的设置主要是对文本设置字体、字号、加粗、倾斜、底纹以及颜色等。通过对字体格式的设置可以起到着重提示的作用，还可以帮助用户区分层级。

■ [分析实例]——为"年终奖管理制度"文档设置字体格式

下面以给"年终奖管理制度"文档设置字体格式为例，讲解设置字体格式的相关操作，如图 17-29 所示为字体格式设置前后的对比效果。

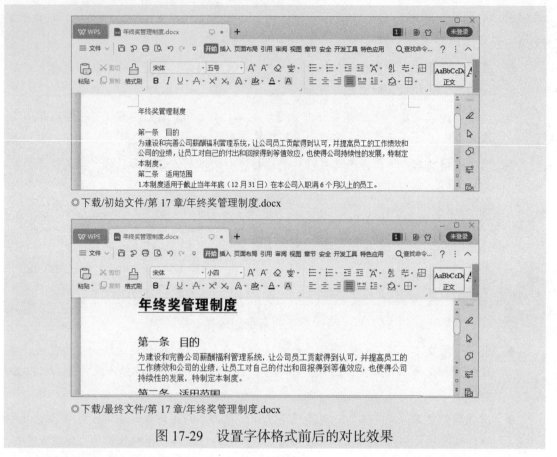

◎下载/初始文件/第 17 章/年终奖管理制度.docx

◎下载/最终文件/第 17 章/年终奖管理制度.docx

图 17-29　设置字体格式前后的对比效果

其具体操作步骤如下。

Step01 打开素材文件，❶选择文档的标题文本，❷在"开始"选项卡的"字体"下拉列表框中选择"方正大黑简体"选项，❸在"字号"下拉列表框中选择"二号"选项，❹单击"下划线"按钮，如图 17-30 所示。

Step02 ❶选择"第一条　目的"文本，❷在"开始"选项卡的"字体"下拉列表框中选择"微软雅黑"选项，❸在"字号"下拉列表框中选择"三号"选项，如图 17-31 所示。

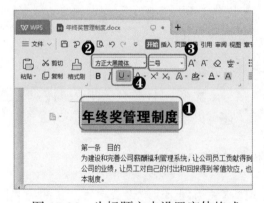

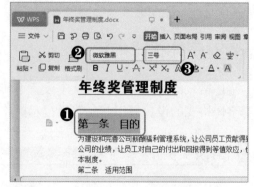

图 17-30　为标题文本设置字体格式　　　　图 17-31　为下一级标题设置字体格式

Step03 ❶选择第一段正文内容，❷在"开始"选项卡的"字体"下拉列表框中选择"宋体"选项，❸在"字号"下拉列表框中选择"小四"选项，如图 17-32 所示。同样的为所有文本内容设置字体格式。

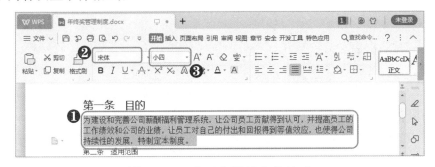

图 17-32　为正文设置字体格式

除了前面介绍的在"开始"选项卡中设置字体格式以外，还可以通过"字体"对话框和浮动迷你工具栏进行字体格式的设置操作。

◆ **通过"字体"对话框设置**：选择要设置字体格式的文本，单击"字体"组中的"对话框启动器"按钮，即可打开"字体"对话框，如图 17-33 所示。

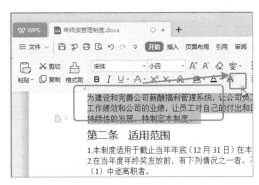

图 17-33　通过"字体"对话框设置字体格式

◆ **通过浮动迷你工具栏设置**：在文档中选择要设置字体格式的文本，在文本附近会显示一个浮动迷你工具栏，通过该工具栏同样可以设置字体格式，如图 17-34 所示。

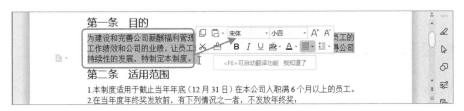

图 17-34　通过浮动迷你工具栏设置字体格式

17.3.3　设置段落格式规范文档

段落格式主要包括对齐方式、段前和段后间距、行距以及缩进格式等。通过对这些格式的设置，可以让文档拥有清晰的结构，使文档更加层次分明。与字体格式设置相似的是，段落格式的设置可以通过"段落"组和"段落"对话框设置。

下面以为"年终奖管理制度"文档设置段落格式为例进行介绍。首先选择文档标题，单击"开始"选项卡"段落"组中的"居中对齐"按钮；然后选择第一段正文，单击"段落"组中的"对话框启动器"按钮，在打开的"段落"对话框中的"特殊格式"下拉列表框中选择"首行缩进"选项，在"度量值"数值框中输入"2"，在"行距"下拉列表框中选择"1.5 倍行距"选项即可，如图 17-35 所示。最后单击"确定"按钮关闭对话框确认设置的段落格式。

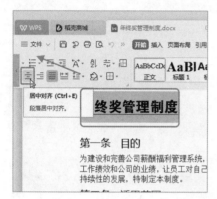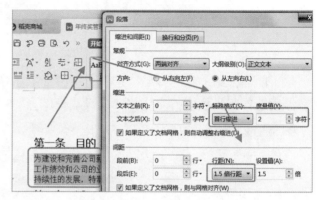

图 17-35　设置文档的段落格式

以同样的方式为其他文本内容设置段落格式，最终效果如图 17-36 所示。

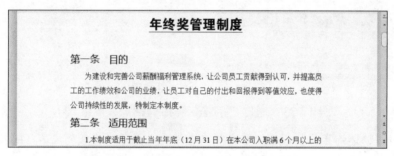

图 17-36　设置段落格式后的最终效果

17.3.4　设置文本边框和底纹

在制作文档时，使用边框或底纹可以突出显示某一部分内容，使文档显得不那么单一，合理地使用还能起到增强文档美感的效果。

（1）为文本添加边框

为文本添加边框可以分为为选择的文本添加和为段落添加。首先选择要添加边框的内容，单击"开始"选项卡"段落"组中的"边框"下拉按钮，在弹出的下拉菜单中选择"边框和底纹"命令，在打开的对话框中的"设置"栏中选择"方框"选项，选择合适的颜色和线条粗细，在"应用于"下拉列表框中可以选择为文本或段落添加边框，这里选择"段落"选项，单击"确定"按钮即可为段落添加边框，如图 17-37 所示。

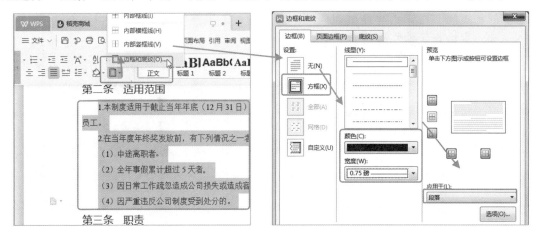

图 17-37　为选择的段落添加边框效果

（2）为文本添加底纹

如 17-37 右图所示，单击"底纹"选项卡即可为文本添加底纹效果，除此之外，还可以如何为文本添加底纹呢？

通常情况下，为文本添加底纹主要是通过"底纹颜色"下拉按钮完成，其具体操作是：选择需要添加底纹的文本，单击"开始"选项卡"段落"组中的"底纹颜色"下拉按钮，在弹出的下拉菜单中选择合适的底纹颜色即可，也可选择"其他填充颜色"命令，在打开的"颜色"对话框中选择合适的底纹颜色，单击"确定"按钮即可，如图 17-38 所示。

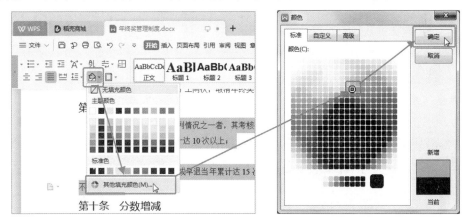

图 17-38　为文本添加底纹效果

17.3.5　页眉页脚的使用

在文档制作中，页眉页脚通常显示文档的附加信息，常用来插入时间、日期、页码、单位名称、微标等。其中，页眉在页面的顶部，页脚在页面的底部。

（1）插入并编辑页眉

要编辑页眉页脚，首先需要进入页眉页脚的编辑状态。直接单击"插入"选项卡下的"页眉和页脚"按钮（或在页面顶部空白区域双击鼠标左键）即可进入编辑状态，此时会出现"页眉和页脚"选项卡，在页眉位置输入"××文化传播有限公司"，单击"页眉和页脚"选项卡下的"日期和时间"按钮，在打开的对话框中选择合适的时间格式，单击"确定"按钮，如图 17-39 所示，完成后单击"页眉和页脚"选项卡的"关闭"按钮即可退出页眉页脚的编辑状态。

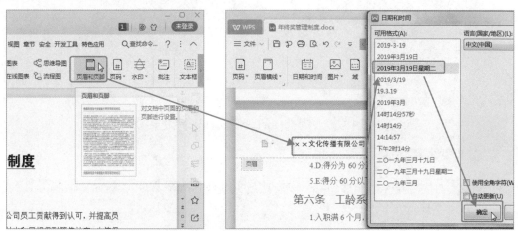

图 17-39　为文档添加页眉

> **提个醒：在页眉页脚插入图片**
>
> 如果需要在页眉或页脚插入图片，例如插入公司 LOGO 等，可以在页眉页脚编辑状态下单击"页眉和页脚"选项卡下的"图片"下拉按钮，在其中选择合适的插入方式即可。

（2）插入页脚

页脚通常是为文档添加页码，使文档更加规范。双击页脚的空白区域进入页眉页脚编辑状态，单击"页眉和页脚"选项卡下的"页码"下拉按钮，选择合适的页码样式即可，如 17-40 左图所示；或是直接在页脚位置单击"插入页码"下拉按钮，在弹出的面板中选择页码的样式、位置及应用范围后单击"确定"即可，如 17-40 右图所示。

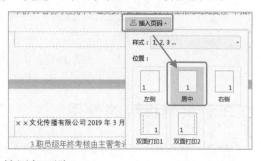

图 17-40　为文档添加页脚

17.3.6 为文档添加目录

通过阅读一个文档的目录，读者能快速了解文档的大致内容以及文档结构，通过目录还可以快速跳转到文档的相应位置。WPS 中提供了多种目录样式，只需要选择一种样式，即可自动生成相应样式的目录。

将文本插入点定位到要插入目录的位置，单击"引用"选项卡下的"目录"下拉按钮，在弹出的下拉菜单中选择合适的目录样式即可创建目录，如图 17-41 所示。

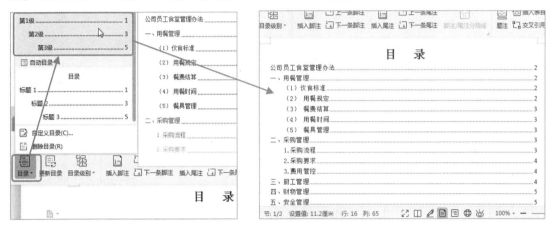

图 17-41　插入目录

完成目录创建后，如果觉得当前目录格式不能满足使用，也可以更换其他格式的目录。只需要单击"目录设置"下拉按钮，在弹出的下拉列表中选择其他样式的目录或删除目录，如图 17-42 所示。

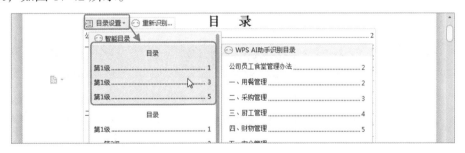

图 17-42　更改目录

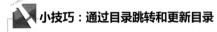 **小技巧：通过目录跳转和更新目录**

　　按住【Ctrl】键，待鼠标光标变为 形状时，单击鼠标左键即可实现跳转。用户新建目录后，如果对文本内容进行了调整，原来的目录可能已经与当前文档不匹配了，此时则可以单击"引用"选项卡下的"更新目录"按钮更新目录。

17.3.7 打印预览和打印文档

在文档制作完成后，有时需要将其打印出来，形成纸质文件进行传阅或存档，因此学习文档的打印操作也是十分必要的。

用户对文本内容及页面设置完成后，通常还需要对打印效果进行预览。只需要单击"文件"按钮，在弹出的下拉菜单中选择"打印/打印预览"命令，即可进入打印预览状态，在打开的"打印预览"选项卡中对打印相关内容（打印机、打印份数等）进行设置后，单击"直接打印"下拉按钮，选择"直接打印"选项即可，如图 17-43 所示。

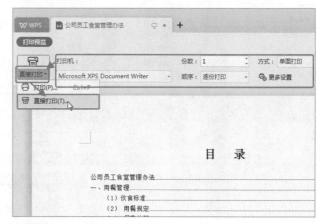

图 17-43　打印预览并打印文档

如果在打印之前还需要对页面进行更详细的设置，可以在"打印预览"选项卡中单击"更多设置"按钮，在打开的"打印"对话框中进行设置即可。

17.4　制作图文混排的办公文档

为了让文档更加美观、内容更加丰富，可以在文档中插入图片、表格、艺术字和形状等对象。当然，插入对象之后还需要对其进行编辑，才能使其呈现出最好的效果，实现图文结合。

17.4.1 图片的插入与编辑

在文档中插入图片的方式主要有插入本地图片、插入手机中的图片、插入 WPS 提供的图片、插入来自扫描仪的图片等。而其中最常用的是插入本地图片和插入 WPS 中提供的图片（需要登录会员账户）。

（1）插入图片

这里介绍插入本地图片的方法，将文本插入点定位到要插入图片的位置，单击"插入"选项卡下的"图片"下拉按钮，在弹出的下拉菜单中选择"来自文件"命令，在打开的对话框中选择要插入的图片，单击"打开"按钮即可插入图片，如图 17-44 所示。

图 17-44　插入图片

（2）编辑图片

将图片插入到文档中，可能其大小、布局方式等都不满足用户要求，此时就需要对图片进行编辑。编辑图片主要包括裁剪图片、缩放图片、更改环绕方式、旋转以及设置透明度等，其操作与前面介绍的在 Word 中编辑图片相似。

首先选择图片，在打开的"图片工具"选项卡中进行对应的设置即可，如图 17-45 所示。

图 17-45　　"图片工具"选项卡

知识延伸　　*WPS 中的实用二维码功能*

WPS 中包含了一个插入功能图的功能，可以在文档中生成二维码、条形码、几何图和地图。其中的二维码功能是非常实用的，它可以根据用户输入的网址、文本、名片、WIFI 信息以及电话号码，在文档中生成一个二维码，通过使用手机扫描该二维码即可获取到用户输入的文本或跳转到链接的网页。

下面以在景区简介文档中添加二维码，链接到百度百科的具体介绍为例进行讲解。将文本插入点定位到要插入二维码的位置，单击"插入"选项卡"功能图"下拉按钮，选择"二维码"命令，在打开的"插入二维码"对话框中的"输入内容"文本框中输入"http://www.djy517.com/"，单击"确定"按钮即可，如图 17-46 所示。

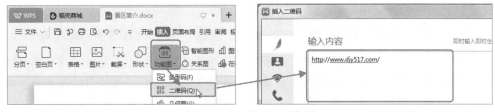

图 17-46　插入二维码

在文档中插入二维码，其最终效果如 17-47 左图所示；使用手机扫描该二维码，即可获取相关介绍，如 17-47 右图所示。

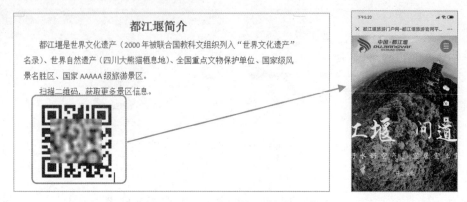

图 17-47　生成二维码并获取信息

17.4.2　在文档中插入表格

在商务办公中，许多文档都会使用到表格。表格能代替文字展示许多文本无法详细描述的内容。在 WPS 中插入表格的方法有多种，常用的有通过拖动鼠标选择要插入的行和列、通过对话框确定要插入表格的行列数以及手动绘制表格等。

◆ **拖动鼠标选择要插入的行和列**：如果要插入行列数比较少（最多 8 行 17 列），且规则的表格，只需要在"插入"选项卡中单击"表格"下拉按钮，在弹出的下拉菜单中的虚拟表格中拖动鼠标选择需要的行数和列数即可，如图 17-48 所示。

◆ **通过对话框确定要插入表格的行列数**：当需要插入的表格行和列比较多，且行列都很规则，则在"插入"选项卡下单击"表格"下拉按钮，选择"插入表格"命令，然后在打开的"插入表格"对话框中设置列数和行数，如图 17-49 所示。

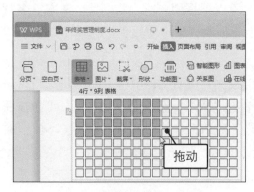

图 17-48　鼠标拖动插入表格

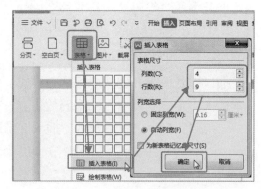

图 17-49　通过对话框插入表格

◆ **手动绘制表格**：如果文档中需要的表格不规则，且比较复杂，就需要手动绘制表格。其操作是：在"插入"选项卡中单击"表格"下拉按钮，选择"绘制表格"命令，此时进入绘制表格状态，鼠标光标变为 ∅ 形状，然后在编辑区进行表格绘制，绘制完成后在空白处单击即可，如图 17-50 所示。

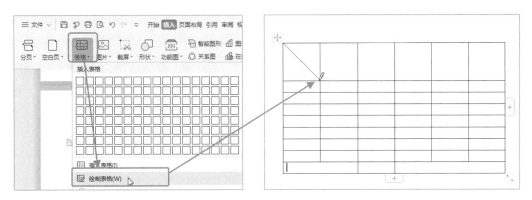

图 17-50 手动绘制复杂表格

17.4.3 形状的绘制

在文档中插入形状，可以使文档内容更加丰富，且形状在文档中多用于制作图示。由多个形状和文字组成的图示，可以更加直观地展现所要表达的内容。

例如，要在"招聘流程图"文档中创建公司招聘流程图，用于展示具体的招聘过程。其操作为：单击"插入"选项卡下的"形状"下拉按钮，在弹出的下拉菜单中选择"流程图：可选过程"选项，在文档中按下鼠标左键进行拖动即可绘制形状，如图 17-51 所示。

图 17-51 绘制形状

以同样的方法绘制箭头形状，将两个图形连接起来，然后右击"流程图：可选过程"形状，选择"添加文本"命令，并录入文本即可完成流程图的制作，如图 17-52 所示。

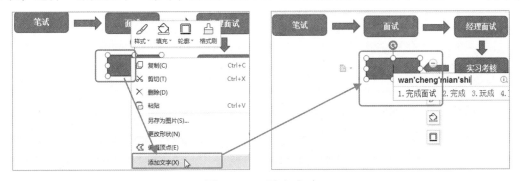

图 17-52 录入文本

> **提个醒：在画布上绘图**
>
> 　　在绘制图形之前，在编辑区绘制画布，用户可以在其中绘制多个图形，其意义相当于一个"图形容器"。因为形状包含在绘图画布内，画布中所有对象就有了一个绝对的位置，这样它们可作为一个整体移动和调整大小，还能避免文本中断或分页时出现的图形显示错乱。只需要在单击"形状"下拉按钮弹出的下拉菜单底部选择"新建绘图画布"选项即可创建一个画布。

17.4.4　在文档中使用艺术字

　　使用艺术字可以使文档更加美观、内容显示更加多样化。WPS 中提供了多种预设艺术字样式，由于其美观且比较醒目，常用于制作文档的标题、重要内容等。

（1）插入艺术字

　　下面以在"酒店简介"文档中插入艺术字为例，介绍艺术字的插入方法。首先将文本插入点定位到要插入艺术字的位置，单击"插入"选项卡下的"艺术字"下拉按钮，在弹出的下拉列表中选择"预设样式"栏中的"填充-白色，轮廓-着色 1"选项，即可插入艺术字，如图 17-53 所示。

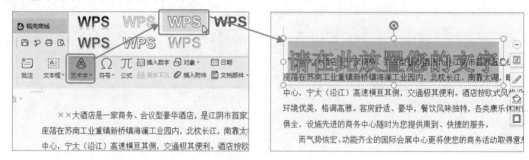

图 17-53　插入艺术字

（2）编辑艺术字

　　将艺术字文本框插入到文档中以后还需要对艺术字的位置和内容进行编辑。单击艺术字文本框右侧的"布局选项"按钮，选择"嵌入型"选项将艺术字对象嵌入到段落中，然后将文本框中的占位符内容删除掉，重新录入文本即可，如图 17-54 所示。

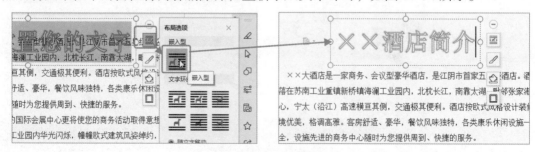

图 17-54　编辑艺术字

17.4.5 智能图形的使用

WPS 的文字组件中为用户提供了多种可供编辑的智能图形，方便用户高效地制作组织结构图、基本列表以及基本流程等图形。

[分析实例]——为"酒店简介"文档设计添加智能图形

下面以在"酒店简介"文档中插入并编辑组织结构图，对整个酒店的特色进行具体展示，对智能图形的相关操作进行讲解，如图 17-55 所示为插入并编辑智能图形前后的对比效果。

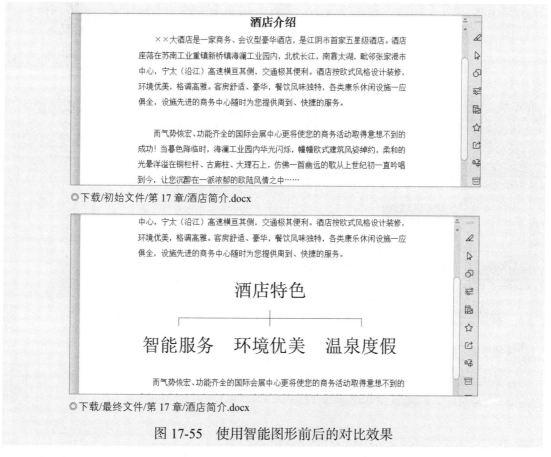

◎下载/初始文件/第 17 章/酒店简介.docx

◎下载/最终文件/第 17 章/酒店简介.docx

图 17-55　使用智能图形前后的对比效果

其具体操作步骤如下。

Step01 打开素材文件，❶将文本插入点定位到第一段文本的下一行，❷在"插入"选项卡中单击"智能图形"按钮，❸在打开的"选择智能图形"对话框中选择"组织结构图"选项，单击"确定"按钮，如图 17-56 所示。

Step02 ❶在第一行文本框和第三行文本框中分别录入需要的数据，❷选择第二行的图形，按【Delete】键即可将其删除，如图 17-57 所示。

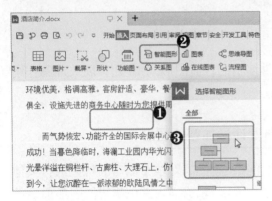

图 17-56 　插入智能图形

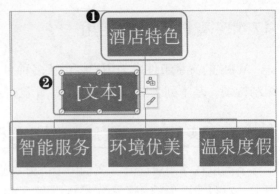

图 17-57 　删除多余的部分

Step03 ❶选择整个图形，❷在打开的"设计"选项卡中的"快速样式"栏中选择合适的样式，如图 17-58 所示。

Step04 ❶选择图形，❷单击"设计"选项卡中的"更改颜色"下拉按钮，❸在弹出的下拉列表中选择合适的颜色即可，如图 17-59 所示。

图 17-58 　快速套用表格样式

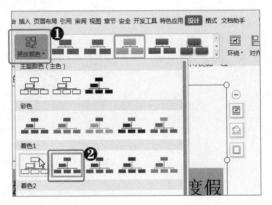

图 17-59 　更改图形颜色

提个醒：绘制更加专业的图形

　　用户如果需要绘制更加专业的图形，可以使用 WPS 中提供的流程图组件制作更加优秀、专业的图形，其绘制功能十分强大。

第18章
WPS 表格数据的处理与分析

WPS 表格是 WPS 中主要用来处理电子表格数据的重要组件，其强大的数据处理与分析功能也得到了职场人士的认可。本章将从电子表格的基本操作开始讲解，然后对利用 WPS 表格计算数据、处理数据、使用图表展示数据分析结果等内容进行实战讲解，让读者由浅入深地学习 WPS 表格的常用办公技术。

|本|章|要|点|
- 电子表格的基本操作
- 公式与函数的使用
- 数据处理的方法
- 使用图表和数据透视表分析数据

18.1 电子表格的基本操作

电子表格是 WPS 中用于制作电子表格、数据处理与分析的重要组件。只有熟练掌握基本操作，才能更高效地进行数据的处理与分析。

18.1.1 电子表格工作区介绍

电子表格的工作界面与文档工作界面基本相似，不同的是工作表的编辑区。编辑区是用户执行表格编辑操作的主要场所，它是由名称框、编辑栏、工作表标签组以及行号和列标组成，如图 18-1 所示。

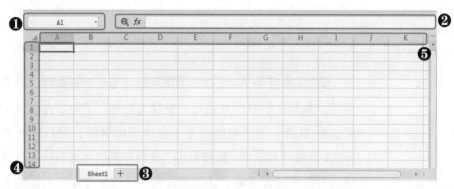

图 18-1　电子表格工作区

① 名称框　　**②** 编辑栏　　**③** 工作表标签组　　**④** 行号　　**⑤** 列标

电子表格工作区各部分介绍如下。

◆ **名称框**：名称框也称地址栏，主要用于显示当前用户选择的单元格地址，或者单元格中使用的函数名称。

◆ **编辑栏**：编辑栏用于显示当前活动的单元格中的数据，或者编辑活动单元格中的数据、公式和函数。默认情况下，编辑栏中只显示了"插入函数"按钮和"浏览公式结果"按钮，当文本插入点定位到编辑栏时，将激活"取消"按钮和"输入"按钮。

◆ **工作表标签组**：工作表标签组中的每一个工作表标签都唯一标识一张工作表，在工作表标签组的右侧，还有一个"新建工作表"按钮。

◆ **行号和列标**：编辑栏下方的一行英文字母是列标，工作表中最左端的一列数字是行号。Excel 中单元格的地址就是通过列标和行号来表示的，比如工作表的第一个单元格的地址为"A1"。

> **⚡ 提个醒：单元格简介**
>
> 如图 18-1 所示，单元格是表格中行与列的交叉部分，它是组成表格的最小单位，多个单元格可合并。数据的输入和修改都是在单元格中进行的。

18.1.2 表格数据的录入

电子表格虽然可以进行数据处理与分析，但是其最根本的作用还是用于存储数据。所以就需要了解在工作表中录入数据的方法。

（1）普通数据的录入

普通数据主要指的是数字、货币、会计专用、短日期、长日期、时间、百分比、分数和科学记数这 9 种。这类数据的输入方法相似，可以通过在单元格中输入，也可以通过在编辑栏中输入，具体介绍如下。

- **在编辑栏中输入数据：**选择要输入的单元格，将文本插入点定位到编辑栏中，输入数据后按【Enter】键确定（或单击“输入”按钮）即可，如图 18-2 所示。
- **在单元格中输入数据：**选择需要输入数据的单元格，直接在其中输入数据，并按【Enter】键确定（或单击“输入”按钮）即可，如图 18-3 所示。

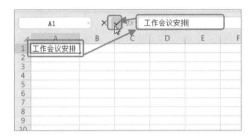

图 18-2　在编辑栏中输入数据

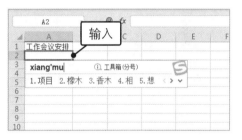

图 18-3　在单元格中输入数据

知识延伸　*数据的记忆式录入*

记忆式录入数据是 WPS 为用户提供的一种智能输入数据的功能。在输入数据时，如果要在同列相邻的单元格中输入相同的数据，这时系统会自动出现与上一个单元格相同的数据提示，直接按【Enter】键便可快速录入数据。

下面以在“试用期考核表”工作表中快速录入考核信息为例进行展示，如图 18-4 所示为使用记忆式录入功能录入考核结果。

编号	姓名	企业文化	企业制度	电脑操作	办公应用	管理能力	礼仪素质	总分	考核
SYBH001	杨娟	72	79	95	90	72	84	492	已合格
SYBH002	李聃	83	80	75	82	73	80	473	已合格
SYBH003	薛敏	70	84	91	71	82	83	481	
SYBH004	祝苗	86	71	87	94	85	84	507	
SYBH005	周娜	81	86	83	93	71	78	492	
SYBH006	张婷婷	88	80	80	83	80	83	494	
SYBH007	李孝英	80	83	81	81	93	83	501	
SYBH008	岳少峰	82	72	79	77	94	82	486	

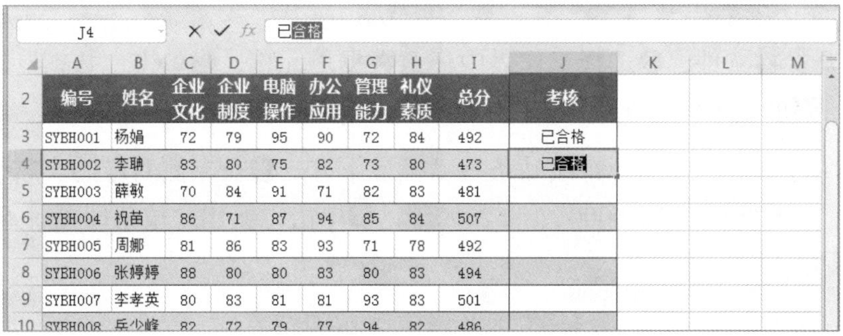

图 18-4　记忆式录入数据

（2）使用记录单快速录入数据

在电子表格中，当向一个数据量较大的表单中插入一行新记录时，有许多时间白白花费在来回切换行和列的位置上。而"记录单"可以帮助用户在一个小窗口中完成输入数据的工作，而不必在长长的表单中进行输入。

[分析实例]——在"年度企业业绩表"工作簿中使用记录单录入数据

下面以在"年度企业业绩表"工作簿中使用记录单输入一条数据为例，介绍用记录单录入数据的具体方法，如图 18-5 所示为使用记录单录入数据前后的对比效果。

	A	B		C		D	E	F
9	张炜	¥	217,575.00	¥	144,300.00	¥	361,875.00		
10	赵磊	¥	284,340.00	¥	230,835.00	¥	515,175.00		
11	祝苗	¥	235,230.00	¥	198,450.00	¥	433,680.00		
12	卢鑫怡	¥	188,475.00	¥	204,015.00	¥	392,490.00		
13	周纳	¥	126,780.00	¥	239,250.00	¥	366,030.00		
14	张同泰	¥	290,700.00	¥	219,300.00	¥	510,000.00		
15	杨静	¥	247,500.00	¥	229,095.00	¥	476,595.00		
16	郭林	¥	328,370.00	¥	231,750.00	¥	560,120.00		
17									
18									

◎下载/初始文件/第 18 章/年度企业业绩表.xlsx

	A	B		C		D	E	F
9	张炜	¥	217,575.00	¥	144,300.00	¥	361,875.00		
10	赵磊	¥	284,340.00	¥	230,835.00	¥	515,175.00		
11	祝苗	¥	235,230.00	¥	198,450.00	¥	433,680.00		
12	卢鑫怡	¥	188,475.00	¥	204,015.00	¥	392,490.00		
13	周纳	¥	126,780.00	¥	239,250.00	¥	366,030.00		
14	张同泰	¥	290,700.00	¥	219,300.00	¥	510,000.00		
15	杨静	¥	247,500.00	¥	229,095.00	¥	476,595.00		
16	郭林	¥	328,370.00	¥	231,750.00	¥	560,120.00		
17	张灵	¥	256,005.00	¥	270,000.00	¥	526,005.00		
18									

◎下载/最终文件/第 18 章/年度企业业绩表.xlsx

图 18-5 使用记录单录入数据前后的对比效果

其具体操作步骤如下。

Step01 打开素材文件，❶选择工作表中任意数据单元格，❷单击"数据"选项卡下的"记录单"按钮，如图 18-6 所示。

Step02 ❶在打开的对话框中将滚动条拖动至最下方，❷在左侧对应的文本框中分别输入"张灵"、"256005"、"270000"、"526005"，❸单击"新建"按钮即可录入一条数据，如图 18-7 所示。

 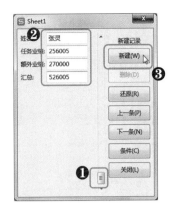

图 18-6　启用记录单　　　　　图 18-7　使用记录单录入数据

18.1.3　单元格的合并与取消合并

在使用电子表格时，经常需要将多个单元格合并成为一个单元格，设计出符合要求的表格结构，例如将多个单元格合并用于输入表格标题。而如果有多余的被合并的单元格，用户也可以取消合并。

◆ **合并单元格**：选择要合并的单元格区域，单击"开始"选项卡"单元格格式"组中的"合并居中"下拉按钮，选择相应的选项即可，如图 18-8 所示。

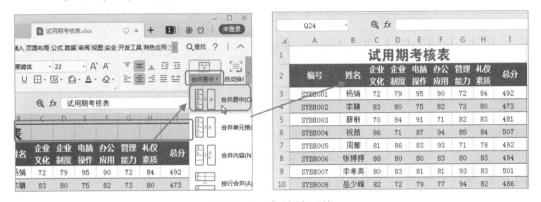

图 18-8　合并单元格

> **提个醒：合并方式介绍**
>
> 单击"合并居中"下拉按钮，在弹出的下拉菜单中有多种合并方式。常用的除了合并居中外，合并单元格表示只合并，显示首个单元格中的内容；合并内容表示合并单元格，并且合并内容。

◆ **取消单元格合并**：当合并的单元格不再适用，或是需要更改合并单元格，则需要取消合并当前单元格（也称为拆分单元格）。首先选择要取消合并的单元格，单击"开始"选项卡"单元格格式"组中的"合并居中"下拉按钮，在弹出的下拉菜单中选择"取消合并单元格"选项即可，如图 18-9 所示。

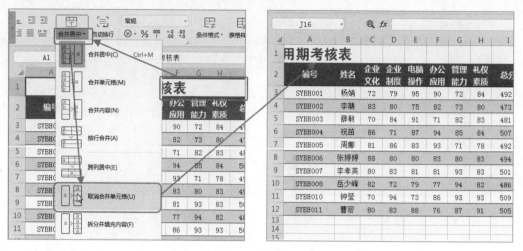

图 18-9　拆分单元格

【注意】在取消合并单元格时，下拉菜单中还有一个"拆分并填充内容"选项，如 18-9 左图所示，选择该选项将拆分单元格，且当前单元格中的内容会复制到拆分后的每一个单元格中，如图 18-10 所示。

图 18-10　拆分并填充内容

18.1.4　查找与替换功能的使用

在一些数据量较大的工作表中，如果需要快速查找或者修改多处相同内容、错误数据，亦或是包含某些信息的数据，此时可以使用电子表格中的查找和替换功能减少多次重复操作。

[分析实例]——修订错误的访问者姓名

下面通过快速查找"客户拜访计划表"工作簿中的错误访问者姓名"李娟"，并将其替换为"李佳"，以此为例，介绍查找与替换功能的具体使用方法，如图 18-11 所示为查找替换数据前后的对比效果。

公司名称	客户地址	联系电话	拜访内容	拜访时间	拜访方式	访问者
						2019/4/30
天承科技（成都）	高新南区天承大厦	130********	客情维护	2019/4/4	电话拜访	薛敏
家家电器连锁	一环路彩虹街8#	131********	技术支持	2019/4/5	上门拜访	董晓铃
夏丹食品有限公司（成都）	高新西区创业大道3#	132********	洽谈项目	2019/4/8	上门拜访	李娟
光训科技有限公司	南山阳光城12F	133********	售后服务	2019/4/9	上门拜访	杨娟
竞技体育用品	建设路体育商城7F	134********	售后服务	2019/4/10	上门拜访	张炜
风持器械有限公司	高新南区锦丰大厦	135********	技术支持	2019/4/11	电话拜访	谢小兰
创博电力电子有限公司	高新区创业路11#	136********	洽谈项目	2019/4/12	上门拜访	王小龙
龙新五金城	高新南区龙新大厦	137********	客情维护	2019/4/15	电话拜访	肖肖

◎下载/初始文件/第18章/客户拜访计划表.xlsx

公司名称	客户地址	联系电话	拜访内容	拜访时间	拜访方式	访问者
						2019/4/30
天承科技（成都）	高新南区天承大厦	130********	客情维护	2019/4/4	电话拜访	薛敏
家家电器连锁	一环路彩虹街8#	131********	技术支持	2019/4/5	上门拜访	董晓铃
夏丹食品有限公司（成都）	高新西区创业大道3#	132********	洽谈项目	2019/4/8	上门拜访	李佳
光训科技有限公司	南山阳光城12F	133********	售后服务	2019/4/9	上门拜访	杨娟
竞技体育用品	建设路体育商城7F	134********	售后服务	2019/4/10	上门拜访	张炜
风持器械有限公司	高新南区锦丰大厦	135********	技术支持	2019/4/11	电话拜访	谢小兰
创博电力电子有限公司	高新区创业路11#	136********	洽谈项目	2019/4/12	上门拜访	王小龙
龙新五金城	高新南区龙新大厦	137********	客情维护	2019/4/15	电话拜访	肖肖

◎下载/最终文件/第18章/客户拜访计划表.xlsx

图 18-11　查找替换数据前后的对比效果

其具体操作步骤如下。

Step01 打开素材文件，❶单击"开始"选项卡下的"查找"下拉按钮，❷在弹出的下拉菜单中选择"查找"命令（或是按【Ctrl+F】组合键），如图 18-12 所示。

图 18-12　选择"查找"命令

Step02 ❶在打开的"查找"对话框中"查找内容"文本框中输入"李娟"，❷单击"查找全部"按钮，❸可在下方的列表框中查看到查找结果，如图 18-13 所示。

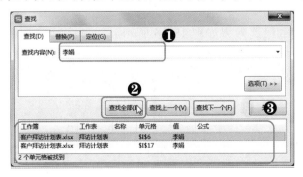

图 18-13　查找数据

Step03 ❶在打开的对话框中单击"替换"选项卡，❷在"替换为"文本框中输入要替换的内容"李佳"，❸单击"全部替换"按钮即可完成错误替换，如图 18-14 所示。

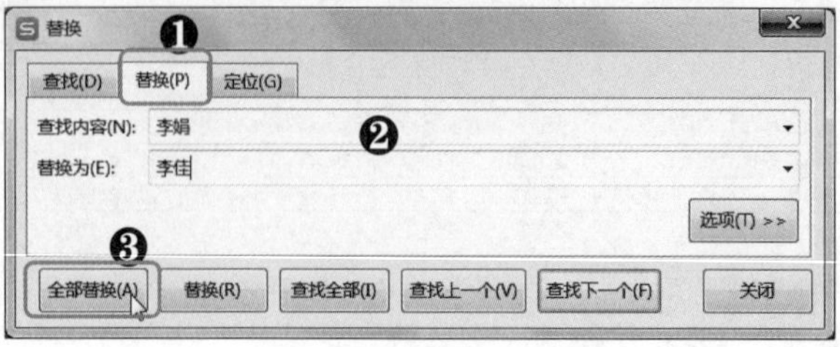

图 18-14　替换数据

18.1.5　快速套用表格样式

用户在制作表格的时候，需要为表格设置一定的表格样式，让表格更加美观。但是手动设置表格样式是非常耗时的，WPS 为用户提供了许多内置的表格样式，方便用户快速制作具有专业水平的表格。

首先需要选择工作表中的表头和表格内容区域的单元格，然后单击"开始"选项卡下的"表格样式"下拉按钮，选择"表样式中等深浅 2"选项，在打开的对话框中直接单击"确定"按钮，即可套用表格样式，如图 18-15 所示。

图 18-15　快速套用表格样式

套用表格样式后的最终效果如图 18-16 所示。

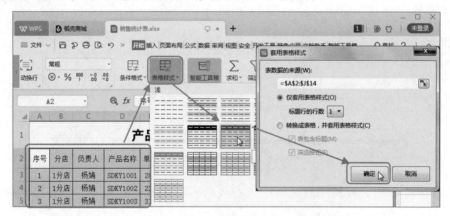

序号	分店	负责人	产品名称	单价	一季度销量	二季度销量	三季度销量	四季度销量	销售总额
1	1分店	杨娟	SDKY1001	280	150	147	230	128	183400
2	1分店	杨娟	SDKY1002	220	158	200	138	198	152680
3	1分店	杨娟	SDKY1003	315	102	250	167	145	209160
4	2分店	马英	SDKY1001	280	150	210	160	135	183400
5	2分店	马英	SDKY1002	220	182	198	145	126	143220
6	2分店	马英	SDKY1003	315	165	187	120	110	183330
7	3分店	张炜	SDKY1001	280	210	185	193	187	217000

图 18-16　最终效果展示

> ⚡ **提个醒：套用表格样式前选择表头**
>
> 在套用表格样式前，选择内容一定要选择表头，如果不选择表头套用表格样式，系统会自动将第一行内容当作表头，这样会影响表格内容。

18.2 公式与函数的使用

WPS 拥有强大的数据计算能力，用户可以通过公式或函数对数据进行计算，不仅可以提高工作效率，还能减少手动计算带来的误差。

18.2.1 单元格引用

了解单元格引用是使用公式和函数进行数据运算的前提，单元格引用主要用于指定参加运算的参数的位置。在 WPS 中，单元格引用同样分为相对引用、绝对引用和混合引用，下面分别进行介绍。

◆ **相对引用**：相对引用是引用单元格的相对位置，当包含公式的单元格所在位置发生改变后，引用的相对位置随之改变。默认情况下，系统会采用相对引用。如图 18-17 所示，C1 单元格中的公式为相对引用，当复制该公式到 C2 单元格中时，公式中的相对引用位置会发生变化。

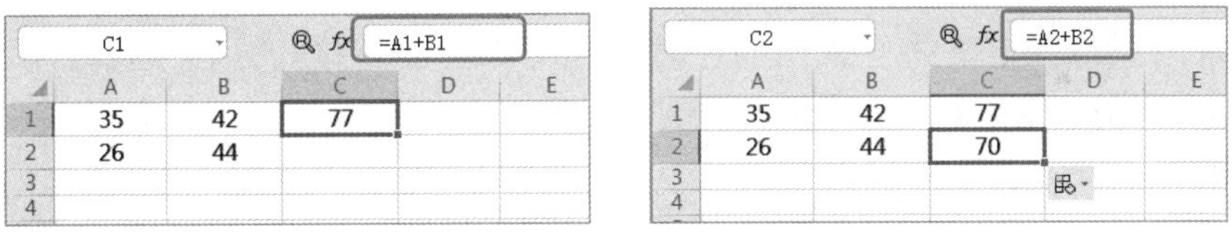

图 18-17　相对引用

◆ **绝对引用**：单元格的绝对引用就是指无论包含公式的单元格位置是否发生改变，被引用的单元格始终保持不变（绝对引用就是在列标和行号前加 "$"）。如图 18-18 所示，当使用了绝对引用 "$A$1" 的公式或函数被复制到 C2 单元格时，绝对引用仍然指向 A1 单元格，而相对引用的单元格则发生了变化。

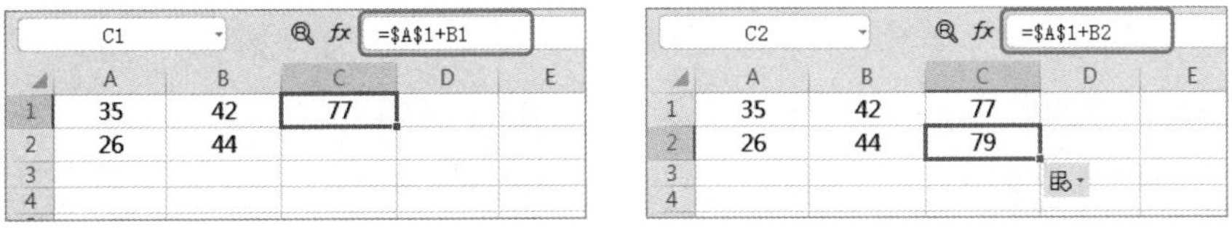

图 18-18　绝对引用

◆ **混合引用**：单元格的混合引用则是指引用的单元格的为绝对列和相对行组合或者相对列和绝对行组合，例如，$A1、A$1 都是混合引用。如图 18-19 所示，C1 单元格中使用了混合引用$A1 和 B$1。当将 C1 单元格的公式复制到 D2 单元格时，混合

引用变成了 $A2 和 C$1。

图 18-19　混合引用

18.2.2 公式和函数的简介

公式和函数是电子表格中进行数据处理和运算最常用的工具之一，用户在使用公式和函数之前，还是需要对其基础知识有一定的了解。接下来，就先来了解一下公式和函数的基础知识简介。

公式通常以"="开始，右侧则由参数和运算符组成，通过各种运算符将需要计算的数据连接在一起，从而完成数据结果的计算，如图 18-20 所示。

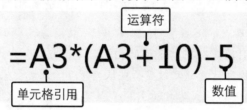

图 18-20　公式的结构

函数是由系统预定义的公式，也是以"="开始，而后则为函数名称，后接一对括号，括号之中则是参与计算的参数，如图 18-21 所示。

图 18-21　函数的组成结构

【注意】不仅如此，函数也能作为公式中的一个参数，使用运算符连接，参与计算，如"=SUM(A1:A5)+A7"。

在函数的运算过程中，不同的函数，其参数的类型和数量也不相同，参数的类型也决定了返回值的类型。常见的函数参数类型有常量、数组常量、单元格引用、逻辑值和错误值等。

◆ **常量：** 在计算过程中值不会发生改变的量，如数字"50"、文本"一组"。

◆ **数组常量：** 用于数组公式中的数组引用，相当于普通公式中的常量。

◆ **单元格引用**：用于引用指定单元格中的数据。

◆ **逻辑值**：包括真（TRUE）和假（FALSE）两个值。

◆ **错误值**：例如"#######"、"#NAME"、"#DIV/0！"和"#N/A"等。

18.2.3 运算符和运算顺序

运算符和运算顺序对公式的运算结果有较大的影响，本小节将重点介绍运算符和运算顺序（运算优先级）。

（1）运算符

运算符是构成公式的基本元素之一，运算符的类型直接决定了对数据执行计算的类型。电子表格中的运算符主要有数学运算符、文本连接运算符、比较运算符和引用运算符 4 种，具体介绍如表 18-1 所示。

表 18-1 4 种运算符及其介绍

运算符	介绍
数学运算符	用于进行基本的数学运算，如四则运算、平方运算等。常见的数学运算符有+（加号）、-（减号）、%（百分比）和^（乘幂运算）等
文本连接运算符	用和号（&）加入或连接其他字符串，从而产生一个新的字符串，例如输入"="王"&"女士""运算结果是"王女士"
比较运算符	用于比较两个不同数据的值，其结果将返回逻辑值FALSE或TRUE，常见的比较运算符有=（等号）、<>（不等号）、>（大于号）、<（小于号）、>=（大于等于号）和<=（小于等于号）
引用运算符	常见的引用运算符有3种，分别是区域运算符:（冒号），在两个引用之间的所有单元格的引用，如A1:A4；联合运算符,（逗号），将多个引用合并为一个引用，如SUM(A1:A3,B1:B3)；交叉运算符（空格），产生对两个引用共有的单元格的引用，如SUM(B4:D4 B3:C8)，两个区域相较部分求和

（2）运算顺序

公式并非完全按从左至右的顺序依次运算的，公式的优先级顺序对返回值有着绝对的影响，本节将向大家介绍公式运算中的优先级顺序。

◆ **一级运算符**：引用运算符，优先级别最高。

◆ **二级运算符**：数学运算符，优先级别排第二，其同级运算符的优先顺序为"负数→百分比→乘方→乘和除→加和减"。

◆ **三级运算符**：文本连接符，优先级别排第三。

◆ **四级运算符**：比较运算符，优先级别最低。

【注意】除了上面四级运算符外，还可以使用括号改变运算顺序，括号里的内容最先运算（这里介绍的运算符都是半角符号，即在英文输入状态下输入的符号）。

知识延伸　公式运算常见问题

用户在使用公式的过程中可能都会遇到一些错误值信息，出现错误的原因有很多种常见的错误值和原因如表 18-2 所示。

表 18-2　常见错误值的原因及解决办法

错误值	产生原因及解决办法
#VALUE!	当使用错误的参数或运算对象类型时，或者当公式自动更正功能不能更正公式时，将产生错误值#VALUE!。解决办法：确认公式或函数所需的运算符或参数正确，并且公式引用的单元格中包含有效的数值
#NAME?	在公式中使用了WPS不能识别的文本时将产生错误值#NAME?。解决办法：确认使用的名称确实存在，修改拼写错误的名称
#NULL!	当试图为两个并不相交的区域指定交叉点时将产生错误值#NULL!。解决办法：①如果要引用两个不相交的区域，请使用联合运算符逗号。②公式要对两个区域求和，请确认在引用这两个区域时，使用逗号
#DIV/0!	当公式被零除时，将会产生错误值#DIV/0!。修改单元格引用，或者在用作除数的单元格中输入不为零的值

18.2.4 公式和函数的实际运用

了解了公式和函数的结构并且对运算符有了一定认识后，就可以开始使用函数进行计算了。在这之前，用户还需要了解函数的输入方法，选择合适的方式输入函数，就能事半功倍。

◆ **通过"公式"选项卡插入函数**："公式"选项卡中提供的一个包含多种类型函数的组，从中可以快速选择合适的函数进行使用。首先需要切换到"公式"选项卡，即可查看到多种函数类别，单击对应函数类别的下拉按钮，在弹出的下拉菜单中选择合适的函数即可，如图 18-22 所示。程序会打开对应的参数对话框，在其中设置对应的参数后确认即可。

图 18-22　在"公式"选项卡下插入函数

◆ **通过名称框输入函数**：函数的输入都是从输入等号开始，首先需要选择存放返回值的单元格，然后输入等号，接着单击名称框右侧的下拉按钮，在弹出下拉列表中选择需要的函数（该下拉列表中主要是一些常用的函数），在打开的"函数参数"对话框中设置函数参数，最后单击"确定"按钮即可，如图 18-23 所示。

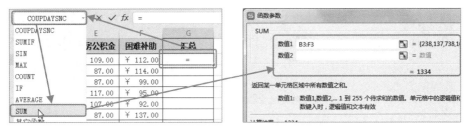

图 18-23　通过名称框输入函数

◆ **在单元格中手动输入函数**：选择要输入函数的单元格，直接输入"="，然后继续输入目标函数即可。如果不记得完整的函数名，也可以输入部分函数名，在弹出的列表框中选择需要的函数即可，如图 18-24 所示。

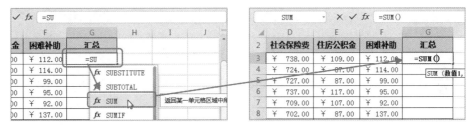

图 18-24　在单元格中手动输入函数

[分析实例]——在"公司支出汇总表"工作簿中汇总支出数据

下面以在"公司支出汇总表"工作簿中使用公式和函数汇总支出数据为例，介绍公式和函数的使用方法，如图 18-25 所示为计算数据前后的对比效果。

	姓名	工资外补贴	教育经费	社会保险费	住房公积金	困难补助	迟到扣款	汇总
14	冯晓华	￥ 213.00	￥ 122.00	￥ 743.00	￥ 127.00	￥ 99.00	￥ -	
15	朱丽丽	￥ 240.00	￥ 148.00	￥ 733.00	￥ 113.00	￥ 104.00	￥ 100.00	
16	王明	￥ 210.00	￥ 105.00	￥ 709.00	￥ 124.00	￥ 124.00	￥ 150.00	
17	司徒丹妮	￥ 210.00	￥ 123.00	￥ 743.00	￥ 96.00	￥ 132.00	￥ -	
18	罗强	￥ 244.00	￥ 119.00	￥ 737.00	￥ 84.00	￥ 108.00	￥ 100.00	
20							总支出费用	

◎下载/初始文件/第 18 章/公司支出汇总表.xlsx

	姓名	工资外补贴	教育经费	社会保险费	住房公积金	困难补助	迟到扣款	汇总
14	冯晓华	￥ 213.00	￥ 122.00	￥ 743.00	￥ 127.00	￥ 99.00	￥ -	￥ 1,304.00
15	朱丽丽	￥ 240.00	￥ 148.00	￥ 733.00	￥ 113.00	￥ 104.00	￥ 100.00	￥ 1,238.00
16	王明	￥ 210.00	￥ 105.00	￥ 709.00	￥ 124.00	￥ 124.00	￥ 150.00	￥ 1,122.00
17	司徒丹妮	￥ 210.00	￥ 123.00	￥ 743.00	￥ 96.00	￥ 132.00	￥ -	￥ 1,304.00
18	罗强	￥ 244.00	￥ 119.00	￥ 737.00	￥ 84.00	￥ 108.00	￥ 100.00	￥ 1,192.00
20							总支出费用	￥ 19,555.00

◎下载/最终文件/第 18 章/公司支出汇总表.xlsx

图 18-25　使用公式和函数计算数据前后的对比效果

其具体操作步骤如下。

Step01 打开素材文件，❶选择 H3 单元格，❷单击"公式"选项卡下的"常用函数"下拉按钮，❸选择"SUM"命令，❹在打开的对话框的"数值 1"文本框中输入"B3:F3"，单击"确定"按钮即可，如图 18-26 所示。

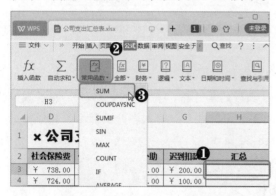
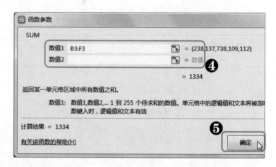

图 18-26　插入 SUM() 函数

Step02 ❶选择 H3 单元格，❷在编辑栏中公式的最后输入"-G3"，按【Ctrl+Enter】组合键进行计算，如图 18-27 所示。完成后向下填充至 H18 单元格。

Step03 ❶选择 H20 单元格，❷在编辑栏中输入公式"=SUM(H3:H18)"，按【Ctrl+Enter】组合键即可计算公司的总支出情况，如图 18-28 所示。

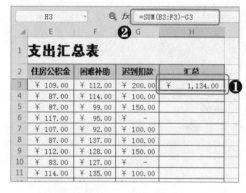
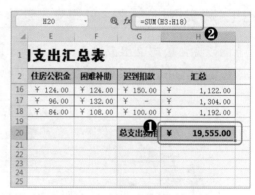

图 18-27　完善公式　　　　　　　　图 18-28　计算总支出费用

知识延伸　*使用数组公式进行计算*

数组公式可以看成是有多重数值的公式。与单值公式的不同之处在于它可以产生一个以上的结果。一个数组公式可以占用一个或多个单元。数组公式的参数是数组，即输入有多个值；输出结果可能是一个，也可能是多个。

输入数组公式首先必须选择用来存放结果的单元格区域（可以是一个单元格），在编辑栏输入公式，然后按【Ctrl+Shift+Enter】组合键确认数组公式，Excel 将在公式两边自动加上花括号"{}"。

下面以在利润汇总表中使用数组公式快速汇总利润数据为例，具体介绍数组公式的使用方式。

Step01 ❶选择 E21 单元格区域，❷在编辑栏中输入 "=SUM(B3:B17*(C3:C17-D3:D17))"，按【Ctrl+Shift+Enter】组合键即可快速计算总利润，如图 18-29 所示。

Step02 ❶选择 E3:E17 单元格区域，❷在编辑栏中输入 "=B3*(C3-D3)"，按【Ctrl+Enter】组合键即可计算每项利润，如图 18-30 所示。

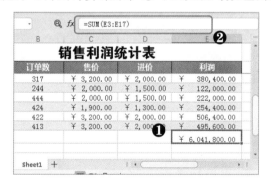

图 18-29　使用数组公式计算总利润

图 18-30　计算每个销售人员的利润

Step03 ❶选择 E18 单元格，❷在编辑栏中输入公式 "=SUM(E3:E17)"，按【Ctrl+Enter】键即可得出计算结果，❸可以发现与数组公式计算结果相同，如图 18-31 所示。

图 18-31　计算并对比计算结果

18.3　数据处理的方法

利用 WPS 表格可以方便地对电子表格中的数据进行处理，具体包括数据排序、数据筛选、条件格式的使用、数据的分类汇总等。下面分别对这些数据处理方法进行具体讲解。

18.3.1　数据排序

用户在面对杂乱无章的表格数据时往往束手无策，凌乱的数据不方便统计与分析，如果一条一条地调整又太过耗时。此时就可以使用数据排序功能，将数据按照一定条件进行排序处理。排序方式也有多种，分别是单条件排序、多条件排序和自定义序列排序，下面分别对其进行介绍。

（1）单条件排序

单条件排序一般是指对某一列除表头以外的数据进行升序或者降序排列，单条件排序也被叫做简单排序。

首先需要选择目标序列中的任意数据单元格，然后单击"数据"选项卡下的"升序"按钮或"降序"按钮即可进行排序，如18-32左图所示。还可以直接单击"开始"选项卡中的"排序和筛选"下拉按钮，在弹出的下拉列表中选择"升序（降序）"选项即可，如18-32右图所示。

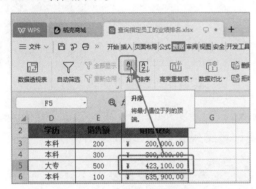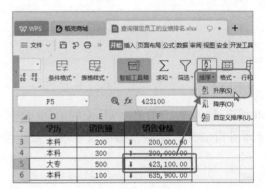

图18-32　单条件排序的两种方法

> **提个醒：通过"排序"对话框进行单条件排序**
>
> 选择任意数据单元格，然后单击"数据"选项卡下的"排序"按钮，在打开"排序"对话框中设置排序条件，也可以实现单条件排序，如图18-33所示。

图18-33　通过"排序"对话框进行排序

（2）多条件排序

当对某一列数据进行排序后，该列中存在相同数据，那么这种排序就会不准确，此时就需要添加次要条件进行多条件排序。

[分析实例]——按销售额和销售数据进行多条件排序

下面以在"7 月份员工业绩表"工作簿分别以"销售业绩"字段作为主要关键字，"销售额"字段作为次要关键字进行排序为例，介绍多条件排序的操作方法，如图 18-34 所示为进行多条件排序前后的对比效果。

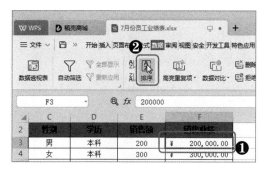

◎下载/初始文件/第 18 章/7 月份员工业绩表.xlsx

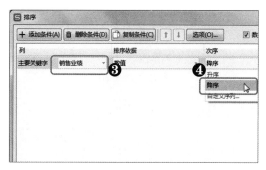

◎下载/最终文件/第 18 章/7 月份员工业绩表.xlsx

图 18-34   多条件排序前后的对比效果

其具体操作步骤如下。

Step01 打开素材文件，❶选择任意数据单元格，❷单击"数据"选项卡下的"排序"按钮，❸在打开的"排序"对话框中的"主要关键字"栏中的"列"下拉列表框中选择"销售业绩"选项，❹在"次序"下拉列表框中选择"降序"选项，如图 18-35 所示。

图 18-35   设置主要排序条件

Step02 ❶单击"排序"对话框左上角的"添加条件"按钮，程序将会自动添加一个次要关键字，❷在"次要关键字"栏中的"列"下拉列表框中选择"销售额"选项，❸在

"次序"下拉列表框中选择"降序"选项，❹单击"确定"按钮即可，如图 18-36 所示。

图 18-36　设置次要排序条件

提个醒：其他排序依据

　　在打开的"排序"对话框中单击"选项"按钮，在打开的"排序选项"对话框中可以设置更多的排序依据，例如按行排序、按列排序、拼音排序和笔画排序等，如图 18-37 所示。

图 18-37　设置更多的排序依据

（3）自定义序列排序

　　除了升序排列和降序排列外，电子表格中还可以使用自定义序列对表格数据进行排序。自定义系列排序的方法主要有两种，分别是直接输入法和导入序列法。

◆　**直接输入法**：在"次序"下拉列表框中选择"自定义序列"命令，在打开的"自定义序列"对话框中的"输入序列"列表框中输入序列，单击"确定"按钮即可，如图 18-38 所示。

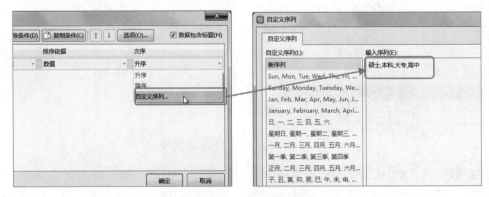

图 18-38　直接输入序列

◆ **导入序列法**：导入序列法是指将工作表中的某一组数据利用引用的方式导入到自定义序列中。单击"文件"按钮，在弹出的下拉菜单中单击"选项"按钮，在打开的"选项"对话框中单击"自定义序列"选项卡，在"从单元格导入序列"文本框中设置引用位置，单击"导入"按钮即可，如图 18-39 所示。

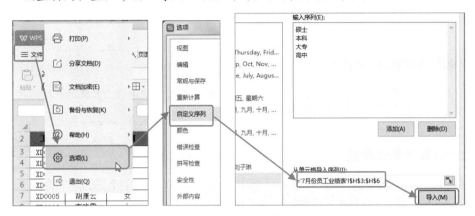

图 18-39　导入序列

18.3.2　数据筛选

使用数据筛选功能可以筛选出满足条件的数据记录，且自动隐藏其他的数据。筛选数据的方式有 3 种，分别是根据关键字筛选、自定义条件筛选和高级筛选，下面将分别进行介绍。

（1）根据关键字筛选

通过关键字筛选是较为基础的筛选方法，使用这种筛选方式可以满足大部分用户日常使用。选择数据区域任意数据单元格，单击"开始"选项卡中的"筛选"按钮进入筛选状态，单击要筛选对象对应的字段的下拉按钮，在弹出的筛选器中选中筛选目标对应的复选框，单击"确定"按钮即可，如图 18-40 所示。

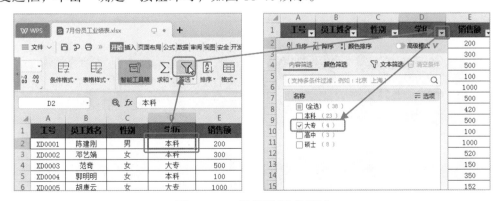

图 18-40　根据关键字筛选

筛选结果如图 18-41 所示。

工号	员工姓名	性别	学历	销售额	销售业绩
XD0003	范奇	女	大专	500	¥ 423,100.00
XD0005	胡康云	女	大专	1000	¥ 135,943.00
XD0017	万奇瑞	男	大专	150	¥ 150,000.00
XD0034	曹阳	男	大专	150	¥ 452,000.00

图 18-41　筛选结果展示

小技巧：快速切换筛选状态

　　只要选择任意数据单元格，按【Ctrl+Shift+L】组合键即可快速进入到筛选状态，再次按【Ctrl+Shift+L】组合键可退出筛选状态。

（2）自定义条件筛选

　　如果通过关键字筛选不能筛选出目标数据，则可以通过自定义条件的方式进行筛选，自定义筛选不仅可以筛选数据，还可以筛选文本、颜色等。如图 18-42 所示为在筛选器中单击"数字筛选"按钮和"文本筛选"按钮弹出的下拉菜单，通过选择这些菜单命令，在打开的对话框中即可设置自定义条件筛选。

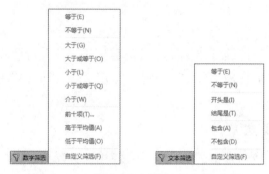

图 18-42　数字筛选器和文本筛选器

　　用户如果要使用颜色筛选，表格中必须要有单元格填充有颜色。要筛选这些数据，只需单击对应字段的下拉按钮，在弹出的筛选器中切换到"颜色筛选"选项卡，选择要筛选的颜色即可，如图 18-43 所示。

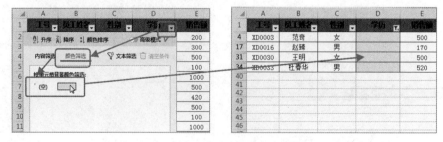

图 18-43　使用颜色筛选器

（3）高级筛选

　　如果在筛选表格数据时，需要两个以上的筛选条件才能完成筛选时，可以借助高级筛选来实现。高级筛选需要用户在条件区域输入筛选的标签和条件，并在"高级筛选"对话框中设置筛选方式和区域。

[分析实例]——筛选出符合要求的教授名单

下面以在"特聘教授名单"工作簿中将年龄在 45 岁以上、基本工资在 4000 以上且一次性津贴大于 120000 的数据为例，介绍高级筛选的操作方法。如图 18-44 所示为筛选数据前后的对比效果。

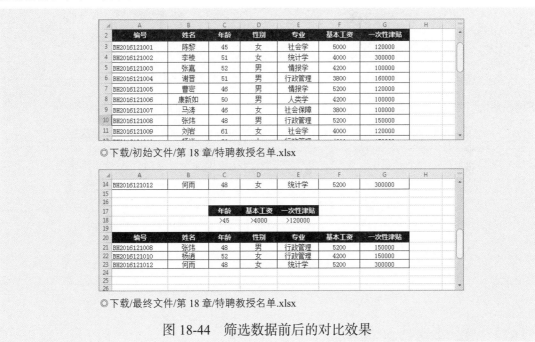

◎下载/初始文件/第 18 章/特聘教授名单.xlsx

◎下载/最终文件/第 18 章/特聘教授名单.xlsx

图 18-44　筛选数据前后的对比效果

其具体操作步骤如下。

Step01 打开素材文件，❶在 C17:E18 单元格区域输入筛选条件，❷选择 A2:G14 单元格区域，❸单击"开始"选项卡中的"筛选"下拉按钮，❹选择"高级筛选"命令，如图 18-45 所示。

图 18-45　录入筛选条件并选择筛选方式

Step02 ❶在打开的对话框中确认系统自动识别的条件区域是否正确，❷选中"将筛选结果复制到其他位置"单选按钮，❸单击"复制到"文本框中右侧的▣按钮，❹选择 A20单元格，❺单击▣按钮，如图 18-46 所示。

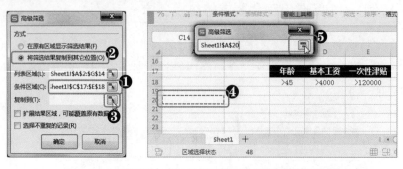

图 18-46　设置条件区域和筛选结果的保存位置

Step03 返回到"高级筛选"对话框，单击"确定"按钮即可，如图 18-47 所示。

图 18-47　完成筛选

18.3.3　条件格式的使用

在工作表中使用条件格式功能，可以突出显示满足条件的单元格或单元格区域，起到强调特殊值的作用。还可以使用颜色刻度、数据条和图标集来直观地比较或显示数据。

（1）突出显示单元格数据

突出显示单元格数据是指根据用户预定的条件，突出显示符合条件的数据，常用的预定条件有大于、小于、等于、介于和文本包含等。

[分析实例]——突出显示销售额少于 70 万元的销售额数据

下面以在"产品销售表"工作簿中将销售额少于 70 万元的销售额数据突出显示为例，具体介绍突出显示单元格数据的操作方法。如图 18-48 所示为突出显示数据前后的对比效果。

◎下载/初始文件/第 18 章/产品销售表.xlsx

◎下载/最终文件/第 18 章/产品销售表.xlsx

图 18-48 突出显示数据前后的对比效果

其具体操作步骤如下。

Step01 打开素材文件，❶选择 E3:E9 单元格区域，❷单击"开始"选项卡下的 "条件格式"下拉按钮，❸在弹出的下拉菜单中选择"突出显示单元格规则/小于"命令，如图 18-49 所示。

Step02 ❶在打开的"小于"对话框中的"为小于以下值的单元格设置格式"文本框中输入"700000"，❷单击"设置为"下拉列表框，设置填充色为"绿填充色深绿色文本"，❸单击"确定"按钮即可，如图 18-50 所示。

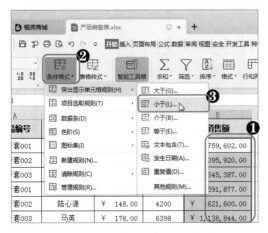

图 18-49 选择"小于"命令

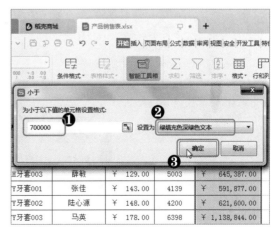

图 18-50 设置突出显示规则

【**注意**】在设置突出样式时，系统内置了几种样式，如浅红色填充样式、红色文本样式和红色边框样式等。如果用户希望使用特殊的样式来突显数据，则可以选择"自定义格式"命令，在打开的"单元格格式"对话框中可具体设置数据的样式，如图 18-51 所示。

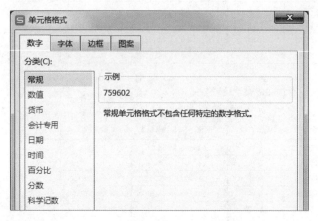

图 18-51　自定义突出显示的样式

（2）使用数据条分析数据

通过数据条的长度可以对比数据的大小情况。数据条其实就是带有颜色的矩形，单元格中的数据值越大，其对应的数据条也就越长。

首先需要选择要使用数据条展示的表格区域，单击"开始"选项卡下的"条件格式"下拉按钮，然后在弹出的下拉菜单中选择"数据条/其他规则"命令，再在打开的"新建格式规则"对话框中单击"条形图外观"栏中的第一个"颜色"下拉列表框，选择合适的颜色，设置条形图的方向为"从右到左"，单击"确定"按钮即可在工作表中查看条形图效果，如图 18-52 所示。

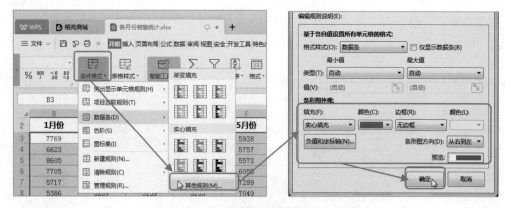

图 18-52　设置使用数据条展示数据

设置数据条显示后，所有选择的数据都会在其单元格中按数值的大小分别显示不同长短的数据条，如图 18-53 示。

图 18-53　数据条展示数据最终效果展示

 小技巧：只显示数据条

如果只需要显示数据大小，并不希望将数据显示出来，则可以在"新建格式规则"对话框中选中"仅显示数据条"复选框即可。

（3）使用色阶展示数据

使用色阶同样可以直观地比较数据，帮助用户了解数据的分布和大小。用颜色的深浅来表示数据的大小。色阶又分为两种，一种是双色刻度，另一种是三色刻度。

◆ **双色刻度突显数据**：使用双色刻度突显数据，能很好地突出数据中的极值，让用户方便观察数据间的程度差异，如图 18-54 所示的效果。

	食品编号	食品名称	一车间	二车间	三车间	总产量
3	SP10001	耗牛肉干	2000	1500	1400	4900
4	SP10002	果冻	5420	4351	4521	14292
5	SP10003	素食纤维饼干	3000	3810	2740	9550
6	SP10004	薯条	3451	3541	4251	11243
7	SP10005	酒味花生	2456	2752	3748	8956
8	SP10006	豆腐干	5045	4789	5164	14998
9	SP10007	核桃粉	2456	2786	3015	8257

图 18-54　双色刻度比较数据

◆ **三色刻度突显数据**：双色刻度能很好地突显极值，而三色刻度不仅可以突显极值，还可以突显中间值，从而方便用户观察数据的倾向，如图 18-55 所示的效果。

	食品编号	食品名称	一车间	二车间	三车间	总产量
3	SP10001	耗牛肉干	2000	1500	1400	4900
4	SP10002	果冻	5420	4351	4521	14292
5	SP10003	素食纤维饼干	3000	3810	2740	9550
6	SP10004	薯条	3451	3541	4251	11243
7	SP10005	酒味花生	2456	2752	3748	8956
8	SP10006	豆腐干	5045	4789	5164	14998
9	SP10007	核桃粉	2456	2786	3015	8257
10	SP10008	巧克力	4753	3782	4862	13397

图 18-55　三色刻度比较数据

其设置方式都是通过单击"开始"选项卡下的"条件格式"下拉按钮，选择"色阶"命令，在其子菜单中选择相应的色阶即可。除此之外，用户也可以选择"其他规则"命令，在打开的"新建格式规则"对话框中自定义规则，如图 18-56 所示。

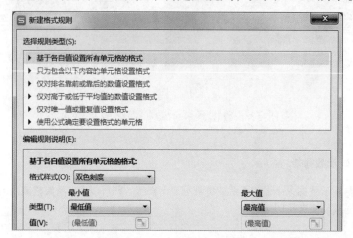

图 18-56　新建色阶规则

（4）使用图标集分析数据

在条件格式中比较数据还有另一种方式，即使用图标集。通过图标的填充空间来展示数据的大小，虽然没有数据条的对比度那么强，但在某些场景下使用图标集，更加合适，如展示销量的上升或下降等，如图 18-57 所示。

指标	今年 (2019)	去年 (2018)	变化百分比
收入	¥1,805,838.85	¥1,800,266.39	⬆ 0.31%
营业费用	¥944,194.58	¥808,833.31	⬆ **16.74%**
营业利润	¥734,259.96	¥773,178.36	⬇ -5.03%
折旧	¥55,468.86	¥50,684.23	⬆ 9.44%
利息	¥37,894.73	¥33,383.07	⬆ **13.51%**
净利润	¥674,748.59	¥662,721.02	⬆ 1.81%
税款	¥314,082.56	¥294,245.32	⬆ 6.74%
税后利润	¥502,476.84	¥424,382.04	⬆ **18.40%**

图 18-57　使用图标集展示数据

图标集的设置方式与前面介绍的使用数据条和色阶分析和展示数据的操作相似，这里就不再重复介绍。

 小技巧：**管理条件规则**

在"条件格式"下拉菜单中选择"管理规则"命令，在打开的"条件格式规则管理器"对话框中的"显示其格式规则"下拉列表中选择"当前工作表"选项，即可对当前工作表中所有的条件格式规则进行管理，如图 18-58 所示。

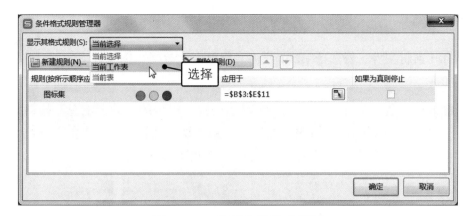

图 18-58　管理条件格式规则

18.3.4　数据的分类汇总

对数据进行分类汇总之前，首先要确认工作表中的数据是否按汇总字段进行排序。如果没有，就需要根据汇总字段重新排序工作表，然后创建分类汇总。

[分析实例]——按销售人员进行分类汇总

下面将以在"产品销售表 1"工作簿中按销售人员汇总销售额为例，介绍创建分类汇总的具体操作方法。如图 18-59 所示为分类汇总前后的对比效果。

	A	B	C	D	E	F
1	产品编号	销售人员	单价	销售量	销售额	
2	RH牙套001	杨娟	¥　149.00	5098	¥　759,602.00	
3	RH牙套002	李聘	¥　140.00	7828	¥　1,095,920.00	
4	RH牙套003	薛敏	¥　129.00	5003	¥　645,387.00	
5	TY牙套001	张佳	¥　143.00	4139	¥　591,877.00	
6	TY牙套002	陆心源	¥　148.00	4200	¥　621,600.00	
7	TY牙套003	马英	¥　178.00	6398	¥　1,138,844.00	
8	RH牙套001	杨雪梅	¥　147.00	4653	¥　683,991.00	

◎下载/初始文件/第 18 章/产品销售表 1.xlsx

1		产品编号	销售人员	单价	销售量	销售额	
+	5		李聘　汇总			¥　2,979,764.00	
+	8		陆心源　汇总			¥　1,321,600.00	
+	11		马英　汇总			¥　1,680,644.00	
+	14		薛敏　汇总			¥　1,237,264.00	
+	18		杨娟　汇总			¥　1,969,202.00	
+	20		杨雪梅　汇总			¥　683,991.00	
+	24		张佳　汇总			¥　2,110,516.00	
-	25		总计			¥　11,982,981.00	

◎下载/最终文件/第 18 章/产品销售表 1.xlsx

图 18-59　分类汇总数据前后的对比效果

其具体操作步骤如下。

Step01 打开素材文件，❶选择 B2 单元格，❷单击"数据"选项卡下的"升序"按钮，如图 18-60 示。

Step02 ❶单击"数据"选项卡下"分级显示设置"组中的"分类汇总"按钮，❷在打开的"分类汇总"对话框的"分类字段"下拉列表框中选择"销售人员"选项，❸选中"销售额"复选框，❹单击"确定"按钮即可，如图 18-61 所示。

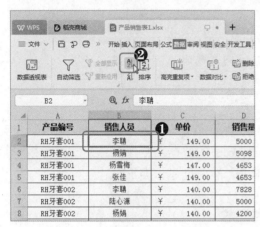

图 18-60　对表格数据进行排序

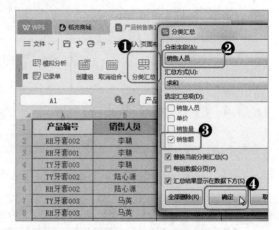

图 18-61　设置分类汇总

Step03 在返回的工作表中即可查看到工作区的左侧自动打开了一个任务窗格，并以级别 3 的方式显示分类汇总的数据，如图 18-62 所示，单击任务窗格中的 按钮，则可只显示 2 级分类汇总。

		A	B	C	D	E	I
		编号	销售人员	单价	销售量	销售额	
	2	RH牙套002	李聘	¥ 140.00	7828	¥ 1,095,920.00	
	3	RH牙套001	李聘	¥ 149.00	5000	¥ 745,000.00	
	4	TY牙套003	李聘	¥ 178.00	6398	¥ 1,138,844.00	
	5		**李聘 汇总**			¥ 2,979,764.00	
	6	TY牙套002	陆心源	¥ 148.00	4200	¥ 621,600.00	
	7	RH牙套002	陆心源	¥ 140.00	5000	¥ 700,000.00	
	8		**陆心源 汇总**			¥ 1,321,600.00	
	9	TY牙套003	马英	¥ 178.00	6398	¥ 1,138,844.00	
	10	RH牙套003	马英	¥ 129.00	4200	¥ 541,800.00	
	11		**马英 汇总**			¥ 1,680,644.00	

图 18-62　分类汇总效果

当用户不再需要分类汇总时，可以将工作表中创建的分类汇总删除。如果在分类汇总之前数据进行了排序，在删除分类汇总之后就不能恢复数据的排序了。

删除分类汇总的方法是：在创建了分类汇总的工作表中任意选择一个数据单元格，在"数据"选项卡的"分级显示设置"组中单击"分类汇总"按钮，在打开的对话框中直接单击"全部删除"按钮即可，如图 18-63 所示。

图 18-63　删除分类汇总

18.4　使用图表和数据透视表分析数据

图表的作用主要是帮助用户进行数据的直观展示与分析。在分析数据时，使用图表可以将数据展现得更为直观，从而帮助用户快速找到数据之间的关系或趋势等。而数据透视表功能则是通过创建动态报表的方式，更加灵活地进行数据分析操作。下面就来具体学习在 WPS 中如何使用图表和数据透视表来分析数据。

18.4.1　图表的组成及特点

在使用图表进行数据分析之前，首先需要了解的是图表相关的基础知识，主要包括图表的组成及特点。

可以把图表看作一个图形对象，能够作为工作表的一部分进行保存。图表的基本组成结构主要包括坐标轴、图表标题、图表区、绘图区以及图例等，如图 18-64 所示。

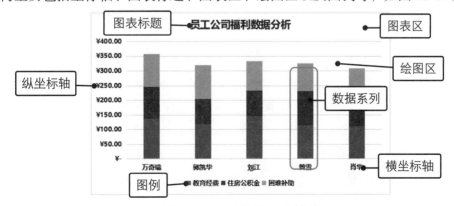

图 18-64　图表的组成部分

图表的各组成部分的含义如下。

◆ **图表区**：图表区是存放图表各组成部分的区域。

◆ **绘图区**：绘图区用于显示绘制的图形，其中包含了所有的数据系列和网格线。

◆ **图标标题**：图表标题则是用于说明图表的用途或图表的内容等，可在图表区任意移动位置。

◆ **坐标轴**：坐标轴分为纵坐标轴和横坐标轴。一般情况下，纵坐标轴用于标记图表数据的数值刻度；横坐标轴则是用于标记图表中的数据系列分类。

◆ **图例**：对图表中数据系列的不同数据进行说明，通常以不同的颜色进行区分。

◆ **数据系列**：数据系列是图表中数据的图形化展示，用不同的长度、高度或形状等表示数据的变化。

图表在实际应用中的作用和功能就是展示、分析和预测数据，为各项工作提供帮助，其具体作用如下。

◆ **展示数据**：展示数据是图表的一个最基本的功能，它将二维表格中的文本和数值数据按照一定的关系和结构用图形的方式展示出来，方便用户查看数据之间的关系。

◆ **分析和预测数据**：分析和预测数据是图表的一个非常重要功能，通过该功能可以很方便地对表格中的数据进行直观地分析和预测，为企业的发展和决策提供依据。

18.4.2 图表分类与选择

在 WPS 的电子表格中，常用的图表主要有柱形图、折线图、饼图、面积图、XY（散点图）、股价图和雷达图等。不同类型的图表分析数据的侧重点也是不同的，所以用户需要了解各个类型的图表的具体特点，以便在使用图表的时候快速选择合适的图表。

下面对一些常用的图表类型进行介绍。

◆ **柱形图**：柱形图可以显示一段时间内数据的变化，或者显示不同项目之间的对比。柱形图包含簇状柱形图、堆积柱形图、百分比堆积柱形图等子图表类型。

◆ **折线图**：折线图可以显示随时间而变化的连续数据，因此它非常适用于表达在相等时间间隔下数据的变化趋势和走向。

◆ **饼图**：饼图可以显示组成数据系列的项目在项目总和中所占的比例。该图表类型包含有饼图、分离型饼图、复合饼图和复合条饼图等子图表类型。

◆ **面积图**：面积图是以折线图为基础，将折线图数据点连线与坐标轴之间的区域以颜色填充形成面积块，用来表示各数据系列的累积大小。

◆ **XY（散点图）**：散点图通过一组点来显示序列，值由点在图表中的位置表示，类别由图表中的不同标记表示。散点图通常用于考察两坐标点的分布，判断两变量之间是否存在某种关联或总结坐标点的分布模式。

◆ **股价图**：股价图常被用来以图示方式描述股价的波动。其数据源的布局将决定股价可用的子类型。

◆ **雷达图**：当某一对象有多个不同方面需要进行分析时，则可以使用雷达图，例如分析某个员工的综合能力、某批产品的质量等。在实际工作中雷达图也能用来分析财务报表，方便他人了解各项指标的变动情况。

用户如果想要了解每种图表的具体特征，可以选择工作表中任意数据单元格，单击"插入"选项卡下的"图表"按钮，在打开的"插入图表"对话框中即可查看各个图表的特点，如图 18-65 所示

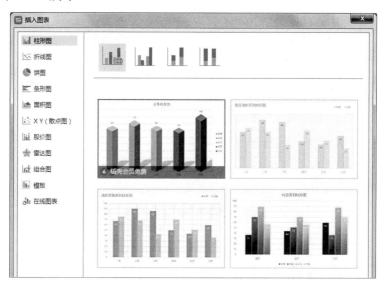

图 18-65　查看图表特点

18.4.3　创建与编辑图表

在对图表的基本结构、类型等有了一定了解以后，就需要知道如何创建一个完整的图表以及如何编辑图表。

（1）创建图表

在 WPS 的电子表格中，创建图表的方法主要有两种，分别是通过对话框创建图表和选择图表类型创建图表。

[分析实例]——根据"产品生产量统计"工作簿数据创建图表

下面以在"产品生产量统计"工作簿中根据该年各个月份的预计产量数据和实际产量数据创建折线图进行分析为例，介绍通过对话框创建图表的具体操作方法，如图 18-66 所示为创建图表前后的对比效果。

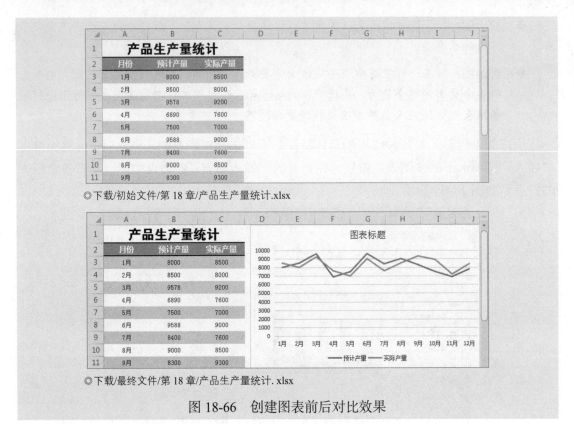

◎下载/初始文件/第 18 章/产品生产量统计.xlsx

◎下载/最终文件/第 18 章/产品生产量统计.xlsx

图 18-66　创建图表前后对比效果

其具体操作步骤如下。

Step01 打开素材文件，❶选择 A2:C14 单元格区域，❷单击"插入"选项卡下的"图表"按钮，如图 18-67 所示。

Step02 ❶在打开的"插入图表"对话框中单击"折线图"选项卡，❷选择"折线图"选项，单击"确定"按钮即可，如图 18-68 所示。

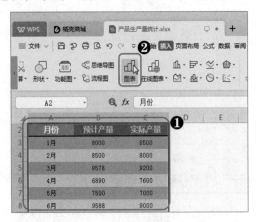

图 18-67　单击"图表"按钮

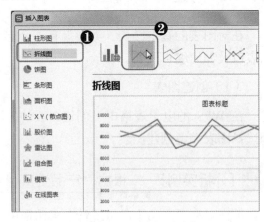

图 18-68　插入图表

对于那些对图表有一定了解或是有一定使用经验的用户而言，直接选择具体的图表类型进行创建，会更加快捷。其具体操作如下：

选择要创建图表的数据源区域，单击"插入"选项卡中的"插入折线图"下拉按钮，在弹出的下拉列表中选择"折线图"选项即可创建图表，如图 18-69 所示。

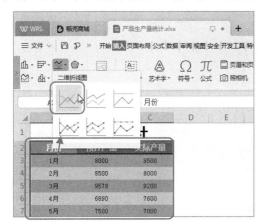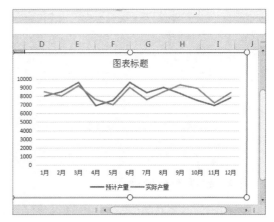

图 18-69　选择图表类型创建图表

（2）图表的简单编辑和调整

新创建的图表往往不能满足用户需求，还需要对其大小、位置进行调整，或是在图表中添加图表标题等，下面将进行具体介绍。

要调整图表大小，首先要选择该图表，在打开的"绘图工具"选项卡中的"高度"和"宽度"文本框中分别输入需要调整到的数值，即可精确调整图表大小，如 18-70 左图所示；除此之外，还可以通过拖动图表四周的控制点实现对图表的调整，其具体操作是：将鼠标光标移动到控制点上，当鼠标光标变为双向箭头时，按住鼠标拖动即可快速调整图表的大小，如 18-70 右图所示。

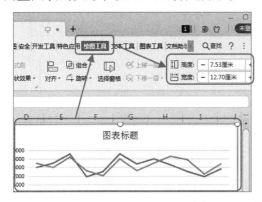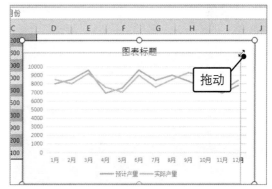

图 18-70　调整图表的大小

新创建的图表，其标题都是默认显示的"图表标题"，这肯定是不规范的，这就需要用户手动对其进行修改。只需要选择文本框中的内容，重新输入需要的标题内容即可，如图 18-71 所示。

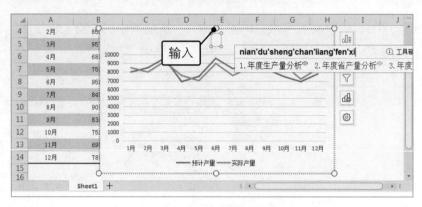

图 18-71　修改图表标题

（3）更改图表类型

有时选择某个图表类型创建图表以后，发现该图表无法满足使用或是与当前主题不符合，则需要更改图表类型，其操作步骤为：选择需要更改图表类型的图表，单击"图表工具"选项卡，单击其中的"更改类型"按钮，在打开的"更改图表类型"对话框中选择需要的图表类型即可，如图 18-72 所示。

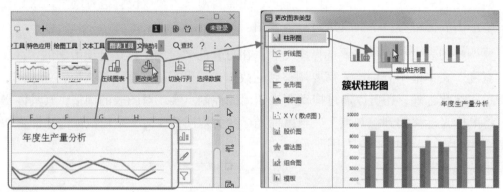

图 18-72　更改图表类型

更改图表类型后的效果如图 18-73 所示。

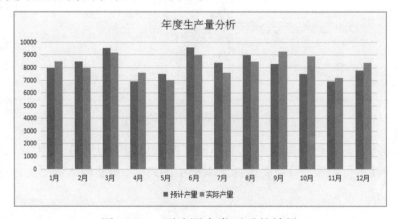

图 18-73　更改图表类型后的效果

18.4.4 美化图表外观

新创建的图表其外观都是千篇一律的，对外观效果要求很高的用户自然是不能接受的。对图表设置不同的样式可以起到美化的效果，在 WPS 中，可以通过套用内置图表样式和手动设置图表样式两种方式来实现。

（1）快速套用内置的图表样式

WPS 的电子表格中内置了许多进行更美的图表样式，使用这些样式可以快速更改图表外观，适合那些对样式要求不高的图表或是需要在短时间内完成的图表的用户。下面具体介绍使用内置样式的方法。

首先选择要设置图表样式的图表，单击"图表工具"选项卡下的"样式"栏右侧的展开按钮，选择"样式 6"选项，即可快速套用图表样式，如图 18-74 所示。

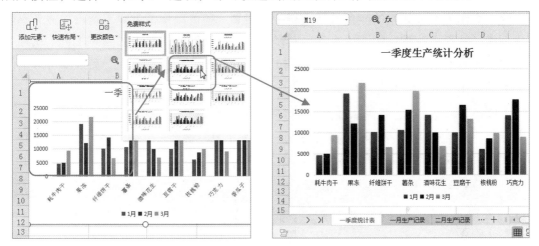

图 18-74　快速套用图表样式

（2）手动设置图表样式

系统内置的图表样式毕竟有限，用户可以手动设置图表样式，同样能达到美化图表的效果，且自定义图表样式更能控制图表的元素和效果等。

自定义图表外观，只是针对图表的某些组成部分，例如对图表进行填充设置、轮廓设置以及形状效果设置。首先需要选择设置样式的部分，然后单击"绘图工具"选项卡下对应的下拉按钮进行设置即可，这里以更改图表元素的填充色为例进行介绍。

首先选择图表，单击"绘图工具"选项卡下的"填充"下拉按钮，在弹出的下拉菜单中选择合适的颜色即可，如 18-75 左图所示；同样的选择图表中的数据系列，即可对数据系列进行填充，如 18-75 右图所示。

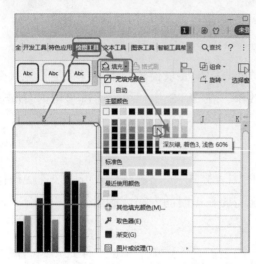
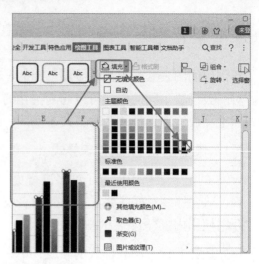

图 18-75　为图表填充颜色

　　除了对图表组成元素的颜色效果进行手动设置，还可以根据需要手动添加或者删除图表元素，从而更改默认的图表布局，其操作是：选择图表，单击"图表工具"选项卡下的"添加元素"下拉按钮，在弹出的下拉菜单中选择"图表标题/无"命令即可取消图表标题的显示，如 18-76 左图所示。

　　【注意】在 WPS 中，程序还提供了一些布局样式供用户快速调整图表的布局，其具体的操作是：选择需要更改布局的图表，单击"图表工具"选项卡下的"快速布局"下拉按钮，在弹出的下拉列表中选择合适的布局样式即可，如 18-76 右图所示。

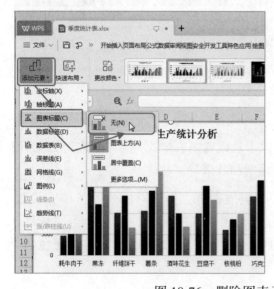
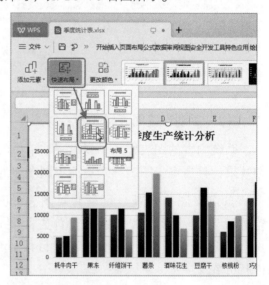

图 18-76　删除图表元素和快速更改布局

　　【注意】用户如果需要对图表的各部分进行具体的设计，还可以双击具体的图表元素，在打开的任务窗格中进行设置。如图 18-77 所示为对数据系列进行详细设置的任务窗格。

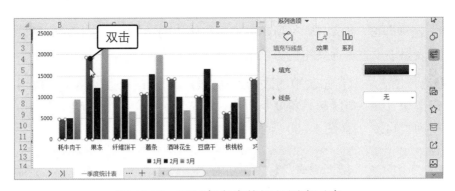

图 18-77　通过任务窗格调整图表元素

[分析实例]——美化"公司员工年龄分布"图表

在"公司各部门员工年龄统计表"工作簿中根据公司各部门各年龄段的人数数据创建了一个饼图图表来分析员工的年龄分布情况，下面需要对它进行美化操作，使其更加美观，可读性更高，如图 18-78 所示为美化图表前后的对比效果。

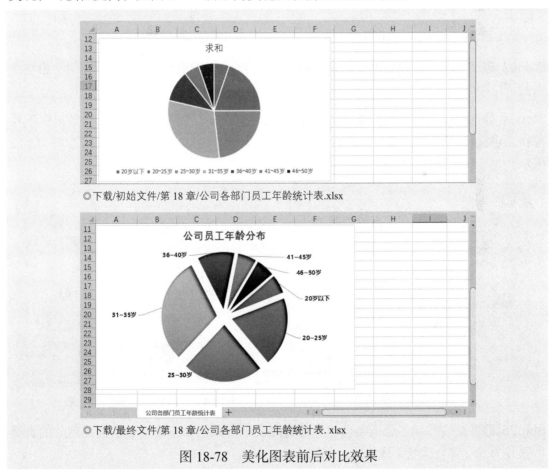

◎下载/初始文件/第 18 章/公司各部门员工年龄统计表.xlsx

◎下载/最终文件/第 18 章/公司各部门员工年龄统计表.xlsx

图 18-78　美化图表前后对比效果

其具体操作步骤如下。

Step01　打开素材文件，❶选择图表，❷单击"图表工具"选项卡下的展开按钮，选择

"样式 12"选项即可，如图 18-79 所示。然后将图表的字体格式进行对应的设置（其设置方法与在表格中设置普通文本的方法的一致）。

Step02 ❶选择图表，双击图表中的数据系列，❷在打开的任务窗格中切换到"系列"选项卡，❸拖动"第一扇区起始角度"滑块，调整为"50°"，❹拖动"饼图分离程度"滑块，调整为"14%"，如图 18-80 所示。

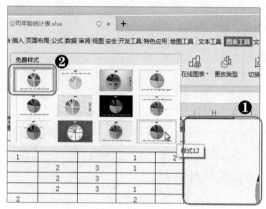

图 18-79　快速套用图表样式

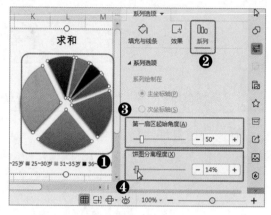

图 18-80　调整饼图样式

Step03 ❶选择图表，❷单击"图表工具"选项卡下的"快速布局"下拉按钮，❸在弹出的下拉菜单中选择"布局 5"选项，如图 18-81 所示。

Step04 ❶选择图表中的数据系列，❷单击"绘图工具"选项卡下的"形状效果"下拉按钮，❸选择"阴影"命令，❹在其子菜单中选择"内部右上角"选项，如图 18-82 所示。

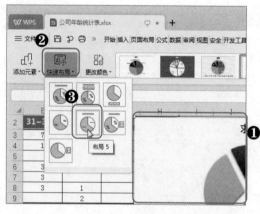

图 18-81　图表快速布局

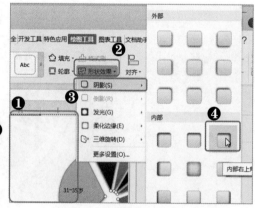

图 18-82　设置饼图形状效果

Step05 ❶将图表移动到合适的位置，❷将图表中的数据标签移动到数据系列外的合适位置并为其设置合适的字体格式，如图 18-83 所示。

Step06 ❶将图表重命名为"公司员工年龄分布"，❷拖动图表右上角的控制点将图表调整为合适的大小即可，如图 18-84 所示。

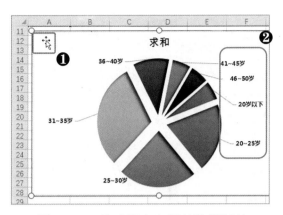

图 18-83　移动图表和调整数据标签

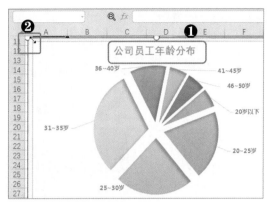

图 18-84　修改图表标题并调整大小

18.4.5 使用数据透视表分析数据

数据透视表是一种交互式的报表，可以进行某些计算，如求和与计数等。所进行的计算与数据跟数据透视表中的排列有关。

之所以称为数据透视表，是因为用户可以根据实际需求动态地改变它们的版面布置，以便按照不同的方式分析数据，也可以重新安排行号、列标和页字段。每次改变版面布置时，数据透视表会立即按照新的布置重新计算数据。

（1）创建数据透视表

在 WPS 的电子表格中，创建数据透视表主要通过用户自定义的方式进行的。首先选择表格中需要的数据源，单击"数据"选项卡下的"数据透视表"按钮，在打开的"创建数据透视表"对话框中选中"新工作表"单选按钮（或选中"现有工作表"单选按钮，此时就需要设置透视表的创建位置），单击"确定"按钮即可，如图 18-85 所示。

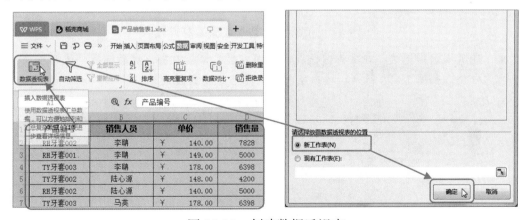

图 18-85　创建数据透视表

完成上述操作后在一张新的工作表中就会有一个包含提示信息的空白数据透视表，接下来根据自己的需要在右侧的"数据透视表"窗格中选择要显示的字段以生成报表，如图 18-86 所示。

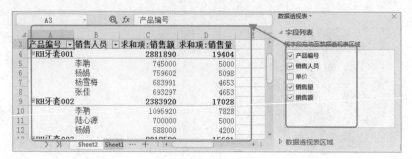

图 18-86　向空白数据透视表添加字段

（2）更改数据透视表的汇总方式

不同类型的数据在数据透视表中的汇总方式是不同的，例如数值的汇总方式默认是求和汇总，文本数据的汇总方式默认为计数汇总。如果默认的汇总方式不是用户需要的，则可以手动更改数据透视表的汇总方式，其方法有如下两种。

◆ **在窗格中更改**：在"数据透视表"窗格中的"值"区域中单击"求和项:销售额"下拉列表框，选择"值字段设置"命令，在打开的"值字段设置"对话框中选择合适的汇总方式，单击"确定"按钮即可，如图 18-87 所示。

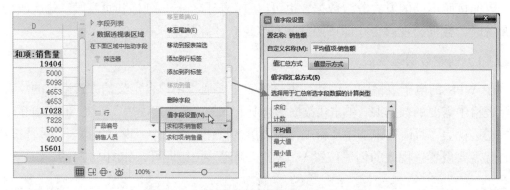

图 18-87　在窗格中更改数据汇总方式

◆ **在透视表中更改**：在数据透视表的值字段单元格处右击，然后选择"值字段设置"命令，如图 18-88 所示，接着在打开的对话框中进行设置。

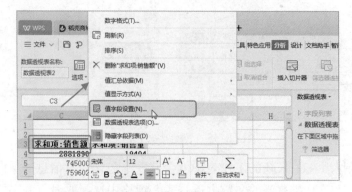

图 18-88　在透视表中更改数据汇总方式

第19章
WPS 演示文稿的设计与制作

职场用户在日常工作中会经常接触演示文稿如产品介绍、培训展示、工作汇报……。一份外观精美、效果良好的演示文稿往往给客户或领导留下好印象。使用 WPS 制作演示文稿，首先要掌握相关的基础知识，再合理地为对象设置动画，即可制作出页面精美、内容丰富的演示文稿。

|本|章|要|点|
· WPS 演示文稿基础
· 幻灯片的制作
· 幻灯片母版的制作
· 讲义母版和备注母版
· 播放与输出幻灯片

19.1 WPS 演示文稿基础

演示文稿是 WPS 中用于制作演示文稿和播放演示文稿的重要组件。演示文稿其实就是由一张张幻灯片组成的可放映的文件，因此掌握幻灯片的基本操作是制作演示文稿的前提。

19.1.1 WPS 演示文稿的界面介绍

"演示"组件可以用于制作各类演讲、教学以及商务讲演的演示文稿。其主界面与其他组件的主界面的不同就在工作区，其工作区如图 19-1 所示。

图 19-1 演示文稿工作区

❶ "[幻灯片/大纲]"窗格   ❷ 编辑区   ❸ "备注"窗格

演示文稿工作区各部分介绍如下。

- ◆ "[幻灯片/大纲]"窗格：此窗格位于工作区左侧，用于显示幻灯片的略缩图以及编号等。

- ◆ 编辑区：用于显示、编辑幻灯片，以及对幻灯片中的文本、图片以及图形等各种幻灯片对象进行编辑。

- ◆ "备注"窗格：在此窗格输入当前幻灯片的备注，可以提示演讲者或者其他使用者某些重要信息。

19.1.2 WPS 演示文稿的视图方式

WPS 的演示文稿中主要包含 5 种视图模式，分别是普通视图、幻灯片浏览视图、备注页视图、阅读视图和大纲视图。不同的视图模式有不同的展示效果和作用，下面分别对这 5 种视图模式的特点进行介绍。

- ◆ 普通视图：此视图模式是演示文稿的默认视图，在该视图下可以对幻灯片进行逐张编辑和查看，是主要的编辑视图，如图 19-2 所示。

图 19-2　普通视图

◆　**幻灯片浏览视图**：此视图下可以显示所有幻灯片的缩略图，并可以对幻灯片的顺序
快速进行调整，还可以插入和删除幻灯片，但是无法编辑幻灯片的具体内容，如
图 19-3 所示。

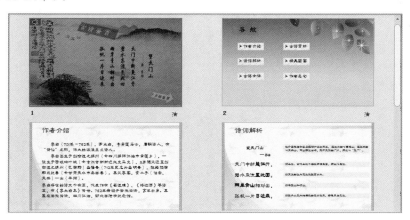

图 19-3　幻灯片浏览视图

◆　**备注页视图**：此视图下可以显示幻灯片及其备注的内容，可以对备注进行编辑但无
法编辑幻灯片内容，多用于查看幻灯片和备注一起打印时的效果，如图 19-4 所示。

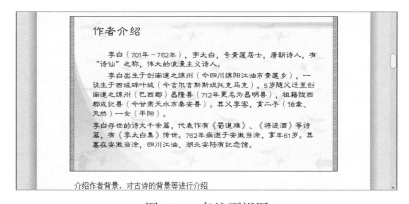

图 19-4　备注页视图

◆ 阅读视图：此视图模式就在当前的窗口中进行幻灯片的放映，与正常的放映不同，该视图模式并非全屏放映，多用于查看幻灯片效果，如图 19-5 所示。

图 19-5　阅读视图

◆ 大纲视图：大纲视图可以让人清楚、全面地知道每张幻灯片的具体标题与内容，而且在大纲里还可以直接修改文字，如图 19-6 所示。另外，将文字文档中的大纲内容粘贴到大纲窗格中还可以快速创建整个演示文稿。

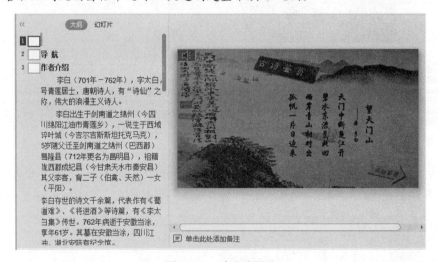

图 19-6　大纲视图

大纲视图可以通过在"[幻灯片/大纲]"窗格中单击"大纲"按钮进行切换，其他 4 种视图模式都可以在"视图"选项卡中单击对应的按钮进行切换。

19.1.3　幻灯片的基本操作

幻灯片的作用是在承载对象的容器，类似于文档的一个页面，下面就来具体介绍幻灯片的基本操作有哪些及其相关的操作。

（1）幻灯片的移动和复制

幻灯片同样可以移动和复制，当演示文稿中幻灯片的顺序不合适时，就可以移动幻灯片；如果要制作的幻灯片与已经制作好的幻灯片相似，则可以先复制该幻灯片，然后在其中进行修改，从而更快地完成演示文稿的制作。

◆ **移动幻灯片**：在"[幻灯片/大纲]"窗格中选择需要移动的幻灯片，按住鼠标左键不放并拖动到合适位置，然后释放鼠标左键即可将幻灯片移动到该位置，如图 19-7 所示。

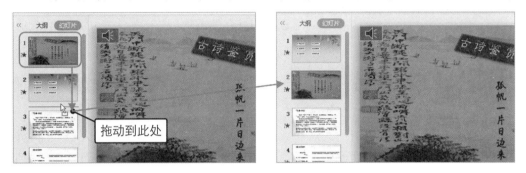

图 19-7　移动幻灯片

◆ **复制幻灯片**：在"[幻灯片/大纲]"窗格中选择需要复制的幻灯片，按住鼠标左键不放并拖动到合适位置，然后按住【Ctrl】键不放，释放鼠标左键将幻灯片复制到该位置，如图 19-8 所示，再释放【Ctrl】键即可；或是通过【Ctrl+C】和【Ctrl+V】组合键复制。

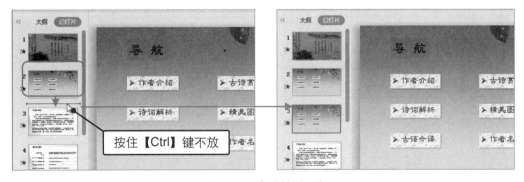

图 19-8　复制幻灯片

（2）删除幻灯片

用户在制作演示文稿的过程中有多余的幻灯片，则可以将其删除。在 WPS 中，可以通过快捷菜单删除幻灯片和通过快捷键删除幻灯片，相关操作如下。

◆ **通过快捷菜单删除**：在"[幻灯片/大纲]"窗格中待删除的幻灯片上右击，然后在弹出的快捷菜单中选择"删除幻灯片"命令即可，如 19-9 左图所示。

◆ **通过快捷键删除**：在"[幻灯片/大纲]"窗格中选择需要删除的幻灯片，然后按【Delete】键（或者【Backspace】键）即可，如 19-9 右图所示。

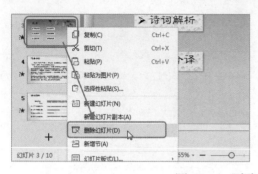

图 19-9　删除幻灯片的方法

（3）设置幻灯片大小

新建的幻灯片默认比例一般为 16:9，用户可以根据实际情况进行修改，其操作如下。

在"设计"选项卡下单击"幻灯片大小"下拉按钮，选择"自定义大小"命令，然后在打开的"页面设置"对话框中设置宽度和高度，再单击"确定"按钮，在打开的对话框中单击"确保合适"按钮即可，如图 19-10 所示。

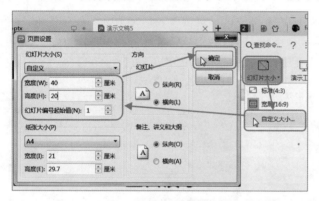
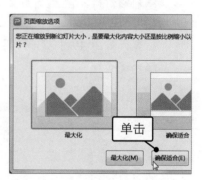

图 19-10　设置幻灯片的大小

19.2　幻灯片的制作

幻灯片的制作其实就是在幻灯片中插入一些文本、图片、图形对象、音频或视频等，并对这些对象进行编辑操作，此外，为了让幻灯片的放映效果更好，还可以为其添加切换效果、动画及设置页面格式等。

19.2.1　在幻灯片中添加文本

在幻灯片中文本无法独立存在需要用文本框来承载。文本的插入可分为插入普通文本和插入艺术字两种，下面分别进行介绍。

（1）插入普通文字

插入普通文本通常有两种插入方式，一是插入文本框，在文本框中输入文本；二是在"[幻灯片/大纲]"窗格中输入文本。下面分别介绍这两种方法的具体操作。

◆ **插入文本框输入文本**：新建的幻灯片中默认有文本占位符，其实质也是文本框，但当占位符不能完全满足文本输入需要时，或在当前幻灯片中没有文本占位符时，用户可以手动绘制文本框。直接切换到需要绘制文本框的幻灯片中，单击"插入"选项卡下的"文本框"下拉按钮，选择"横向文本框（竖向文本框）"选项，鼠标光标变为十字形状时，在幻灯片中拖动鼠标光标即可插入一个文本框，直接在其中录入文本即可，如图 19-11 所示。

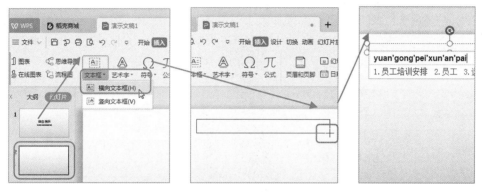

图 19-11 插入文本框并输入文本

◆ **在"[幻灯片/大纲]"窗格中输入文本**：在"[幻灯片/大纲]"窗格中单击"大纲"按钮，然后单击鼠标左键，将文本插入点定位到□形状之后，即可输入文本内容，此时文本插入点的位置只能输入幻灯片的标题文本，如图 19-12 所示。

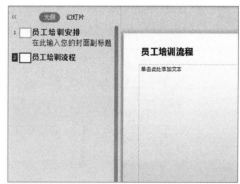

图 19-12 在"[幻灯片/大纲]"窗格中输入标题文本

> **提个醒：在"[幻灯片/大纲]"窗格中编辑其他内容**
>
> 如果要输入内容，则需要在右侧的编辑区中定位文本插入点，输入了部分内容后，才可以在"大纲"窗格中定位文本插入点，输入相应的文本内容，如图 19-13 所示。但是，如果手动插入了文本框，即使在文本框中输入了内容，也无法在"大纲"窗格中定位文本插入点。

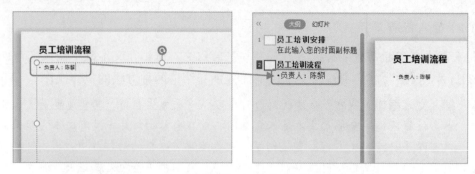

图 19-13　在"[幻灯片/大纲]"窗格中输入内容

（2）插入艺术字

艺术字的插入与文本框的插入操作类似，具体操作为：在"插入"选项卡下单击"艺术字"下拉按钮，然后选择合适的艺术字类型即可在幻灯片中插入艺术字文本框，在该艺术字文本框中直接输入文本即可，如图 19-14 所示。

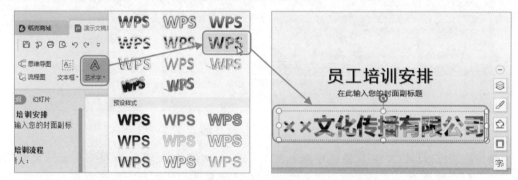

图 19-14　艺术字的插入

另外，其实普通文本也可以变成艺术字，只需要选择需要变成艺术字的文本所在的文本框，然后在"文本工具"选项卡的列表框中选择合适的样式即可，如图 19-15 所示。

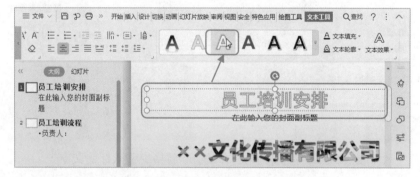

图 19-15　为普通文本设置艺术字效果

19.2.2　在幻灯片中添加图像对象

在幻灯片中除了插入文本框输入文本外，还可以插入图片、形状、表格和图表等图像对象，从而制作出页面元素丰富的幻灯片，插入图像对象的操作分为两种，分别是通过"插入"选项卡插入对象和通过占位符插入对象。其中，通过"插入"选项卡插入对象的操作与文档和电子表格中插入对象的操作基本相同，因此这里不再重复介绍。

页面中如果有对象占位符，则可以快速插入对象，这里讲解如何使用占位符实现对象的插入操作。如通过占位符插入表格，其操作为：在包含有对象占位符的幻灯片中单击"插入表格"按钮，然后在打开的"插入表格"对话框中设置表格的行数和列数，再单击"确定"按钮即可，如图 19-16 所示。

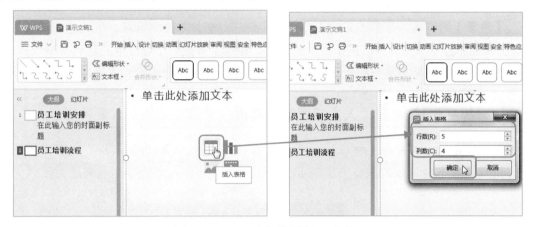

图 19-16　通过占位符插入表格

对象插入到幻灯片后，其效果如图 19-17 所示，此时用户便可以对其进行各种编辑操作，其操作方法与在文档和电子表格中的编辑对象的操作相同。

图 19-17　插入表格的最终效果

> **提个醒：如果幻灯片中没有相应的占位符可以通过"插入"选项卡插入对象**
>
> 　　如果幻灯片中没有所需的占位符，说明该幻灯片使用的母版中没有该占位符，用户可以直接通过"插入"选项卡插入对象，其操作也相对简单。

19.2.3 在幻灯片中使用音频、视频和超链接

在幻灯片的制作过程中，可以插入音频、视频或是超链接，从而让整个演示文稿更加绘声绘色。下面分别介绍其插入与编辑的方法。

（1）插入并编辑音频文件

在"演示"组件中插入音频有两种方式，即链接到音频和嵌入音频，都可以实现在幻灯片中播放音乐。下面主要介绍在幻灯片中嵌入背景音乐。

【注意】 两种插入音频的方式虽然都能实现在幻灯片中使用音频，但还是有较大的差异。链接到音频的方式，一旦链接的音频文件路径发生变化，幻灯片中的音频便不能播放；嵌入音频的方式，即将音频插入到幻灯片，音频路径发生变化也能正常播放。

[分析实例]——在"人力资源工作流程"演示文稿中嵌入背景音乐

下面以在"人力资源工作流程"演示文稿中嵌入一个本地音频文件作为背景音乐为例，讲解嵌入本地音频的操作方法，如图 19-18 所示为插入本地音频的前后对比效果。

◎下载/初始文件/第 19 章/人力资源管理工作流程/

◎下载/最终文件/第 19 章/人力资源管理工作流程.pptx

图 19-18　插入本地音频的前后对比效果

其具体操作步骤如下。

Step01 打开素材文件，❶选择演示文稿中需要插入音频文件的幻灯片，这里选择第 1 张幻灯片，❷在"插入"选项卡下单击"音频"下拉按钮，❸选择"嵌入背景音乐"命令，❹在打开的"从当前页插入背景音乐"对话框中选择需要插入的音频文件，单击"打开"按钮即可插入音乐，如图 19-19 所示。

图 19-19　插入音频文件

Step02 ❶将幻灯片中插入的音频图标移动到合适的位置，❷在"音频工具"选项卡的"音频选项"组中选中"跨幻灯片播放"单选按钮、"循环播放，直到停止"复选框以及"放映时隐藏"复选框，❸在"开始"下拉列表框中选择"自动"选项，❹单击"音量"下拉按钮，❺选择"中"选项，如图 19-20 所示。

图 19-20　设置音频播放选项

Step03 ❶在"音频工具"选项卡中单击"裁剪音频"按钮，❷在打开的"裁剪音频"对话框中通过拖动左右两个控制柄对音频进行裁剪（或者在"开始时间"和"结束时间"数值框中直接输入开始时间和结果时间），❸单击"确定"按钮即可完成裁剪，如图 19-21 所示。

图 19-21　裁剪音频文件

Step04 ❶在"图片工具"选项卡中单击"颜色"下拉按钮，❷在弹出的下拉菜单中选择"灰度"选项，如图 19-22 所示。

图 19-22　设置音频图标颜色

提个醒：放映时隐藏

　　在音乐开始放映时，将该图标隐藏，避免每个页面中都出现同一个图标，影响演示文稿的整体效果。

（2）插入与编辑视频文件

　　许多时候，使用小视频往往比大段文字的展示效果要好得多，冗长的文字段落会使整个演示文稿过于枯燥无味，很难给观众留下深刻的印象。在幻灯片中插入视频文件则可以很好地解决这个问题，既增强了演示文稿的视觉效果，又可以清楚地对事物进行说明。

　　在幻灯片中插入视频的方式与插入音频的操作相似，主要分为嵌入视频和链接视频。首先选择要插入视频的幻灯片，单击"插入"选项卡下的"视频"下拉按钮，选择"嵌入本地视频"命令，在打开的对话框中选择要插入的视频，单击"确定"按钮即可将视频插入到幻灯片中，如图 19-23 所示。

【**注意**】对于一般的小视频，可以选择嵌入到演示文稿中，方便演示文稿的分享；但是如果视频文件较大，通常为了控制演示文稿的大小及打开速度，会选择以链接的方式插入视频。

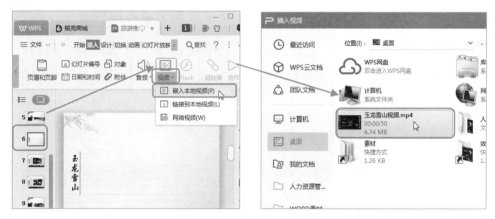

图 19-23　嵌入本地视频

插入的视频同样可以进行编辑、裁剪和设置播放方式等，其操作与对音频的操作相似，这里就不再进行讲解。

知识延伸　*插入网络视频*

在 WPS 的演示文稿中还可以插入网络视频。只需要单击"插入"选项卡下的"视频"下拉按钮，选择"网络视频"命令，在打开的对话框中会要求用户下载安装 Adobe Flash Player，根据要求下载安装后，重启 WPS，再打开"插入网络视频"对话框，在文本框中输入需要插入的网络视频地址，单击"插入"按钮即可，如图 19-24 所示。

图 19-24　插入网络视频

（3）插入超链接

在幻灯片中插入超链接能够快速转到指定的网站或者打开指定的文件，又或者直接跳转至某页幻灯片，提高效率并使播放更加灵活，尤其在幻灯片目录页和尾页使用超链接较为频繁。下面具体介绍超链接的使用方法。

[分析实例]——在"项目招标公告"演示文稿中插入超链接

下面以在"项目招标公告"演示文稿中为所有的目录项添加超链接，链接到正确的幻灯片位置，讲解使用超链接的操作方法。如图 19-25 所示为目录项添加超链接的前后对比效果。

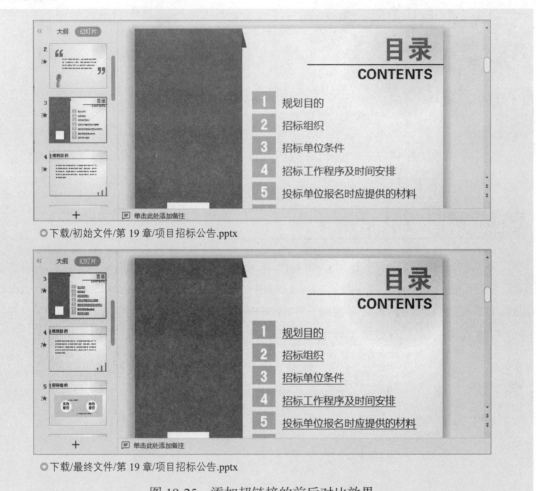

◎下载/初始文件/第 19 章/项目招标公告.pptx

◎下载/最终文件/第 19 章/项目招标公告.pptx

图 19-25　添加超链接的前后对比效果

其具体操作步骤如下。

Step01 打开素材文件，❶切换到目录所在的幻灯片，选择目录中要添加超链接的文本，❷在"插入"选项卡中单击"超链接"按钮，如图 19-26 所示。

Step02 ❶在打开的"插入超链接"对话框中的"链接到"列表中选择"本文档中的位置"选项，❷在"请选择文档中的位置"列表框中选择需要链接到的幻灯片，这里选择第 4 张幻灯片，❸单击"确定"按钮即可，如图 19-27 所示。以同样的方法为其他目录添加超链接即可。

图 19-26　单击"超链接"按钮

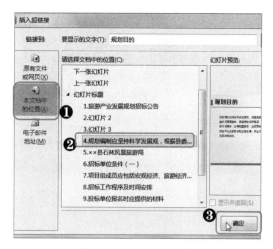
图 19-27　插入超链接

小技巧：给文本框添加超链接

用户如果希望添加超链接后，文本不产生下划线，且文本颜色、格式等不受影响，则可以选择文本所在的文本框，单击"插入"选项卡下的"超链接"按钮，即可为文本框对象添加超链接，且不会影响文本的样式。

19.2.4　幻灯片的切换效果设置

幻灯片的切换效果是指在放映演示文稿时，由一张幻灯片切换到下一张幻灯片期间的显示效果。

（1）添加切换效果

为幻灯片添加切换效果可以使幻灯片之间的切换更加流畅、自然，使整个演示文稿更加生动。选择幻灯片，单击"切换"选项卡，然后在列表框中选择一个合适切换效果即可，如图 19-28 所示。

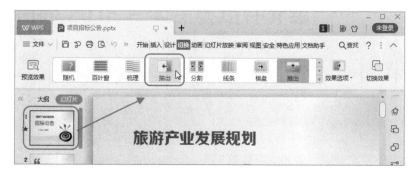
图 19-28　添加切换效果

小技巧：一键为所有幻灯片添加随机切换效果

　　当需要为大量的幻灯片设置不同的切换效果，则可以使用随机效果，首先在"切换"选项卡下的列表框中选择"随机"选项，然后单击"切换效果"按钮，在打开的窗格中单击"应用于所有幻灯片"按钮即可，如图 19-29 所示。

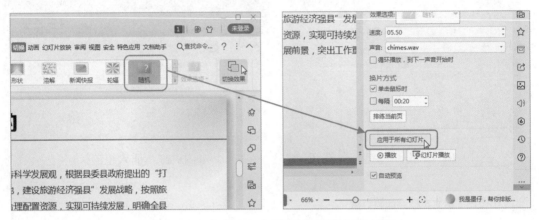

图 19-29　为所有幻灯片添加随机切换效果

（2）切换效果选项设置

　　在为幻灯片添加切换效果之后，还可以对切换效果的出现方向及形式进行设置。不同的切换效果，其效果选项的内容也有所不同，下面举例进行介绍。

　　为幻灯片添加"百叶窗"切换效果后，单击"效果选项"下拉按钮，在弹出的下拉列表中可以选择"水平"选项和"垂直"选项，如 19-30 左图所示；而当为幻灯片添加"轮辐"切换效果后，其"效果选项"下拉列表中的选项则为"8 根"、"4 根"、"3 根"、"2 根"和"1 根"，如 19-30 右图所示。

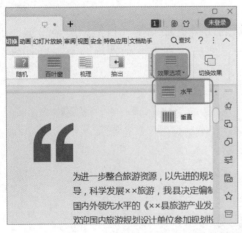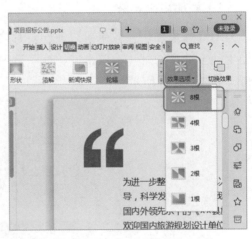

图 19-30　切换效果不同，效果选项不同

（3）设置切换时间

演示文稿中不同的切换效果其动作时间可能不同，为了让整个演示文稿的切换更加整齐，速度适宜，可以为其设置合理的切换时间。切换时间越长，其切换速度就越慢；切换时间越短，其切换速度就越快。

首先为幻灯片添加合适的切换效果，然后单击"切换效果"按钮，在打开的窗格中的"速度"数值框中输入"02.00"即可，如图 19-31 所示。

图 19-31　设置切换效果的切换时间

19.2.5　为对象添加动画

在幻灯片的制作过程中，为幻灯片中的对象添加动画效果，能够使各个对象动起来，产生动画的效果。合理地使用动画还能提升演示文稿的专业性，使文档内容更加精彩和生动。

（1）为对象添加动画的方法

幻灯片对象的动画效果有进入、强调和退出 3 种，进入动画主要用于展示对象在当前页面的出现方式；强调动画是可以在当前页面重点突出用户选中的对象；退出动画是设置对象在当前页面的退出方式。同一个幻灯片对象可以同时拥有多个相同或不同类型的动画效果。

【注意】当为同一个对象添加多个连续的退出动画时，只有第一个退出动画会展示效果，之后添加的退出动画不会展示。当为同一个对象添加多个连续的进入动画时，所有的进入动画会依次执行。

[分析实例]——在"企业简报"演示文稿中为照片添加动画效果

下面以在"企业简报"演示文稿中为所有照片添加不同的进入动画、强调动画以及退出动画为例，讲解在演示文稿中添加动画的操作方法，如图 19-32 所示为添加动画前后的对比效果。

◎下载/初始文件/第 19 章/企业简报.pptx

◎下载/最终文件/第 19 章/企业简报.pptx

图 19-32 添加动画前后的对比效果

其具体操作步骤如下。

Step01 打开素材文件，❶选择要添加幻灯片动画的对象，❷在"动画"选项卡下的列表框中选择合适的进入动画效果，如选择"飞入"选项，如图 19-33 所示。

Step02 ❶单击"动画"选项卡下的"自定义动画"按钮，❷在打开的窗格中单击"添加效果"下拉按钮，❸选择合适的强调效果，如选择"陀螺旋"按钮，如图 19-34 所示。

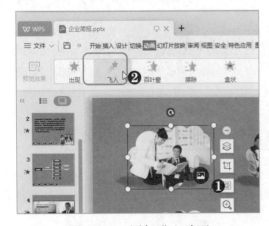

图 19-33 添加进入动画

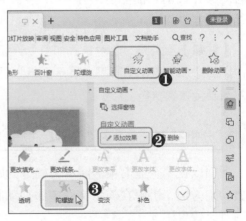

图 19-34 添加强调动画

Step03 ❶继续单击"添加动画"下拉按钮，❷在弹出的下拉列表中选择合适的退出动画效果，如选择"劈裂"选项，如图 19-35 所示。以同样的方式为其他对象添加动画。

图 19-35 添加退出动画

（2）路径动画的使用

路径动画是指让幻灯片对象按照某一特定的动作路径运动。路径动画主要搭配进入、强调和退出等动画效果使用，从而制作出更加生动、个性的动画效果。当然，路径动画也可以单独使用。

为幻灯片对象添加路径动画的操作与添加其他动画的操作相同，在选择需要添加动画的对象后，单击"自定义动画"窗格中的"添加效果"下拉按钮，然后在弹出的下拉菜单中选择合适的动作路径即可，如图 19-36 所示。

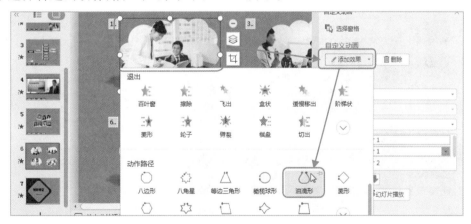

图 19-36 为幻灯片对象添加路径动画

知识延伸 *自定义动画路径*

路径动画除了可以使用系统内置的动作路径外，用户也可以绘制自定义动画路径。自定义动画路径主要包括直线、曲线、任意多边形以及自由曲线等。

绘制自定义动作路径的操作为：选择要绘制动画路径的对象，在"动画"选项卡下的列表框中选择"绘制自定义路径"栏中的自定义路径选项，此时鼠标光标变为十字形状，拖动鼠标光标，在工作区绘制动画即可，如图 19-37 所示。绘制完后双击鼠标左键结束绘制。

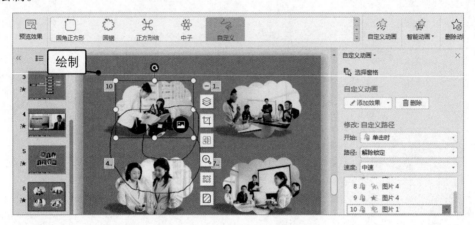

图 19-37　自定义动画路径

（3）设置动画的效果选项

动画效果选项的设置与切换效果的设置方式相似，根据不同的动画，效果选项也有所不同，其设置方法如下。

在"自定义动画"窗格中选择要设置动画效果的动画，单击"方向"下拉列表框，在弹出的下拉列表中即可选择动画的效果选项，如图 19-38 所示。

图 19-38　设置动画的效果选项

19.2.6　设置演示文稿的页面

幻灯片的页面关系到整个演示文稿的外观样式，它包括幻灯片页面的方向和幻灯片的编号等。用户需要注意，一般情况下，同一份演示文稿中的幻灯片应该保持统一的外观样式。

（1）幻灯片的页面方向

演示文稿的方向包括幻灯片的方向和讲义、备注与大纲的方向两种，默认情况下幻灯片的方向为横向，备注，讲义和大纲的页面方向为纵向，用户可以根据实际情况更改演示文稿的方向。

可在"设计"选项卡中单击"幻灯片大小"下拉按钮，选择"自定义大小"命令（或直接单击"页面设置"按钮），在打开的"页面设置"对话框中分别对幻灯片的方向和备注、讲义与大纲的方向进行更改，如图 19-39 所示。

在母版视图模式下也可更改演示文稿的方向，单击"视图"选项卡中的"讲义母版"按钮（也可以单击"备注母版"按钮），打开"讲义母版"选项卡，单击"讲义方向"下拉按钮，选择需要修改的方向，如图 19-40 所示。

图 19-39　在对话框中更改方向

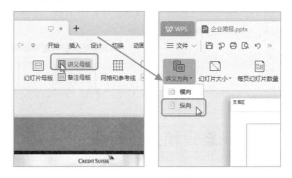

图 19-40　在母版视图下更改方向

（2）为演示文稿添加页眉和页脚

演示文稿的页眉和页脚可以分为两个部分，一个是幻灯片的页眉和页脚，其中包含日期和时间、幻灯片编号及页脚；另一个是备注与讲义的页眉和页脚，其中包括日期和时间、页眉、页码和页脚。

这两种页眉和页脚都可以在"页眉和页脚"对话框中进行添加，在"插入"选项卡的"文本"组中单击"页眉和页脚"按钮即可打开该对话框。如 19-41 左图所示为设置幻灯片的页眉和页脚；如 19-41 右图所示为设置备注和讲义的页眉和页脚；设置完成后单击"应用"或"全部应用"按钮即可。

图 19-41　设置演示文稿的页眉和页脚

19.3 幻灯片母版的制作

幻灯片母版用于设置幻灯片的样式，可供用户设定各种标题文字、背景、属性等，只需更改一项内容就可更改所有幻灯片的设计。在 WPS 演示文稿中有 3 种母版：幻灯片母版、讲义母版、备注母版。下面先介绍幻灯片母版的相关内容。在"视图"选项卡中单击"幻灯片母版"按钮即可进入幻灯片母版编辑视图，如图 19-42 所示。

图 19-42　幻灯片母版视图

19.3.1 编辑和美化母版

默认情况下，WPS 中演示文稿的母版由 12 张幻灯片组成，其中包括 1 张主母版（第 1 张）和 11 张幻灯片版式母版（后面 11 张），用户在母版幻灯片中设置的格式和样式将被应用到演示文稿中。

编辑和美化母版包括设置母版的背景样式、设置标题和正文的字体格式、选择主题等，其实就是在原有母版上进行样式的设置。

（1）母版背景的设置

母版背景的设置就是为母版设置背景填充，主要包括纯色填充、渐变填充、使用图片或纹理填充和图案填充等。这里以使用图片填充为例，介绍母版背景的设置方法。

在母版编辑视图中选择主母版，单击"背景"按钮，在打开的窗格中选中"图片或纹理填充"单选按钮，单击"图片填充"下拉按钮，选择"本地文件"命令，在打开的对话框中选择图片插入即可，如图 19-43 所示。

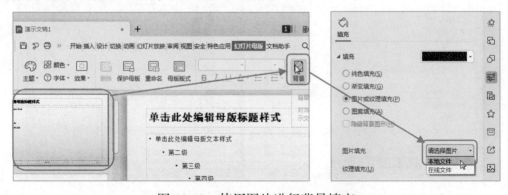

图 19-43　使用图片进行背景填充

（2）母版主题的设置

为母版设置合适的主题，可以快速更改整个文档的总体设计，主要包括颜色、字体和效果。

首先选择主母版，单击"幻灯片母版"选项卡下的"主题"下拉按钮，在弹出的下拉列表中选择合适的主题样式即可，这里选择"相邻"选项，如图 19-44 所示。

图 19-44　母版主题的设置

（3）重命名母版

用户如果只编辑了 12 个母版中的几个母版版式，为了方便管理与查找使用这些母版，可以对其进行重命名，方便与未编母版的区分和使用。

进入母版编辑视图后，选择母版，单击"幻灯片母版"选项卡下的"重命名"按钮，在打开的"重命名"对话框中的"名称"文本框中输入名称，如"文本展示"，单击"重命名"按钮即可，如图 19-45 所示。

图 19-45　重命名母版

19.3.2　创建新母版

一份演示文稿可以不止一套幻灯片母版，它可以同时应用多套幻灯片母版的格式，这就需要用户自己创建新的母版。

切换到幻灯片母版视图，单击"幻灯片母版"选项卡中的"插入母版"按钮，此时将在第一套幻灯片母版之后重新插入一套幻灯片母版，也是由 1 张主母版和 11 张幻灯片版式母版构成，如图 19-46 所示。

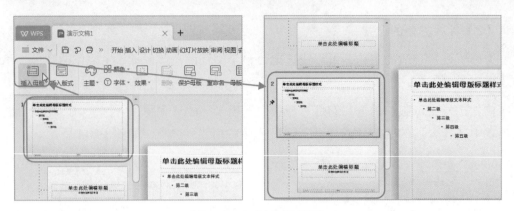

图 19-46　创建新母版

[分析实例]——编辑、美化及应用母版

19.3 节主要介绍了幻灯片母版的相关操作，包括母版的编辑、美化、创建新模板。下面以新建演示文稿并对其中的母版进行设置为例，讲解母版的编辑、美化及应用操作。应用幻灯片母版效果前后的对比效果如图 19-47 所示。

◎下载/初始文件/第 19 章/图片

◎下载/最终文件/第 19 章/编辑美化母版.pptx

图 19-47　应用幻灯片母版效果前后的对比效果

其具体操作步骤如下。

Step01 ❶新建并保存"编辑和美化母版"演示文稿，❷单击"视图"选项卡下的"幻灯片母版"按钮，如图 19-48 所示。

Step02 ❶单击"幻灯片母版"选项卡下的"背景"按钮，打开"对象属性"任务窗格，❷选中"图片或纹理填充"单选按钮，❸单击"图片填充"下拉按钮，选择"本地文件"命令，如图 19-49 所示。

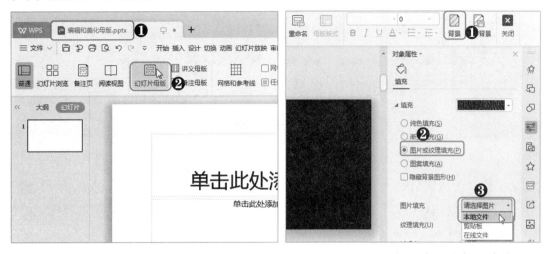

图 19-48　进入幻灯片母版视图　　　　图 19-49　选择"本地文件"命令

Step03 ❶在打开的"选择纹理"对话框中，选择"背景 1"选项，然后单击"打开"按钮即可，❷单击"字体"下拉按钮，❸在弹出的下拉列表中选择"隶书"选项，如图 19-50 所示。

图 19-50　插入背景图并设置字体格式

Step04 ❶选择第 2 张母版幻灯片，❷用同样的方法将素材文件夹中的图片"背景 2"填充为幻灯片背景，如图 19-51 所示。

Step05 ❶选择第 2 张母版幻灯片中的标题文本，❷单击"文本工具"选项卡下的"字体颜色"下拉按钮，在弹出的下拉菜单中选择"红色"选项，如图 19-52 所示。用同样的方法将副标题的文本颜色设置为绿色。

图 19-51　为标题母版添加背景

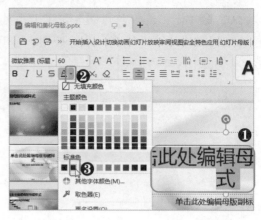

图 19-52　设置标题的字体颜色

Step06 ❶完成设置后单击"幻灯片母版"选项卡中的"关闭"按钮，❷单击"开始"
选项卡下的"新建幻灯片"下拉按钮，❸单击"本机版式"选项卡，❹单击要插入的版
式右下角的"插入"按钮即可，如图 19-53 所示。

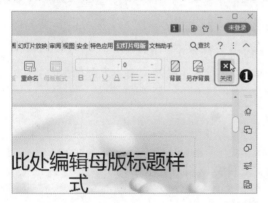

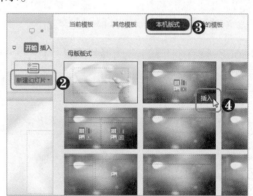

图 19-53　应用幻灯片母版

19.4　讲义母版和备注母版

　　WPS 演示文稿中不仅为用户提供了幻灯片母版，用以确定演示文稿的样式与风格，
还为用户提供了讲义母版和备注母版。下面就来介绍这两个母版及相关的操作。

19.4.1　讲义母版

　　一般在放映演示文稿之前，都需要将演示文稿的重要内容打印出来发放给观众，这
种打印在纸张上的幻灯片内容称为讲义，讲义母版的作用就是设置讲义的外观样式。

　　在"视图"选项卡中单击"讲义母版"按钮，可切换到讲义母版视图。在"讲义母
版"选项卡的"页面设置"组中单击"每页幻灯片数量"下拉按钮，在弹出的下拉列表

中可以设置讲义中每页显示的幻灯片数量，如图 19-54 所示。

图 19-54　设置每页显示的幻灯片数量

19.4.2　备注母版

若要将内容或格式应用于演示文稿中的所有备注页，就需要通过备注母版来实现。在"视图"选项卡中单击"备注母版"按钮可切换到备注母版视图，然后对备注的外观样式进行相关设置。

在"备注母版"选项卡中，可以设置备注页的页面，选择显示的占位符，用编辑幻灯片母版类似的方法即可编辑备注页的外观样式。如在"页面设置"组中单击"备注页方向"下拉按钮，在弹出的下拉列表中可选择备注页的页面方向，如图 19-55 所示。

图 19-55　选择备注页的页面方向

19.5　播放与输出幻灯片

制作完演示文稿后，即可将演示文稿向观众进行放映或展示，下面将介绍演示文稿的放映与展示的技巧。

19.5.1　定义播放方式

WPS 演示文稿为用户提供了两种不同场合的放映方式，切换到"幻灯片放映"选项卡，单击"设置放映方式"按钮，打开"设置放映方式"对话框，在其中可以选择放映的类型，如图 19-56 所示。

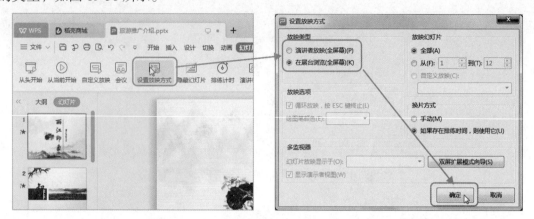

图 19-56 打开"设置放映方式"对话框

在"设置放映方式"对话框的"放映类型"栏中可以看到幻灯片的两种放映类型，分别为演讲者放映（全屏幕）和在展台浏览（全屏幕），每种放映类型的含义如下。

◆ **演讲者放映（全屏幕）**：由演讲者控制整个演示的过程，演示文稿将在观众面前全屏播放。

◆ **在展台浏览（全屏幕）**：整个演示文稿会以全屏的方式循环播放，在此过程中除了通过鼠标光标选择屏幕对象进行放映外，不能对其进行任何修改。

选择好放映方式后，单击"幻灯片放映"选项卡中的"从头开始"按钮或"从当前开始"按钮，将切换到对应的模式下播放演示文稿。

19.5.2 自定义放映方式

用户制作好演示文稿后，根据不同用户的需要，可以选择该演示文稿的不同部分放映，避免多次对演示文稿中的内容进行增加和删除，同时可以针对目标观众群体定制最适合的演示文稿放映方案。

单击"幻灯片放映"选项卡中的"自定义放映"按钮，在打开的"自定义放映"对话框中单击"新建"按钮，如图 19-57 所示。

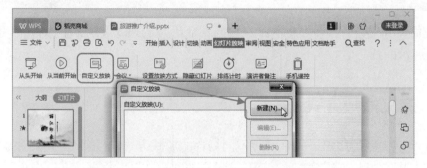

图 19-57 打开"自定义放映"对话框

打开如图 19-58 所示的对话框，在"在演示文稿中的幻灯片"列表框中选择需要放映的幻灯片后，单击"添加"按钮，添加到"在自定义放映中的幻灯片"列表框，单击"确定"按钮，即可完成演示文稿放映内容的自定义。

继续单击"新建"按钮，按照同样的方法可添加第 2 种放映方案，也可以单击相应的按钮对放映方案进行编辑、删除或复制等。选择需要的放映方案后，单击"放映"按钮，即可开始放映，如图 19-59 所示。

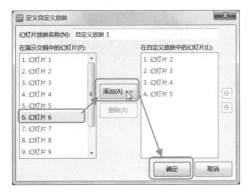

图 19-58　定义自定义放映

图 19-59　放映自定义幻灯片

19.5.3　排练计时

WPS 中的"演示"组件向用户提供了"排练计时"的功能，可在放映演示文稿的状态中，同步设置幻灯片的切换时间。在整个演示文稿放映结束之后，系统会将所设置的时间记录下来，以便在自动播放时，按照所记录的时间自动切换幻灯片。

首先在需要排练计时的演示文稿中单击"幻灯片放映"选项卡中的"排练计时"按钮，此时将自动进行全屏放映，并在屏幕的左上方出现一个"预演"对话框，可以控制录制时的放映时间。

单击"下一项"按钮即可进入下一项计时，整个演示文稿计时完成后，在弹出的对话框中单击"是"按钮即可，如图 19-60 所示。

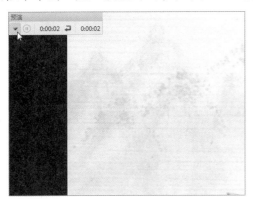

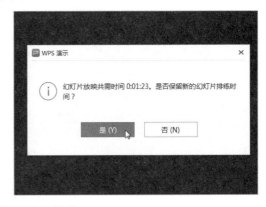

图 19-60　排练计时操作

排练计时完成后，将切换到"幻灯片浏览"视图，在每张幻灯片的下方可以查看到该张幻灯片播放所需要的时间，如图 19-61 所示。

图 19-61　查看排练计时

19.5.4　将演示文稿输出为视频

将演示文稿导出为其他文件类型既可以保护演示文稿中的原创内容（如一些动画设计方式等），又可以满足多样化的播放方式需求。WPS 的"演示"组件中可以将演示文稿另存为为 PDF 文档、视频文件、WPS 文字文档以及各种版本的演示文稿文件等，这里主要介绍将演示文稿转换为视频文件。

单击"文件"按钮，在弹出的下拉菜单中将鼠标光标移动到"另存为"命令上，在弹出的子菜单中选择"输出为视频"命令，在打开的对话框中选择保存位置保存即可，如图 19-62 所示。

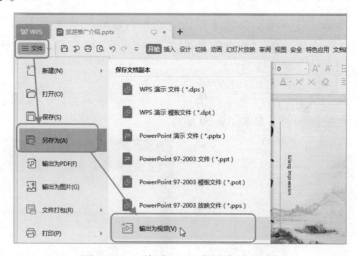

图 19-62　将演示文稿另存为视频